U0327051

国家出版基金项目
NATIONAL PUBLICATION FOUNDATION

中国传统建筑解析与传承

广西卷

Guangxi Volume

THE INTERPRETATION AND INHERITANCE OF TRADITIONAL CHINESE ARCHITECTURE

中华人民共和国住房和城乡建设部 编

Ministry of Housing and Urban-Rural Development of the People's Republic of China

中国建筑工业出版社

审图号：GS(2016)303号
图书在版编目(CIP)数据

中国传统建筑解析与传承　广西卷／中华人民共和国住房和城乡建设部编．—北京：中国建筑工业出版社，2017.9
ISBN 978-7-112-21151-7

Ⅰ．①中…　Ⅱ．①中…　Ⅲ．①古建筑-建筑艺术-广西　Ⅳ.①TU-092.2

中国版本图书馆CIP数据核字（2017）第207152号

责任编辑：吴　佳　李东禧　唐　旭　吴　绫　张　华
责任设计：陈　旭
责任校对：焦　乐　关　健

中国传统建筑解析与传承　广西卷
中华人民共和国住房和城乡建设部　编
＊
中国建筑工业出版社出版、发行（北京海淀三里河路9号）
各地新华书店、建筑书店经销
北京方舟正佳图文设计有限公司制版
北京富诚彩色印刷有限公司印刷
＊
开本：880×1230毫米　1/16　印张：19　字数：551千字
2017年10月第一版　2019年3月第二次印刷
定价：178.00元
ISBN 978-7-112-21151-7
(30770)
版权所有　翻印必究
如有印装质量问题，可寄本社退换
(邮政编码 100037)

总 序

Foreword

几年前我去法国里昂地区，看到有大片很久以前甚至四百年前建造的夯土建筑，也就是干打垒房子，至今仍在使用。20世纪80年代，当地建设保障房小区时，要求一律建造夯土建筑，他们采用了现代夯土技术。西安科技大学的两位老师将这种技术引入国内，在甘肃、河北等多地建了示范房。现代夯土技术的改进点在于科学配比土与石子、使用模板和电动器具夯筑，传承了夯土建筑的优点，如造价低、节能保温，弥补了缺陷，抗震性增强，也美观，颇受农民的好评。我对这个事例很感兴趣并悟出一个道理，做好传承关键要具备两种精神：一是执着，坚信许多传统能够传承、值得传承。法国将传统干打垒房子当作好东西，努力传承，而我国虽然是生土建筑数量最多的国家，但今天各地却都视其为贫穷落后的标志，力图尽快消灭；二是创新，要下力气研究传统的优点及缺点，并用现代技术克服其缺点，赋予其现代功能，使传统文明成果在今天焕发新的生命力。这两方面的功夫我们都不够。

文明古国的中国，在实现现代化的进程中，只有十分自信、满腔热情地传承了优秀传统文化，才能受到全世界的尊重。建筑是一个民族生存智慧、工程技术、审美理念、社会伦理等文明成果最集中、最丰富的载体，其传承及体现是一个国家和民族富强与贫弱的标志。改变今天建筑缺失传统文化的局面，我们需要重新认识我国传统建筑文化，把握其精髓和发展脉络，挖掘和丰富其完整价值，探索传统与现代融合的理念和方法。2012年，住房和城乡建设部村镇建设司组织了首次传统民居全国普查，编纂了《中国传统民居类型全集》，其详细、准确、系统地展示了我国传统民居的地域性。在此基础上，2014年又启动了“传统建筑解析与传承”调查研究，这是第一次国家层面组织的该领域的大型调查研究，颇具价值：

价值一，它是至今对我国传统建筑文化最全面、最系统的阐释。第一，本次调查研究地域覆盖广，历史挖掘深，建筑类型多。31个省（市、区）开展了调查研究，每个省的研究也都覆盖了全域；一些省对传统建筑文化的追溯年代突破了记录；建筑类型不仅涵盖了官式建筑、庙宇、祠堂等，更涵盖了各类代表性民居。第二，更加注重从自然、人文、技术、经济几条主线解析传统建筑文化，而不是拘泥于建筑本身；不但阐释了传统建筑的物质形体，而且阐释了传统建筑文化的产生机制。第三，研究体例和解析维度保持了基本一致，各省都通过聚落格局、建筑群体与单体、细部与装饰、风格与装修对传统建筑进行解析。通过解析，大大丰富和提升了对我国传统建筑文化精髓的认识，如：中国传统建筑与自然相适应，和谐共生，敬天惜物；与生存实际相适应，容纳生产生活；与社会伦理相适应，井然有序；与发展相适应，灵活易变，是模块化的鼻祖。第四，内在形式统一，体现了中华文明的持久性和一致性；木结构等技术高度成熟，体现了中华民族的智慧；丰富的地区差异，体现了中华文化的多样性。一些研究基础较差的省，第一次对传统建筑有了全面认识；一些研究基础较好的省，又深化了认识。可以说，这次全面调查研究是对中国传统建筑文化的一次重新认识。

价值二，也是更重要的价值，它是就如何传承传统建筑文化、如何实现传统与现代融合这一难题，至今所进行的广泛深入的探索。第一，提出了更为本质、更具指导意义的传承理论和原则，如建筑文化的三大传承主线：自然、人文、技术；"形"的传承、"神"的传承、"神形兼备"的传承；适应性传承、创新性传承、可持续性传承等理论；坚持挖掘地域文化与建筑的关联性，坚持寻找并传承其最有价值和生命力的要素，坚持与时代发展相接轨等原则。第二，提出了更具操作性的传承方法和要点，如建筑肌理、应对自然环境、空间变异、建造方式、建筑材料、符号特征六方面的传承方法。第三，收集、展示、分析了近代以来大量的现代建筑探索传承的案例，既包括比较成功的，也包括比较失败的，具有很好的参考意义。同时也提出了应防止的误区。

价值三，唤起了对传统建筑文化的空前热情。通过这次研究，各地建设部门更加重视传统建筑文化的传承工作了，这将有利于扭转当前我国城乡建设缺乏传统文化的局面。在学术界，不仅老专家倾力投入，新参与的专家学者也越来越多，而且十分积极。过去研究传统建筑的专家学者与从事设计的建筑师交流不多，通过这次研究，两个群体融合到了一起，不仅有利于传承的研究，更有利于传承的实践。有的老专家说，等了几十年，终于等到国家组织这项工作了。

探索传统建筑文化与现代建筑的融合是难度极大的挑战，永远在路上。虽然本次调查研究存在着许多不足和局限，但第一次组织全国专业力量努力探索的成果，惠及当今，流芳百年，意义非凡，不仅具有中国意义，也具有世界意义。在此，谨向为成就这一大业，辛勤无私付出并作出卓越贡献的所有专家学者、建筑师和技术人员、各地建设部门领导和职工，表示衷心的感谢和崇高的敬意。此外，我还深深感受到，组织实施全国范围的、具有历史意义的调查研究，是其他组织和个人难以做到的，是中央部委必须承担的重要职责，今后还要多做。

住房和城乡建设部总经济师 赵晖

2016年9月

编委会

Editorial Committee

发起与策划：赵　晖

组 织 推 进：张学勤、卢英方、白正盛、王旭东、王　玮、王旭东（天津）、于文学、翟顺河、冯家举、汪　兴、孙众志、张宝伟、孙继伟、刘大威、沈　敏、侯淅珉、王胜熙、李道鹏、李兴军、陈华平、尹维真、蒋益民、蔡　瀛、吴伟权、陈孝京、余晓斌、文技军、宋丽丽、赵志勇、斯朗尼玛、韩一兵、杨咏中、白宗科、岳国荣、海拉提·巴拉提

指 导 专 家：崔　愷、吴良镛、冯骥才、孙大章、陆元鼎、张锦秋、何镜堂、朱光亚、朱小地、罗德启、马国馨、何玉如、单德启、陈同滨、朱良文、郑时龄、伍　江、常　青、吴建中、王小东、曹嘉明、张俊杰、张玉坤、杨焕成、黄汉民、王建国、梅洪元、黄　浩、张先进、洪再生、郑国珍

秘　书　长：林岚岚

工　作　组：罗德胤、徐怡芳、杨绪波、吴　艳、李立敏、薛林平、李春青、潘　曦、王　鑫、苑思楠、赵海翔、郭华瞻、贾一石、郭志伟、褚苗苗、王　浩、李君洁、徐凌玉、师晓静、李　涛、庞　佳、田铂菁、王　青、王新征、郭海鞍、张蒙蒙、丁　皓、侯希冉

广西卷编写组：

组织人员：彭新唐、刘　哲
编写人员：雷　翔、全峰梅、徐洪涛、何晓丽、杨　斌、梁志敏、尚秋铭、黄晓晓、孙永萍、杨玉迪、陆如兰
调研人员：许建和、刘　莎、李　昕、蔡　响、谢常喜、李　梓、覃茜茜、李　艺、李城臻

北京卷编写组：

组织人员：李节严、侯晓明、李　慧、车　飞
编写人员：朱小地、韩慧卿、李艾桦、王　南、钱　毅、马　泷、杨　滔、吴　懿、侯　晟、王　恒、王佳怡、钟曼琳、田燕国、卢清新、李海霞
调研人员：刘江峰、陈　凯、闫　峥、刘　强、段晓婷、孟昳然、李沫含、黄　蓉

天津卷编写组：

组织人员：吴冬粤、杨瑞凡、纪志强、张晓萌
编写人员：朱　阳、王　蔚、刘婷婷、王　伟、刘铧文
调研人员：张　猛、冯科锐、王浩然、单长江、陈孝忠、郑　涛、朱　磊、刘　畅

河北卷编写组：

组织人员：封　刚、吴永强、席建林、马　锐
编写人员：舒　平、吴　鹏、魏广龙、刁建新、刘　歆、解　丹、杨彩虹、连海涛

山西卷编写组：

组织人员：张海星、郭　创、赵俊伟
编写人员：王金平、薛林平、韩卫成、冯高磊、杜艳哲、孔维刚、郭华瞻、潘　曦、王　鑫、石　玉、胡　盼、刘进红、王建华、张　钰、高　明、武晓宇、韩丽君

内蒙古卷编写组：

组织人员：杨宝峰、陈　彪、崔　茂
编写人员：张鹏举、彭致禧、贺　龙、韩　瑛、额尔德木图、齐卓彦、白丽燕、高　旭、杜　娟

辽宁卷编写组：

组织人员：任韶红、胡成泽、刘绍伟、孙辉东
编写人员：朴玉顺、郝建军、陈伯超、杨　晔、周静海、黄　欢、王蕾蕾、王　达、宋欣然、刘思铎、原砚龙、高赛玉、梁玉坤、张凤婕、吴　琦、邢　飞、刘　盈、楚家麟
调研人员：王严力、纪文喆、姚　琦、庞一鹤、赵兵兵、邵　明、吕海平、王颖蕊、孟　飘

吉林卷编写组：

组织人员：袁忠凯、安　宏、肖楚宇、陈清华
编写人员：王　亮、李天骄、李雷立、宋义坤、张　萌、李之吉、张俊峰、孙守东
调研人员：郑宝祥、王　薇、赵　艺、吴翠灵、李亮亮、孙宇轩、李洪毅、崔晶瑶、王铃溪、高小淇、李　宾、李泽锋、梅　郊、刘秋辰

黑龙江卷编写组：

组织人员：徐东锋、王海明、王　芳
编写人员：周立军、付本臣、徐洪澎、李同予、殷　青、董健菲、吴健梅、刘　洋、

刘远孝、王兆明、马本和、王健伟、卜　冲、郭丽萍

调研人员：张　明、王　艳、张　博、王　钊、晏　迪、徐贝尔

上海卷编写组：

组织人员：王训国、孙　珊、侯斌超、魏珏欣、马秀英

编写人员：华霞虹、王海松、周鸣浩、寇志荣、宾慧中、宿新宝、林　磊、彭　怒、吕亚范、卓刚峰、宋　雷、吴爱民、刘　刊、白文峰、喻明璐、罗超君、朱　杭

调研人员：章　竞、蔡　青、杜超瑜、吴　皎、胡　楠、王子潇、刘嘉纬、吕欣欣、林　陈、李玮玉、侯　炬、姜鸿博、赵　曜、闵　欣、苏　萍、申　童、梁　可、严一凯、王鹏凯、谢　屾、江　璐、林叶红

江苏卷编写组：

组织人员：赵庆红、韩秀金、张　蔚、俞　锋

编写人员：龚　恺、朱光亚、薛　力、胡　石、张　彤、王兴平、陈晓扬、吴锦绣陈　宇、沈　旸、曾　琼、凌　洁、寿　焘、雍振华、汪永平、张明皓、晁　阳

浙江卷编写组：

组织人员：江胜利、何青峰

编写人员：王　竹、于文波、沈　黎、朱　炜、浦欣成、裘　知、张玉瑜、陈　惟、贺　勇、杜浩渊、王焯瑶、张泽浩、李秋瑜、钟温歆

安徽卷编写组：

组织人员：宋直刚、邹桂武、郭佑芹、吴胜亮

编写人员：李　早、曹海婴、叶茂盛、喻　晓、杨　燊、徐　震、曹　昊、高岩琰、郑志元

调研人员：陈骏祎、孙　霞、王达仁、周虹宇、毛心彤、朱　慧、汪　强、朱高栎、陈薇薇、贾宇枝子、崔巍懿

福建卷编写组：

组织人员：蒋金明、苏友佺、金纯真、许为一

编写人员：戴志坚、王绍森、陈　琦、胡　璟、戴　玢、赵亚敏、谢　骁、镡旭璐、祖　武、刘　佳、贾婧文、王海荣、吴　帆

江西卷编写组：

组织人员：熊春华、丁宜华

编写人员：姚　赯、廖　琴、蔡　晴、马　凯、李久君、李岳川、肖　芬、肖　君、许世文、吴　琼、吴　靖

调研人员：兰昌剑、戴晋卿、袁立婷、赵晗聿、翁之韵、项琛春、廖思怡、何　昱

山东卷编写组：

组织人员：杨建武、尹枝俏、张　林、宫晓芳

编写人员：刘　甦、张润武、赵学义、仝　晖、郝曙光、邓庆坦、许丛宝、姜　波、高宜生、赵　斌、张　巍、傅志前、左长安、刘建军、谷建辉、宁　荞、慕启鹏、刘明超、王冬梅、王悦涛、姚　丽、孔繁生、韦　丽、吕方正、王建波、解焕新、李　伟、孔令华、王艳玲、贾　蕊

河南卷编写组：

组织人员：马耀辉、李桂亭、韩文超

编写人员：郑东军、李　丽、唐　丽、韦　峰、

黄　华、黄黎明、陈兴义、毕　昕、
陈伟莹、赵　凯、渠　韬、许继清、
任　斌、李红建、王文正、郑丹枫、
王晓丰、郭兆儒、史学民、王　璐、
毕小芳、张　萍、庄昭奎、叶　蓬、
王　坤、刘利轩、娄　芳、王东东、
白一贺

湖北卷编写组：

组织人员：万应荣、付建国、王志勇
编写人员：肖　伟、王　祥、李新翠、韩　冰、
张　丽、梁　爽、韩梦涛、张阳菊、
张万春、李　扬

湖南卷编写组：

组织人员：宁艳芳、黄　立、吴立玖
编写人员：何韶瑶、唐成君、章　为、张梦淼、
姜兴华、罗学农、黄力为、张艺婕、
吴晶晶、刘艳莉、刘　姿、熊申午、
陆　薇、党　航、陈　宇、江　嫚、
吴　添、周万能
调研人员：李　夺、欧阳铎、刘湘云、付玉昆、
赵磊兵、黄　慧、李　丹、唐娇致、
石凯弟、鲁　娜、王　俊、章恒伟、
张　衡、张晓晗、石伟佳、曹宇驰、
肖文静、臧澄澄、赵　亮、符文婷、
黄逸帆、易嘉昕、张天浩、谭　琳

广东卷编写组：

组织人员：梁志华、肖送文、苏智云、廖志坚、
秦　莹
编写人员：陆　琦、冼剑雄、潘　莹、徐怡芳、
何　菁、王国光、陈思翰、冒亚龙、
向　科、赵紫伶、卓晓岚、孙培真
调研人员：方　兴、张成欣、梁　林、林　琳、
陈家欢、邹　齐、王　妍、张秋艳

海南卷编写组：

组织人员：霍巨燃、陈孝京、陈东海、林亚芒、
陈娟如
编写人员：吴小平、唐秀飞、贾成义、黄天其、
刘　筱、吴　蓉、王振宇、陈晓菲、
刘凌波、陈文斌、费立荣、李贤颖、
陈志江、何慧慧、郑小雪、程　畅

重庆卷编写组：

组织人员：冯　赵、吴　鑫、揭付军
编写人员：龙　彬、陈　蔚、胡　斌、徐干里、
舒　莺、刘晶晶、张　菁、吴晓言、
石　恺

四川卷编写组：

组织人员：蒋　勇、李南希、鲁朝汉、吕　蔚
编写人员：陈　颖、高　静、熊　唱、李　路、
朱　伟、庄　红、郑　斌、张　莉、
何　龙、周晓宇、周　佳
调研人员：唐　剑、彭麟麒、陈延申、严　潇、
黎峰六、孙　笑、彭　一、韩东升、
聂　倩

贵州卷编写组：

组织人员：余咏梅、王　文、陈清鋆、赵玉奇
编写人员：罗德启、余压芳、陈时芳、叶其颂、
吴茜婷、代富红、吴小静、杜　佳、
杨钧月、曾　增
调研人员：钟伦超、王志鹏、刘云飞、李星星、
胡　彪、王　曦、王　艳、张　全、
杨　涵、吴汝刚、王　莹、高　蛤

云南卷编写组：

组织人员：汪　巡、沈　键、王　瑞
编写人员：翟　辉、杨大禹、吴志宏、张欣雁、

刘肇宁、杨　健、唐黎洲、张　伟

调研人员：张剑文、李天依、栾涵潇、穆　童、王祎婷、吴雨桐、石文博、张三多、阿桂莲、任道怡、姚启凡、罗　翔、顾晓洁

西藏卷编写组：

组织人员：李新昌、姜月霞、付　聪

编写人员：王世东、木雅·曲吉建才、拉巴次仁、丹　达、毛中华、蒙乃庆、格桑顿珠、旺　久、加　雷

调研人员：群　英、丹增康卓、益西康卓、次旺郎杰、土旦拉加

陕西卷编写组：

组织人员：王宏宇、李　君、薛　钢

编写人员：周庆华、李立敏、赵元超、李志民、孙西京、王　军（博）、刘　煜、吴国源、祁嘉华、刘　辉、武　联、吕　成、陈　洋、雷会霞、任云英、倪　欣、鱼晓惠、陈　新、白　宁、尤　涛、师晓静、雷耀丽、刘　怡、李　静、张钰曌、刘京华、毕景龙、黄　姗、周　岚、石　媛、李　涛、黄　磊、时　洋、张　涛、庞　佳、王怡琼、白　钰、王建成、吴左宾、李　晨、杨彦龙、林高瑞、朱瑜葱、李　凌、陈斯亮、张定青、党纤纤、张　颖、王美子、范小烨、曹惠源、张丽娜、陆　龙、石　燕、魏　锋、张　斌

调研人员：陈志强、丁琳玲、陈雪婷、杨钦芳、张豫东、刘玉成、图努拉、郭　萌、张雪珂、于仲晖、周方乐、何　娇、宋宏春、肖求波、方　帅、陈建宇、余　茜、姬瑞河、张海岳、武秀峰、孙亚萍、魏　栋、干　金、米庆志、陈治金、贾　柯、刘培丹、陈若曦、陈　锐、刘　博、王丽娜、吕咪咪、卢　鹏、孙志青、吕鑫源、李珍玉、周　菲、杨程博、张演宇、杨　光、邸　鑫、王　镭、李梦珂、张珊珊、惠禹森、李　强、姚雨墨

甘肃卷编写组：

组织人员：蔡林峥、任春峰、贺建强

编写人员：刘奔腾、张　涵、安玉源、叶明晖、冯　柯、王国荣、刘　起、孟岭超、范文玲、李玉芳、杨谦君、李沁鞠、梁雪冬、张　睿、章海峰

调研人员：马延东、慕　剑、陈　谦、孟祥武、张小娟、王雅梅、郭兴华、闫幼锋、赵春晓、周　琪、师宏儒、闫海龙、王雪浪、唐晓军、周　涛、姚　朋

青海卷编写组：

组织人员：杨敏政、陈　锋、马黎光

编写人员：李立敏、王　青、马扎·索南周扎、晁元良、李　群、王亚峰

调研人员：张　容、刘　悦、魏　璇、王晓彤、柯章亮、张　浩

宁夏卷编写组：

组织人员：杨　普、杨文平、徐海波

编写人员：陈宙颖、李晓玲、马冬梅、陈李立、李志辉、杜建录、杨占武、董　茜、王晓燕、马小凤、田晓敏、朱启光、龙　倩、武文娇、杨　慧、周永惠、李巧玲

调研人员：林卫公、杨自明、张　豪、宋志皓、王璐莹、王秋玉、唐玲玲、李娟玲

新疆卷编写组：

组织人员：马天宇、高　峰、邓　旭

编写人员：陈震东、范　欣、季　铭

主编单位：

中华人民共和国住房和城乡建设部

参编单位：

北京卷： 北京市规划委员会
北京市勘察设计和测绘地理信息管理办公室
北京市建筑设计研究院有限公司
清华大学
北方工业大学

天津卷： 天津市城乡建设委员会
天津大学建筑设计规划研究总院
天津大学

河北卷： 河北省住房和城乡建设厅
河北工业大学
河北工程大学
河北省村镇建设促进中心

山西卷： 山西省住房和城乡建设厅
北京交通大学
太原理工大学
山西省建筑设计研究院

内蒙古卷： 内蒙古自治区住房和城乡建设厅
内蒙古工业大学

辽宁卷： 辽宁省住房和城乡建设厅
沈阳建筑大学
辽宁省建筑设计研究院

吉林卷： 吉林省住房和城乡建设厅
吉林建筑大学
吉林建筑大学设计研究院
吉林省建苑设计集团有限公司

黑龙江卷： 黑龙江省住房和城乡建设厅
哈尔滨工业大学
齐齐哈尔大学
哈尔滨市建筑设计院
哈尔滨方舟工程设计咨询有限公司
黑龙江国光建筑装饰设计研究院有限公司
哈尔滨唯美源装饰设计有限公司

上海卷： 上海市规划和国土资源管理局
上海市建筑学会
华东建筑设计研究总院
同济大学
上海大学
上海市城市建设档案馆

江苏卷： 江苏省住房和城乡建设厅
东南大学

浙江卷： 浙江省住房和城乡建设厅
浙江大学
浙江工业大学

安徽卷： 安徽省住房和城乡建设厅
合肥工业大学

福建卷：福建省住房和城乡建设厅

厦门大学

江西卷：江西省住房和城乡建设厅

南昌大学

江西省建筑设计研究总院

南昌大学设计研究院

山东卷：山东省住房和城乡建设厅

山东建筑大学

山东建大建筑规划设计研究院

山东省小城镇建设研究会

山东大学

烟台大学

青岛理工大学

山东省城乡规划设计研究院

河南卷：河南省住房和城乡建设厅

郑州大学

河南大学

河南理工大学

郑州大学综合设计研究院有限公司

河南省城乡规划设计研究总院有限公司

河南大建建筑设计有限公司

郑州市建筑设计院有限公司

湖北卷：湖北省住房和城乡建设厅

中信建筑设计研究总院有限公司

湖南卷：湖南省住房和城乡建设厅

湖南大学

湖南大学设计研究院有限公司

湖南省建筑设计院

广东卷：广东省住房和城乡建设厅

华南理工大学

广州瀚华建筑设计有限公司

北京建工建筑设计研究院

广西卷：广西壮族自治区住房和城乡建设厅

华蓝设计（集团）有限公司

海南卷：海南省住房和城乡建设厅

海南华都城市设计有限公司

华中科技大学

武汉大学

重庆大学

海南省建筑设计院

海南雅克设计有限公司

海口市城市规划设计研究院

海南三寰城镇规划建筑设计有限公司

重庆卷：重庆市城乡建设委员会

重庆大学

重庆市设计院

四川卷：四川省住房和城乡建设厅

西南交通大学

四川省建筑设计研究院

贵州卷：贵州省住房和城乡建设厅

贵州省建筑设计研究院

贵州大学

云南卷：云南省住房和城乡建设厅

昆明理工大学

西藏卷：西藏自治区住房和城乡建设厅
西藏自治区建筑勘察设计院
西藏自治区藏式建筑研究所

陕西卷：陕西省住房和城乡建设厅
西安建大城市规划设计研究院
西安建筑科技大学建筑学院
长安大学建筑学院
西安交通大学人居环境与建筑工程学院
西北工业大学力学与土木建筑学院
中国建筑西北设计研究院有限公司
中联西北工程设计研究院有限公司
陕西建工集团有限公司建筑设计院

甘肃卷：甘肃省住房和城乡建设厅
兰州理工大学
西北民族大学
甘肃省建筑设计研究院

青海卷：青海省住房和城乡建设厅
西安建筑科技大学
青海省建筑勘察设计研究院有限公司
青海明轮藏传建筑文化研究会

宁夏卷：宁夏回族自治区住房和城乡建设厅
宁夏大学
宁夏建筑设计研究院有限公司
宁夏三益上筑建筑设计院有限公司

新疆卷：新疆维吾尔自治区住房和城乡建设厅
新疆建筑设计研究院
新疆佳联城建规划设计研究院

目　录

Contents

第五章　山里的居舍：瑶族传统建筑

第六章　自然的织嵌：苗族传统建筑

第七章　共生的文化：其他少数民族传统建筑

前　言

Preface

广西传统建筑资源丰富，是研究中国传统建筑文化和技艺的重要宝库之一。

首先，广西汉族、壮族、瑶族、苗族、侗族等12个世居民族和睦相处，造就了特色鲜明的传统村落和民族建筑。这些蕴藏着丰厚历史文化信息的传统村落和民族建筑，既是广西村镇历史、文化的“活化石”和“博物馆”，也是广西民族传统文化的重要载体和各民族的精神家园。其次，广西的建筑类型多元，既有桂林的靖江王府（原王府明末清初被烧毁，后重建）、王陵和土司建筑群，以及部分书院和会馆建筑，还有保存较为完好的近代西洋建筑群和骑楼城，然而更多的是散落在各地的乡土建筑。应该说，尽管广西的传统建筑并不像北京、西安等通邑大都那样规模宏大、引人注目，且已经在中国传统建筑研究领域自成体系，构成中国传统建筑史独立篇章，但是，随着建筑学领域研究思路的开阔，研究方式的转变，特别是随着中国城市化建设的深入和对城乡二元化模式的反思，人们对广西传统建筑有了新的认识。广西传统建筑体系较为完备、类型多元、分布广泛，但散珠待串，值得深入研究，挖掘其文化价值，寻找其文化力量。

《中国传统建筑解析与传承　广西卷》无疑是让人们重新认识广西传统建筑体系及其价值和现代传承实践成果的一部综合性文献。

全书立足于广西传统建筑的研究，着重解析其传统文化特征和概括现代建筑的传承实践，全书由绪论、上篇和下篇三部分组成。

第一章，绪论：对广西传统建筑的生成背景与传承发展进行概述。从自然环境、人文环境两方面廓清了广西传统建筑的成因，并从民族、地理、结构三方面对广西传统建筑的特征进行概括。同时，概述了近代建筑、现代建筑实践中对优秀传统建筑文化的传承利用，梳理了传统与现代的传承关系。

上篇：对广西传统建筑的特征进行解析。

第二至七章，分别以汉族、壮族、侗族、瑶族、苗族和相关少数民族的传统建筑为研究对象，从传统聚落规划与格局、传统建筑群体与单体、传统建筑元素与装饰几个方面，对广西典型传统建筑的特征进行了观察和解析。

第八章，从聚落的空间美学、建筑的地域特征、民族的装饰艺术三个方面对广西传统建筑特征进行了总结概括。从广义建筑学的角度观察，广西因地理、自然、交通、民族等因素形成了依山傍水、有机生长、道法自然的山水聚落格局。从狭义建筑学的角度观察，广西传统建筑中竹木、土石、砖瓦等天然建筑材料，架空、出挑、晒台、天井等独特的建筑语言，通风、遮阳隔热、防水防潮等生态的建筑技术，以及蕴藏骆越民族文化基因的装饰艺术，共同彰显了广西传统建筑的民族和地域特征，为下篇近代及现代建筑的传承实践提供了基因参照。

下篇：对广西传统建筑的近现代传承与发展进行分析、总结。

第九章，结合广西近代历史的发展脉络，梳理广西近代建筑的发展历程，描绘中西建筑文化融汇的过程及对广西近代建筑的影响。首先，介绍广西近代建筑发展的三个阶段、分布特点以及发展背景；其次，以建筑类型为脉络，对广西近代建筑的创作进行梳理总结；最后，由古至今，探讨近代建筑的价值与意义，在现代环境里实现其传承和再生。

第十章，对广西地域性现代建筑的发展与传承实践进行分析与特征概括。首先，概括了新中国成立以来广西现代建筑的发展历程；其次，根据广西现代建筑的地域性特征将现代建筑实践创作分成五类，分别为应对环境气候型、遵循肌理文脉型、传统空间演化型、再现地域材料型、演绎文化符号型；最后，总结目前广西地域建筑创作的问题，提出广大的建筑创作者需要在适应气候、注重文脉、演化空间、运用材料、发掘文化五个方面做出主动的技术追求。

第十一章，结语：建筑的本质是文化。在广西古代传统建筑发展过程中，虽然多民族、多类型、多形式，但是，在地域文化中总有着“质素”。广西传统建筑是广西地缘文化在大历史情境、大空间环境中的一个体现，在历史发展进程中，形成独特的历史地理和地缘结构与独特的传统建筑地理分布。在广西地域性现代建筑创作实践中，也能从传统建筑中吸取传统经验，积累现代经验。基于此，本书在结语中尝试提出“广西传统建筑的地缘性现象研究”，希望为处于新的地缘关系中的广西城乡发展提供创新思路和实践。

对广西传统建筑的研究，最基础的工作是进一步摸清广西传统建筑资源，挖掘传统建筑的优秀品质和乡土智慧，弘扬民族文化精神。更重要的是，辨识传统建筑的遗产价值，充分利用传统建筑的现代价值。研究成果一方面能激发现代建筑创作者的灵感，提升广西规划和建筑创作者的文化素养，使建筑师从传统建筑这一丰富而独特的建筑文化中获取创作的源泉，同时结合现代功能、科学技术和价值取向，创作出更好、更宜人、更具魅力的城乡设计作品，彰显民族特色、传承地域特征、展现时代风貌、增强文化自觉。另一方面，为城乡规划与建设工作者提供参考，力争在广西城乡规划和建设中凸显地域和民族风貌特色，推动民族省市向精致城镇化发展，提高广西城乡建设水平和综合竞争力。

然而，广西传统建筑的建筑解析和文化传承研究依然是一个开始，传承广西传统建筑文化、实现现代建筑的地域化发展，是一项艰巨而长期的任务，需要全社会力量的共同努力才能逐步实现。在研究中，由于客观上的困难和作者本身的局限，本书难免存在疏漏和不当之处，恳请专家、读者批评指正。

第一章　绪论

传统建筑是乡土智慧的物质体现，乡土智慧产生的基本条件是在地性，因此传统建筑的生成背景也离不开特定的地域，它是当地居民在长期的历史进程中，根据世代积累的生活经验形成和发展起来，通过建筑工匠之手实现的建筑形式，是当地自然和人文的综合反映，是当地场所精神的物质化和视觉化体现。本绪论通过对广西传统建筑的生成背景（主要是自然环境和人文环境）进行研究分析，进而对广西传统建筑类型与特征进行概括。同时，概述近代及现当代城镇化进程中广西传统建筑传承实践的过程。

第一节 自然环境的影响

一、地理环境

文化的形成与特定的地理环境有密切的联系，不同的地理环境会促成不同的建筑文化。岭南地处亚热带，气候炎热，雨量充沛，水源丰富，土地湿润，植被茂密。但是树林中的落叶经过日晒雨淋，就会产生一种瘴气，四处弥漫，严重威胁着人的健康。原始居民之所以要营建离地而居的干阑，主要是由这里的自然环境和气候条件决定的。也正因为如此，具有鲜明地方民族特色的干阑建筑才得以世代传承下来。

广西地处岭南，位于中国南部，东南毗邻广东，西南与越南接壤，西部和西南部分别与云南、贵州相邻，东北与湖南交界，南临北部湾。境内高山环绕，丘陵绵延，中部和南部大面积丘陵一直向东延伸。总体而言，广西的地理环境特征是：山脉呈弧形分布，大致构成了不同的圈层，四周高，中间低，形成了“广西盆地”；由于受到弧形山脉的分隔，广西境内山岭绵延，丘陵错落，平原狭小，平原面积占总面积的14%，而山地丘陵面积占总面积的近70%，因此，素有“七山二水一分田”之说，以此形象地概括广西地形地貌。不同的地形地貌，造就不同的民居形制（图1-1-1），如：桂北、桂西北、桂东北地区以山地丘陵为主，为保留少量平坦耕地，人们多利用坡地建房，再则森林覆盖率很高，林木资源丰富，常年气温较低，人们因此建造和发展了与之相适应的干阑建筑；而桂中、桂南、桂东南地区，大小相间的盆地较多，平地面积较广，河流交错，人们也就多居住在平地、河畔，建筑材料不及山地的木材丰富，人们便因地制宜，采用泥、土、石料、木料相结合的方式来建造地居房屋。

生态学在建筑领域研究的是人类建造活动与自然的相互关系。从我们调查研究的广西传统建筑中可以看到：先民们根据世代积累的经验，在传统建筑的建造中遵循自然法则、顺应自然规律、适度开发资源、珍惜土地和水资源、重视环境容量，最终达到人与自然生态的和谐（图1-1-2）。

平峒、丘陵和山区之中的居民，世代以农业经济为生。

图1-1-1 广西桂林典型喀什特地貌（来源：俸小慧 摄）

图 1-1-2 道法自然的龙胜山区传统村落（来源：http://dp.pconline.com.cn/photo/3362273.html）

作为一个农业民族以及每一个聚落的居民群体，其生产和生活对于各种自然资源的需求，构成了一个环环相扣、相辅相成的综合体系。因此，广西先民在村寨选址和村寨营建中都非常讲究与生态的关系，避免对自然生态的破坏，既维护了生态平衡，又保证了传统农业的可持续发展。

广西各民族聚落分布与环境容量也是和谐的。人们在选择聚居点的时候，根据地形的特点和可耕土地的容量来决定聚落分布的规模和距离。如平峒地区可耕土地面积大，人口容量大，所以聚落分布较为密集；较为偏僻的高山地区，群山绵延，层峦叠嶂，少有平地，先民们就在高山的山窝平台或高坡上建立聚落，并将山坡开辟成层层梯田，引山水自上而下灌溉田地，因而，其聚落分布稀疏，规模普遍较小。但不论是平峒地区分布较为密集、规模较大、人口较多的聚落，还是丘陵山区分布较为稀疏、规模较小的聚落，周围都有足够耕种的土地及宽阔的生活空间，能满足居民生活生产的需要。

二、水文条件

古代人们在选择居住时，往往在交通干道周围自然形成聚落。在古代陆路交通不发达的情况下，水路就成为重要的交通方式。以水系为辐射的周围村镇就会形成经济与文化相对发达的地区。因此，水系对当地文化与各地文化的交流沟通有着重要意义，也有利于形成相对成熟的建筑形制与聚落文明。

广西雨量丰沛，河流众多。由于受盆地地形影响，广西水系形成以梧州为出口的西江水系，呈叶脉状发散格局。以红水河、柳江、桂江、西江等为代表的主要河流，使沿江地区的经济、文化等随着历史的发展而发生着变化，带动了广西 4 座主要城市的发展，即桂林与桂江、南宁与邕江（西江上游）、柳州与柳江、梧州与西江。由于水路交通便利的程度和城市发展的程度不同，广西传统聚落的分布也呈现出一定的规律性：交通不便的山地主要分布着少数民族聚落；交通便利的地方汉族传统聚落较多。由于民族迁徙，广西的传统聚落分布相对复杂，但也有一定的规律，俗话说：“壮居水头，苗居山头，汉居地头”，各民族择地而建，成为村落，聚族而居，形成广西奇特的聚落景观。

红水河文化。红水河河道坡度大，水流湍急，不适合航运，水路交通不发达。但红水河进入桂中丘陵平原地区，河床平缓，耕地集中，历来是农业产区，孕育了以壮族文化为主体的多元文化。其中的左江流经冲积平原，整个流域耕作面积大，适合发展农业，是壮族的主要聚居地。良好的耕作环境也吸引了其他民族的迁入。这一流域以壮族文化最为引人注目，如著名的花山岩画（图 1-1-3）。

图 1-1-3 左江文化遗存：花山岩画（来源：李昕 摄）

柳江文化。柳江流域气候温和，植被丰富，历来是川黔通两广的重要水道，经济文化发达。同时，该流域洞穴众多，是古代先民理想的栖息地，在该水域内发现的大量古人遗骨化石足以证明，柳江因此成了华南人类先民和文化遗址的中心。

桂江文化。桂江以兴安至平乐一段最为有名，即“漓江”（图 1-1-4），由于灵渠沟通了长江水系和珠江水系，此地与湖广的联系更为密切。凭借桂江流域的区位优势，这一地区得以最先开发，加之中原文化传播较快，经济文化比较发达，

图 1-1-4 孕育桂江文化的漓江（来源：俸小慧 摄）

图1-1-5 孕育西江文化的西江（来源：全峰梅 摄）

图1-2-1 顶蛳山遗址（来源：广西博物馆 提供）

汉化程度比较高，在流域内保留较为完好且有特色的建筑以湘赣传统建筑为主。

西江文化。浔江流经桂中丘陵平原，到梧州汇合桂江后称为西江，西江一路众纳百川，航运发达（图 1-1-5）。梧州是西江枢纽，自汉代至明代，一直是华南地区的经济文化中心，优越的区位使西江一带的民居颇有特点，特别是近代的骑楼建筑。

图1-2-2 巢居示意图（来源：《广西民居》）

第二节 人文环境的影响

文化是人类活动的产物，它的形成、积累、传输和变迁都离不开人的活动，因此传统建筑研究中对于人的研究十分重要。着眼于特定区域中的居民，应该包括两种成分：一是固有的，二是变化的。前者为土著民族，后者则为移民。广西土著民族是留下古代文化遗址的古骆越、西瓯人的后代；移民包括中原汉族的南迁和一些少数民族的迁移。

一、骆越先民

在人类进化的一百多万年里，广西气候温和，雨水充足，自然界物质丰富，适宜人类的生息繁衍。据研究资料表明，在距今 81 万 ~71 万年前，广西就有了原始人类活动。目前，广西已经发现了多处人类化石遗址和旧石器时代文化遗存，如柳江人遗址、麒麟山人遗址、白莲洞人遗址、甑皮岩遗址，等等，这说明广西先民在没有能力修建房屋时，天然山洞就是他们的栖息之所。

有关文献记载，广西先民在穴居之后，出现了巢居。《韩非子 · 五蠹》记载：“上古之民，人民少而禽兽众，人民不胜禽兽虫蛇，有圣人作，构木为巢，以避群害。”张华《博物志》中记载：“南越巢居，北溯穴处，避寒暑也。”《魏书 · 僚传》所说：“依树积木，以居其上”。这些文字记载在广西地区得到考古验证的不多，但从民族学研究和其他地区的考古资料可以推断和考证（图 1-2-1、图 1-2-2），如在今南宁蒲庙镇发现的顶蛳山文化遗址中，有距今约 5111~11111 年以前的古老居所——这些成排的、有规律的柱洞是广西乃至中国南方唯一可以作为通过考古发现来确认史前人类居所构造形式的唯一依据，柱洞的存在表明“巢居”的可能性。“巢居”即在树上构搭简陋的窝棚以栖息，它既可防止毒蛇猛兽的伤害，又可避免潮湿瘴气的侵蚀，保护人们的生命安全和健康，这种“巢居”现象，后人认为是最初的人工营造住屋。就像北方窑居被视为穴居形式的现代遗存一样，南方的干阑也被视为巢居不断演化和发展的产物。

而创造干阑的广西先民是骆越人。战国秦汉时期，江南以及岭南各地居住着众多越人，因其支系繁多，故统称“百越”（图 1-2-3）。文献中常见的越人有东越（今浙江一带）、闽越（今福建一带），西瓯和骆越等。西瓯和骆越是“百越”中的两大重要支系，主要分布在今天的中国广西和越南北部。秦统一岭南后，西瓯、骆越聚居的广西地区隶属象郡，秦末汉初，一度又曾纳入南海郡尉赵佗所建的南越国，直至公元前 111 年汉武帝灭南越，并在该地重设九郡，岭南的郡县制才最终稳定下来。瓯骆地区属于当时汉朝的苍梧、郁林与合浦三郡。西瓯人主要生活在今广西西江中游及灵渠以南的桂江流域，骆越人则主要聚居于西瓯族的西部和南部，即今广西的左、右江流域和贵州省的西南部以及越南的红河三角洲地区。西瓯和骆越是广西的土著先民，今天的南宁、玉林等地为西瓯与骆越杂居之地，而钦州、防城等地为骆越集中居住地。西瓯、骆越因其所处的自然环境和特定的生产方式，创造了独具特色的干阑文化。

“干阑”在广西壮族聚居区称为“麻栏”。从广西各地出土的大量汉代明器来看，最迟至汉代，干阑已盛行于广西各地，并且发展得较为完善，形式多样（图 1-2-4、图 1-2-5）。宋人周去非淳熙时（1174~1178 年）曾任广南西路桂林通判，离任东归后写了著名的《岭外代答》，其卷四《巢居》中记述了当时民居的一些情况：“深广之民，结栈以居，上设茅屋，下豢牛豕，栅上编竹为栈，不施椅桌床榻，惟有一牛皮为茵席，寝食于斯。牛豕之秽，升闻于栈罅之间，不可向迩，彼皆习惯，莫之闻也。”从他的描述来看，

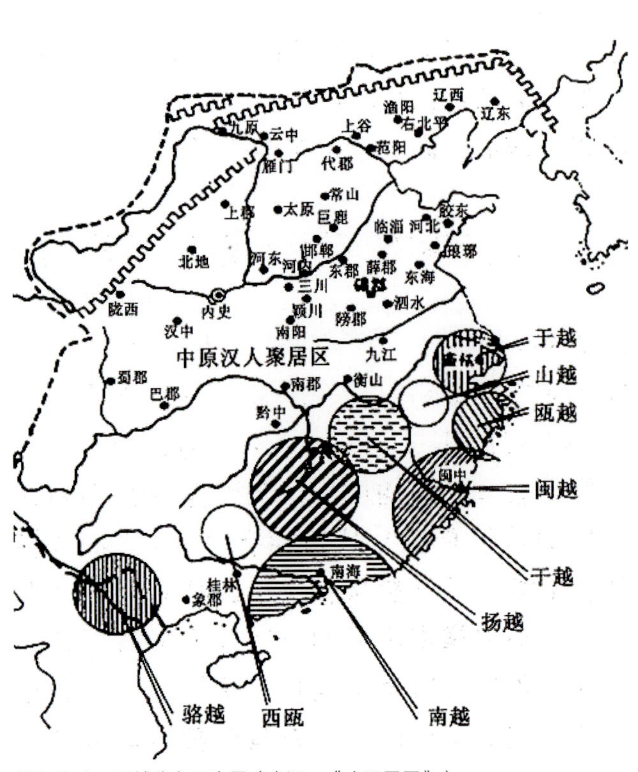

图1-2-3 百越分布示意图（来源：《广西民居》）

图1-2-4 合浦出土的干阑明器（来源：广西博物馆 提供）

图1-2-5 梧州出土的干阑明器（来源：广西博物馆 提供）

当时的“深广”（桂西）一带民居主要以木、竹结构的干阑为主。同时，《岭外代答》里也记载道：“诸郡，富家大户，覆之以瓦，不施栈板，惟敷瓦于檐间，仰视其不藏鼠，日光穿漏，不以为厌也。山民垒土墼为墙，而架宇其上，全不施柱，或以竹仰覆为瓦，或编织竹笆两重，任其漏滴。”也就是说，位于平地为主、交通发达的诸郡大户人家，在当时已普遍使用青砖小瓦的砖木结构地居，部分“山民”也慢慢告别了木楼，住进了用土舂墙或土坯墙垒的房屋中。到了明清时期，砖木地居在汉族村落和寻常百姓家中大量使用。而在交通闭塞的山区（尤其是桂北山区），则仍然沿袭着全木构的干阑建筑。干阑通常为三层，下层圈养牲畜或堆放杂物，二层住人，三楼为仓储。有的三间一幢，一明两暗，也有五间一幢，但中间一间必是堂屋，用于接待客人和祭祀祖先，左右房间为卧室或厨房。从出土的汉代明器中，我们可以看到干阑建筑的形制。在钦州大寺乡一带，干阑建筑保持了两层楼式、上层住人下层养畜的传统，多为三开间或两开间，也有多家联成排聚居的现象，两面山墙向前伸出，中间立柱承“人”字形梁檩。

二、民族迁徙

广西是一个众多少数民族与汉族大杂居的地区，除了壮族、侗族、仫佬族、毛南族等广西土著民族外，其他各民族都有迁徙的历史。其中中原汉族的迁徙主要有两个路径：军事政治型迁徙与经济型移民。

据记载军事政治型移民始于秦代戍边、开疆，以后历代都有，如秦始皇三十三年（公元前 214 年）“发诸尝逋亡人、赘壻、贾人略取陆梁地，始为桂林、象郡、南海，以適遣戍”（《史记·始皇本纪》）。桂林郡是今广西中部桂江以西到红水河并向南延伸到郁江、浔江北岸的广大地区，相当于西瓯人活动区域，而象郡指广西西部及郁江、浔江以南到北部湾畔地区。人口迁徙和移民带来了中原文化。从人口数量上看，当时三郡的 39 万人中，移民就有近 11 万人。公元 216 年，南越王赵佗有计划地传播中原文化，“稍以诗书化其民”，

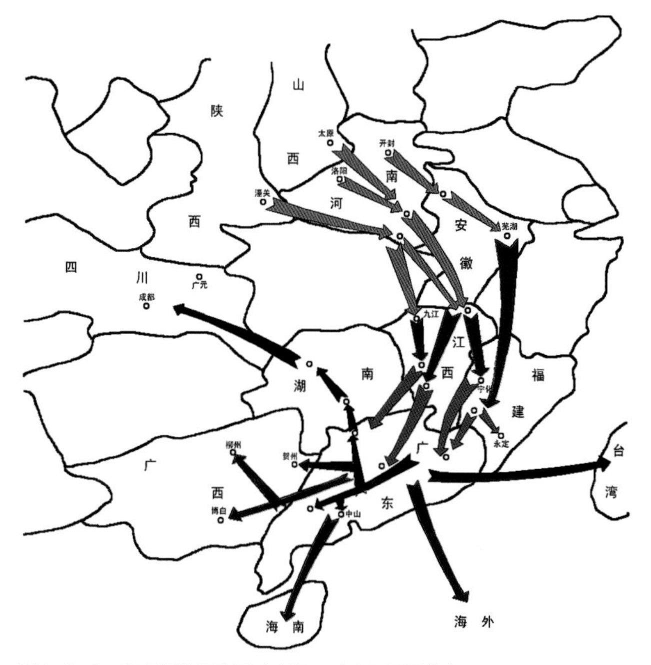

图1-2-6　客家迁徙示意图（来源：《广西民居》）

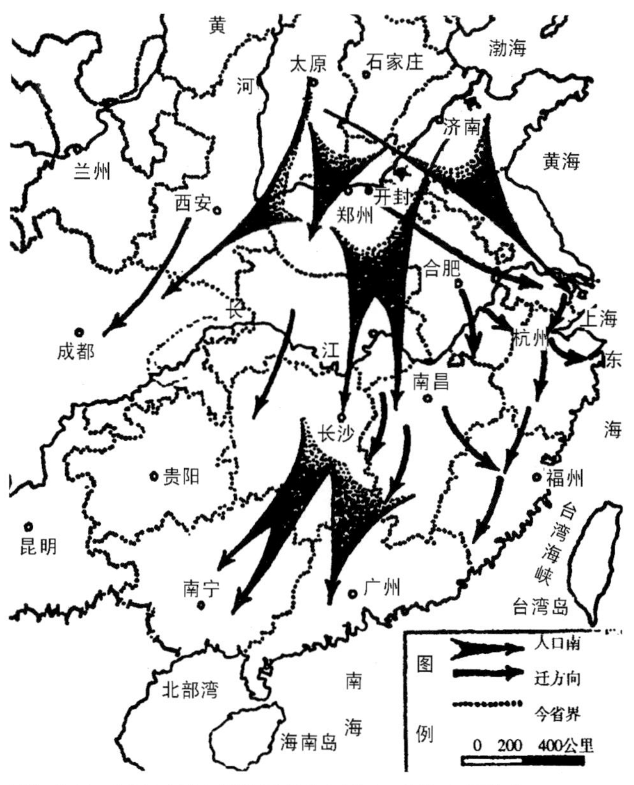

图1-2-7　北宋末年人口迁徙示意图（来源：《广西民居》）

推动南迁汉族与少数民族通婚，增添人口，融合文化，使岭南地区的风貌发生了重大变化。在魏晋和唐代，安史之乱等不同时期的北方战乱使大量北方民族南迁，南方广大地区得到了开发。例如到了明代，大量江浙移民到达横州（今南宁横县），传入水利技术，使横州“有田一丘，则有塘潴，水塘高于田，旱则决塘窦以灌”，横州的农业因此得到了较大的发展。农业经济的发展促进了人口的增长，加快了乡村建设（图1-2-6、图1-2-7）。

民族迁徙中包括少数民族的迁移，如瑶族。瑶族是民族迁徙中最典型的一个，秦汉时期他们是生活在湖南的“长沙蛮”“五溪蛮”和“武陵蛮”的一部分，南北朝时被迫北迁，隋唐时期由于统治者的压迫和歧视而返回南方，到明清时期，广西成为瑶族的主要聚居地，但仍然长期受压迫，因而道路沿线或河边往往是汉族或壮族村庄，山腰是苗族寨子，山坳或接近山顶的才是瑶族村寨。在瑶族的汉文献《过山榜》中，记载了瑶族迁徙的口头记忆（图1-2-8）。

当然，民族迁徙也是民族生存的自然选择。生产力低下的古代社会里，自然生态的优劣和变迁是引起人口迁徙的一个重要原因。从事刀耕火种、游猎采集的民族，力图找到气候温暖、有肥沃土地和茂密山林的地方，这样就可以在生产技术相对落后的情况下，得到良好自然条件的补偿。秦汉以来，为逃避战乱，迁入广西的汉族多选择气候温暖、土地肥沃、水源充足、适宜农耕的地区定居下来，而很少进入高山地带。当然，当为数不多的平地地区再也容纳不了更多的移民时，地广人稀的山区也会成为迁徙的主要方向和目标。在土地资源和生存空间争斗中失败的民族也开始被迫而无奈地向山区迁移，开辟新的生境。

三、经济活动

合浦作为海上丝绸之路的起点之一，商贾从中原溯湘江，过灵渠，走桂江，经南流江抵合浦出海，与东南亚各国进行海上交通和贸易。许多商人到达广西沿海地区，并在这些地方留下了文化痕迹，在北海合浦，人们从发掘的近一千多座汉墓及逾万件出土的文物看到中原文化传播和影响。广西的经贸活动比较频繁地集中在明清以后，因为广西水路的便捷，

图1-2-8 南丹白裤瑶（来源：《广西民居》）

广东商人沿江而上进入广西经商（包括移民），到达桂林、邕州（今南宁）、横州（今横县）以及玉林、钦州等地，特别是他们在广西南部做买卖，形成"无东不成市"的商业局面，因此，在桂江、西江、邕江沿岸都有明清以后建成的村落，这些村落一般都有码头和相对完整的街道，如南宁的扬美古镇。扬美曾是南宁周边的贸易中心，到了清代兴盛一时，古镇设有八座码头，呈现出"大船尾接小船头，南腔北调语不休，入夜帆灯千万点，满江钰闪似星浮"的景象，从而成为明清商贸古镇向世人展示其历史风貌的典范。贺州昭平黄姚古镇，因靠近姚江，往西可到达桂北地区，往东可通桂江，联络苍梧与广东，成为水运要道，是方圆几百里的商品集散地。明末清初，大批广东客家人沿江而上，商人们在黄姚兴建豪宅，经商办学，一时间古镇店铺林立、票号云集，在清乾隆至民国中期达到了鼎盛，现存的数百间传统民居，多为此期间所建（图 1-2-9）。桂林灵川县大圩镇，明代时为广西四大圩镇之首，沿漓江北岸立街设坊，各地商人纷纷在这里建造会馆，居住经商，有名商号较多，曾有"四大家"、"八中家"及"二十四小家"之称。到民国初期，大圩已形成八条大街，十多个码头，有"逆水行舟上桂林，落帆顺流下广东"之说，是桂北地区重要的商业码头。古镇建筑由西向东沿江而建，沿江街道多用青石板铺设路面。为方便经商与居住，窄长的街道两旁挤满了青砖蓝瓦的老房子，房屋既可居住，亦可作为店铺（图 1-2-10），是商兴镇的典型。

从经济学角度看，社会经济的发展对传统建筑的形成与发展具有重要的作用。建筑的建造是人类社会生产力发展到一定阶段的产物，标志着人类社会的文明进步；建筑的空间布局和功能结构，是以适应和满足人类的物质生活和精神生活的需要为基础的。随着人类社会的发展和生产力水平的提

图1-2-9　黄姚古镇（来源：熊元鑫 摄）

图1-2-10　大圩古镇（来源：全峰梅 摄）

图1-2-11　兴业庞村建筑装饰（来源：全峰梅 摄）

高，人们的生活方式不断演变，建筑的空间布局与结构形式也不断得到改进和发展。历史上，随着广西社会经济的发展，建筑营建技术水平的提高，建筑的空间布局与功能形式不断满足人们的生活需要，各民族的居住条件不断改善，物质生活和精神生活水平也不断提高。

在广西传统建筑中，普通百姓经济能力有限，其民居的建造以满足功能要求为主，注重居住功用，但灵活自由、生动活泼、不拘一格的建筑形式，却显得适用经济。相比之下，有着雄厚经济实力的富贵人家，其宅院外观森严，内部装饰豪华，布局上突出轴线，主次、内外分明，住宅空间规模较大，形式上气势恢宏。如清乾隆年间兴业县庞村首富梁纯庵及其子孙所建的房舍，规模宏大，装饰风格奇特，大多数建筑的檐下、屋顶下绘有彩色的裙画，屋檐、窗额有精美的雕刻，多雕以盘龙翔凤、喜鹊以及如意、八定等风物，手工精细，惟妙惟肖（图1-2-11）。

四、儒学南传

儒学是中国封建社会的主流文化，秦统一岭南被认为是儒学南传的序幕，儒学正是随着各朝政治版图的扩张而在岭南传播，进而向东南亚各地辐射的。

文化学理论认为，文化的传播会造成外来文化与当地文化的紧张，需要经过文化濡化（acculturation）的过程，即两种文化不断发生接触而扩散。儒学南传的濡化过程是相当漫长的，曾是秦将的赵佗后来建立南越国，积极推动儒学与岭南本土文化的濡化，“稍以诗礼化其民”，被史学家称为“开发岭南第一功臣”。在以后的开明封建统治者及各级官员中，大都采取积极消除文化紧张、推动文化濡化的政策，这就形成封建社会时期儒学南传的文化轨迹。著名的人物有汉朝的“伏波将军”马援，“岭南华风，始于二守”的两位交趾太守锡光和任延，宋代写有《桂海虞衡志》的广西军政首脑范成大，“道化披于桂”的理学家张栻、吕祖谦以及逐渐受到当代重视的王阳明，等等。王阳明于明嘉靖六年（1527年）奉命镇压广西少数民族起义，除武力镇压之外，就是怀柔远人，在广西各地兴学，目的是“用夏变夷”“敷文来远”，在当时兴建的书院中，以南宁的敷文书院最为有名，它是明代南宁地区的最高学府，也是当时广西传播阳明心学的重镇，影响很大，人们至今追念。

除了官员的政绩外，还有遭朝廷贬谪文人的丰功，如柳宗元、秦观、黄庭坚、苏东坡，等等，他们虽然大多是不得志的官员，但人们记住的更多是他们文人的名声和推动文化发展的清誉。在广西讲学的文人也推动了儒学南传的进程，如周敦颐及程颢、程颐兄弟等，他们虽在广西讲学的时间不长，但他们的影响却很深远。在桂林灵川江头村，至今仍居住着周氏的后代（图1-2-12）。

儒学南传的成效是在濡化过程中逐渐显现的。隋唐科举制在岭南的推行，使得当地私学、官学都得到了发展。宋代

图1-2-12 江头村爱莲家祠（来源：全峰梅 摄）

周去非《岭外代答》卷四中记载“岭外科举，尤重于中州”，反映了当时科考的一些情况。

文化濡化的过程从朝廷的“武功”走向民众的“文治”，文化传播也相应地从文化扩散向文化整合转变。其中一个突出的例子是壮族通过整合本土文化和儒家文化，创造了被誉为“壮族伦理教科书”的万言五言长诗《传扬诗》，典型地表现了文化在碰撞中走向融合的过程，也反映了儒学南传对民族文化的影响之深。

儒家思想是封建社会的正统思想，它不仅在汉族院落文化中占有主要地位，而且也部分地影响着广西少数民族的居住文化和生活方式。在官宦院落中，儒家思想的主导地位尤为突出。如南宁黄家大院，其空间布局规整且层层推进，是传统儒教社会和等级森严的封建礼法在建筑空间上的体现。在正院中，北房南向是正房，房屋的开间进深较大，台基较高，多为长辈居住；东西厢房开间进深较小，台基也较矮，常为晚辈居住。正房、厢房之间通过连廊连接起来，围绕成一个规整且里弄空间丰富的院落。祠堂位于合院的中心位置，是统治整个大院的精神中心，这是中原建筑讲究礼制、注重伦理的建筑风格。

灵山县大芦村，至今仍保存着数座清代劳氏家庭的院落。在几座劳氏院落中，东园别墅修造的时间比与之隔水相望的双达堂要晚，双达堂的主人是东园别墅主人的先辈，所以，东园别墅的门楼比双达堂的门楼要矮小，以示“孝道”和谦逊。在劳氏院落中，建筑是严格按照封建等级制度的要求来设计和布局的，规矩森严，上下尊卑，各住其房，各走其道，不能越雷池半步。男主人出入，走正门，女眷和仆人出入，则只能走主体院落围墙外侧的佣道。

匾额和楹联，是汉族民居中不可或缺的建筑装饰的一部分，它对院落文化起着点题、点“睛”的作用。在劳氏家庭院落中，仅现在整理出来的完整的楹联就有315副，内容涉及节庆、交际、天文地理、婚丧嫁娶、历史政治、行为规范、学问修养、家庭传统，等等，这些楹联所透露出来的信息丰富而庞杂，但主导内核只有一个，即儒家思想（图1-2-13）。贺州黄姚古镇的匾额和楹联，是古镇的一大人文景观（图1-2-14）。

图1-2-13 灵山大芦村楹联文化（来源：全峰梅 摄）

图1-2-14 黄姚古镇匾额文化（来源：全峰梅 摄）

第三节 广西传统建筑类型特征的形成

历史上，由于区位因素广西受外来文化的影响很深，据现代教育学家雷沛鸿先生研究，广西在不同时期、不同地区，曾经接受过多种外来文化的影响，主要有“中原文化”“高地文化”和“低地文化”。总的来看，外来中原文化和高地文化主要影响了平原及丘陵地带，低地文化主要影响了沿海和沿边地区，而在交通不便的偏远山区则更多地保留了壮族、侗族、瑶族、苗族等世代相传的少数民族文化传统。外来文化，既给广西本土文化很大的冲击，又为广西文化注入了活力，形成广西文化多样性的格局，同时也决定了传统建筑类型的多样性。

一、民族类型

广西少数民族众多，现有 12 个聚居民族，另外还有 28 个少数民族的少量人口在广西境内落户，他们各自的历史造就了各民族独特的文化特征。他们各自的文化特征、生活习俗体现在民居上，便具有了从聚落到单体建筑内外空间构成的不同民族特色。典型的有汉族建筑、壮族建筑、侗族建筑、瑶族建筑、苗族建筑，等等。因此，在上篇的论述中，我们也将重点解析汉族、壮族、侗族、瑶族、苗族等几个民族的传统建筑特征，同时兼顾建筑的地域性。

（一）汉族建筑

汉族在广西的平原地区均有分布。其主要特点是院落组织，同宗同姓的院落，按照同一朝向排列，共同组成一个大院落群，大院落前有小院落，拥有共同的前庭和院门。整个院落以纵向中轴线为准，对称布置。建筑是封闭的，院落则是封闭中对天宇开放的空间，有通风、采光、组合实体建筑等功能，是实体建筑之间的缓冲与过渡；院落中除了墙体对人的肉体有封闭作用外，传统宗法和礼教对人的精神也有禁闭作用，而有了院落，处于肉体、心灵双重封闭中的人们，就有了一个可以透气和舒缓的空间，这样院落又具备了它特有的精神功能。汉族院落这种虚实结合的特点，是汉族文化中对于虚实、阴阳、圆缺、祸福等对立统一关系认识的一种反映（图 1-3-1）。

（二）壮族建筑

广西是壮族聚居最集中的地区，壮族村寨多分布在边远

图1-3-1 灵川江头村汉族建筑（来源：全峰梅 摄）

山区的山坡上，少数分布于缓坡平原。多聚族而居，以宗族为单位设置村寨，民居往往形成若干组团，组团内每家每栋木楼独立，较少联排，也有几兄弟的木楼连成一体的情况。组团之间随地势的起伏或溪涧的相隔而保持一定距离。高大茂密的榕树或樟树往往是壮族村寨的标志。壮族干阑是广西民居类型中最具特色的一种，能适应各种复杂的地形。桂北壮族干阑一般都比较高大，工艺较为讲究；桂西南一带的壮族干阑体量相对矮小，工艺也比较粗糙（图 1-3-2）。

（三）侗族建筑

广西侗族总体呈现出大聚居、小分散的聚落格局。侗族村寨多伴山、临河溪而建，寨前有集中的田地，也有侗族村寨散落在较高的山坡上，多同族聚居。无论同族村寨或与其他民族杂居的村寨，村寨建筑群体布局与外部空间构成上最大的特色是：村寨必有鼓楼（聚集议事及娱乐的场所），大的村寨鼓楼可达几个；沿溪必有风雨桥，鼓楼与风雨桥的造型丰富多样。也常设独立的或与风雨桥结合的寨门，井亭、戏台较为普遍，常将多家木楼连接成排。这既适应侗族的民族生活习俗，也反映了能歌善舞、以“侗族大歌”著称的民族文化传统。单体建

图1-3-2 龙胜平安寨壮族建筑（来源：http://www.xici.net/d218062795.htm）

图1-3-3 三江林溪侗族建筑（来源：全峰梅 摄）

筑为干阑式三层居多，与壮族、瑶族、苗族等少数民族一样按竖向划分功能：底层架空层为畜圈、农具肥料库房；二层住人；三层主要作粮食存放、风干等用途。平面灵活自由，开间有二间至七八间或顺地势转折。屋顶以两坡顶为主，在山墙面或正、背面按挡雨需要加出高低、长短不等的披檐，形成侗族民居形态上最鲜明的特色（图 1-3-3）。

（四）瑶族建筑

瑶民多聚寨而居，如龙胜红瑶的大寨、田头寨、壮界寨，等等。瑶寨多建在山坡较高处，居住建筑多为木构干阑，木楼排列整齐，依山而建，自然形成若干小组团（图 1-3-4）。瑶寨布局与单体建筑在外观上与壮族、侗族、苗族等少数民族较为类似。民居建筑的空间组织上，“火塘”是家庭活动的中心空间，家中的起居待客等均在火塘间进行。但在平地瑶族民居的内部空间构成上，瑶族又有自己的民族特色，如：富川、象州等地常见的三间堂式瑶族民居，多为砖木结构，底层住人，上为阁楼，用于仓储，或作男女青年的卧室。

（五）苗族建筑

广西苗族主要分布在桂北、桂西北和桂西地区，与湖南、贵州的苗族分布区连成一片，与壮族、瑶族、侗族、汉族等民族相互杂居。苗族多聚居于深山大岭之中，村寨一般依山而建，选址多位于半山腰或山顶，极少数建于山脚或平地，如融水苗族自治县苗族村寨。苗族村寨规模一般较小，以30~50户居多，苗族人民生活比较贫困，多为杉木皮房、草房以及竹篾捆扎的“人”字形叉房。近年来，由于社会经济的发展与交通条件的改善，在地势平缓之处的苗族村寨也逐渐增多。如柳州三江县，这里的苗族与壮侗民族杂居，苗区盛产木材，因此很多房屋都是木质结构，传统苗居吊脚楼多是木楼盖瓦，木板作壁，人居楼上，空气流通，凉爽、宽大，楼下关养牲畜、堆放农具杂物，与壮族、瑶族的干阑民居相似（图 1-3-5）。

图1-3-4　龙胜瑶族建筑（来源：http://www.gophotos.cn/）

二、地理类型

自秦以来，中原人口开始移居岭南，一般多居住在地势较平缓、交通较便利的桂东北和桂东南地区，并逐步向桂中一带扩散，有力地促进了当地经济和文化的发展。但桂北和桂西山区因地方偏僻，且群山延绵、交通闭塞，汉人进入的时间较晚，人数也较少，因而受汉文化的影响也较小，人们仍延续着传统的生产生活方式，社会经济和文化的发展较为缓慢。因此，广西地区的社会、经济、文化的发展出现了较明显的地方差异。由于各地的自然环境以及人们的生产生活

图1-3-5　融水苗族建筑（来源：全峰梅 摄）

方式不尽相同，有山区、半山区、平坝区或稻作区、旱作区、林区、渔区之分，各地传统建筑在建筑结构、建筑材料和营造方法上也出现了明显的差异。依据地形貌特征将广西传统建筑划分为山地型、丘陵型和平地型。

（一）山地型

山地型传统建筑主要坐落在高山峻岭的山崖、山腰和陡坡上，其形式以干阑建筑为主，分布地区有广西西北部的龙胜、三江、融水、都安、大化、东兰、天峨、南丹、巴马，东北部的富川、恭城，西部的西林、田林、隆林、那坡、德保、靖西以及南部的上思等少数民族地区，尤其以瑶族最为普遍，素有“岭南无山不有瑶”之说。桂北山区干阑是其中的典型（图1-3-6）。桂西山区的民居在保持干阑基本形态与功能的基础上，在建筑结构、营造工艺和建筑材料等方面呈多元化态势，即：既有全木结构高脚干阑，也有次生形态的硬山搁檩式干阑，还有结构简单、工艺粗糙、用泥竹糊成山墙的具有原始形态特征的木竹结构的勾栏式干阑。

（二）丘陵型

广西的丘陵地主要分布于中低山地边缘及主干河流两侧，以桂东南、桂南、桂中一带较为集中。这类土地有坡度缓、土层厚、谷地宽、光照条件好、人类活动频繁等特点。由于坡度缓，丘陵地带的传统建筑多分布在山岭之间的田峒或谷地边缘的山脚缓地上，住居前面和两翼的地势较为平缓开阔，有足够的耕地供人们进行生产活动（图1-3-7）。

建筑形式大多已经由传统的干阑式发展演变为以土坯、夯土或石块构筑而成的半地居式硬山搁檩建筑，其中以“凹”形矮脚石木结构干阑为典型。在玉林、钦州以及南宁等地，硬山搁檩的汉式传统建筑比较普遍，自秦汉以来，特别是宋明以后，大量的汉族先后进入这些地区，汉文化的传播极大地促进了这些地区社会、经济和文化的发展，传统建筑形式也相应汉化。

（三）平地型

平地型传统建筑主要分布于桂北、桂南沿海、桂东南、桂中及左江河谷（图1-3-8）。平地地势平坦、土层深厚、自

图1-3-6　龙胜大寨：山地建筑（来源：全峰梅 摄）

图1-3-7　三江马鞍寨：丘陵建筑（来源：全峰梅 摄）

图1-3-8　灵川江头村：平地建筑（来源：全峰梅 摄）

然肥力高、水源充足、光照条件好，十分有利于农业发展，是目前广西最主要的粮食作物和经济作物生产基地，也是城镇密集带。其中，桂南地区的广府式建筑较为典型，主要包括贵港、玉林、钦州等地，这些地区在历史上曾是广东、福建等外来移民的聚居地。大量东粤移民的迁入，使桂南地区的传统建筑形制逐渐被客家系民居建筑和广府系民居建筑同化。

以上从地形、地势上对传统建筑的划分是相对的，因为民居的形式一方面受地形地势、气候、建筑材料的限制，另一方面也受各民族建房习俗和民族融合的影响。因此，各种因素的集合，使得同一地形上出现几种不同的民居类型。

三、结构类型

（一）干阑式

干阑建筑是山区少数民族一种特别的楼居形式（图1-3-9）。其主要特点有：底层架空通透，起到防潮作用，主要用于关养牲畜或存储，有的设木栅栏或竹篱笆围护以防盗；中层住人，内部空间宽敞，空气流通自如，室内较为凉爽；顶层为阁楼层，用于粮食存储或辅助居住。平面结构布局灵活，内外结合自然；居住层平面方正规整，设板梯上下，近门处设火塘，为全室起居中心；堂屋两侧或后面设卧室；前部设外廊和晒台，自由活泼，是白天活动的主要场所，也是建筑同环境融合呼应的一种表达方式。规整的穿斗木构架体系已发展成熟；建材以竹木为主，且就地取材，亲切朴实而经济，以前的屋顶覆盖物多是树皮和竹片，现在主要是青瓦。干阑建筑在后期发展水平较高，它又有“重棚”之称，即为重楼式，意指其外观以完全的楼房形式出现。但全干阑式建筑在适应复杂山地条件、结合地形、利用坡面空间和便利内外联系上有一定的局限性，因此，全干阑式建筑现存不多，散见于边远山区的壮族、侗族、苗族、瑶族等民族中。

（二）半干阑式

半干阑是干阑在寻求更适应山地环境的过程中创新发

图1-3-9 百色马蚌乡那岩屯壮族干阑建筑（来源：全峰梅 摄）

展的一种形式，也称“半边楼”（图1-3-10）。其主要特征有：半楼半地的平面空间组合，形制成熟。外形虽简单规整，但在纵向上则分为两大部分，即前部为楼居，后部为地居，特别能适应各种复杂的山区地形和苛刻的基地条件，同自然环境有机契合。具有别致巧妙的曲廊入口和退堂手法，入口常设于山墙面，通过曲廊导入正面退堂处的主要宅门，打破了干阑由底层登梯入室的传统方法，使室内外联系更为灵活。功能分区合理，与全干阑式建筑相同。多用歇山顶，造型丰富活泼，有的呈二迭式，即一悬山加披檐而成，颇具古风遗意。由于半干阑形制完善成熟，具有高度的灵活性、适应性、经济性和合理性，因此，在广西少数民族地区数量较多，显示了它强大的生命力。

（三）砖木地居式

砖木地居一方面由砖木干阑发展而来，另一方面也由中原直接传入。它与干阑建筑相比，有如下变化：木材的使用减少，土坯、砖、石等材料使用增加；从干阑的木构屋架承重发展到砖木墙体承重；从楼居发展为地居，从人上畜下共处一楼发展为人、畜分离；从平面布置上看，从简单的矩形单体到复杂单体，最后发展成为单体的组合（院落），通过天井连接单体形成合院。砖木地居式建筑主要分布于明清两代传统民居的汉族村寨，如灵川县江头村，它是一个保存了明清两代传统民居的汉族村寨（图1-3-11）。明代民居一般为单立座，低矮、狭窄，通风透气性差，房内幽暗，整座房屋只设一个独门，没有天井，正堂或次间都没有阁楼。清代民居则比明代的高大、宽敞、气派，每座房子都有大门楼、二重门、过厅、正堂等，中间设天井，两边建有厢房，具有四合院特征。

总的来看，广西传统建筑在民族融合与文化交流中呈现出多元的样式。

图1-3-10 灵川县老寨瑶族依山而建的半干阑建筑（来源：全峰梅 摄）

图1-3-11 灵川江头村砖木地居（来源：全峰梅 摄）

第四节 近现代建筑对传统建筑文化的因应与传承发展

一、近代西洋建筑与本土建筑的碰撞融合

传统建筑文化在近代受到西洋文化的影响，直到当代，西方文化对中国地域性现代建筑的影响还在继续，西方文化在近代成了中国建筑体系发展的“新统”。西洋建筑文化作为“新统”，发生在近代百年。地处南疆沿海的广西，与全国一样，开始经历了西方文化的影响以及本土新旧文化的碰撞与磨合、交锋与融汇。这一特殊的历史足迹，深深地烙印在广西近代建筑当中。

（一）外廊式建筑的出现

“外廊”是指建筑物房间墙外的开敞式明廊，而对外敞开的明廊通过柱子界定与建筑物外的界限。“外廊样式”建筑产生于印度殖民地，英国殖民者融合了欧洲传统与地方土著建筑特点兴建了一种能适应热带环境气候、简单盒子式周围带有廊道的建筑形式，当时这种形式的建筑被称之为“廊房”。一般为一层或二三层建筑，以政务办公、商务或办公与居住综合体建筑类为多。“外廊式”建筑是广西近代建筑发展早期通商口岸城市的主要建筑形式，典型建筑有如北海英国领事馆旧址、梧州建道书院，等等（图1-4-1）。

（二）西方教堂建筑的“嵌入”

西方古典与中西结合的西方教堂建筑是近代广西出现时间较早、影响较长的西方建筑。西方教堂建筑作为一种特殊的建筑形式，在广西近代建筑发展史中有着不可忽视的地位。教堂建筑不仅出现在通商口岸城市，甚至还出现在广西的偏远城镇与乡村里，这些建筑无论是移植“嵌入”的西方古典建筑形式还是中西合璧形式，都是半殖民地半封建社会文化的载体，是广西近代建筑兴起过程中异质文化交汇的特殊现象，它的传入，不但反映了一种异质的宗教文化对广西传统文化的渗透与侵蚀，也体现了一种异域的建筑文化在广西境内的输入与熏染，它首开了西方建筑文化对近代广西建筑影响的先河。其典型建筑有如北海涠洲盛塘天主堂旧址（图1-4-2）、东兴罗浮恒望天主教堂、梧州天主教堂旧址等。

（三）折中主义基调建筑发展

折中主义建筑是近代民国时期出现的一种洋式建筑，紧随“外廊式”建筑之后盛行，这种折中主义表现为两种形态：一种是在同一个城市里，不同类型的建筑采用不同的建筑风格，如以哥特式建造教堂，以古典式建造银行及行政机构，以巴洛克式建造剧场，等等，形成一个城市建筑群体的折中主义风貌；另一种是在同一座建筑上，将不同历史风格进行自由的拼贴与模仿或自由组合的各种建筑形式，混用希腊古典、罗马古典、巴洛克、法国古典主义等各种风格形式

图1-4-1　梧州建道书院（来源：全峰梅 摄）

图1-4-2　北海涠洲岛盛塘天主堂旧址（来源：《广西百年近代建筑》）

图1-4-3　梧州新西酒店（来源：《广西百年近代建筑》）

和艺术构件，不讲究固定的法式，而注重纯形式美，形成单体建筑的折中主义面貌。广西近代建筑同样不可避免地也受此折中主义浪潮的影响。其典型建筑有如梧州新西酒店（图1-4-3）、梧州思达医院、合浦槐园等。

（四）近代民族形式建筑的盛行

近代民族形式建筑是中西建筑文化融汇的民族建筑新形式，是不断觉醒的民族意识和国人对西方国家实力的认识与认可在建筑上的碰撞和磨合，其典型建筑有如民国广西省政府旧址（图 1-4-4）、桂林叠彩路 8 号机关大院等；还有骑楼建筑、园林建筑等其他各类建筑。

据第三次全国文物普查，目前广西调查登记的“近现代重要史迹及代表性建筑”达 2824 处，这些近代建筑，见证了近代广西风云变幻的历史，反映了近代广西的社会变迁及中西文化交流的情况，体现了广西近代建筑中西合璧、古今融汇的奇特而多元的文化奇观和特有的艺术魅力。

图1-4-4 民国广西省政府旧址（来源：《广西百年近代建筑》）

二、现代建筑对传统建筑文化的传承实践

在对传统建筑进行深入剖析的基础上，如何挖掘传统建筑文化的价值，并在当代建筑创作中使其得以传承、发扬是时代的要求。广西现当代建筑师有意识地从民族乡土智慧中寻找建筑创作的源泉，在现代建筑中植入传统，建筑创作从过去一味追求全球化、现代化、概念化、个性化，向乡土建筑现代化、现代建筑地区化转变。

（一）发展历程

20 世纪 50~70 年代为自发探索阶段。受当时的经济条件限制，国家在建设领域制定了“十四字方针”，即“适用、经济、在可能条件下注意美观”。这一时期，广西的建筑多以朴素、实用为主，仅在一些大型公共建筑设计上，采用壮族图案作为建筑室内外的装饰。如广西区展览馆、广西区博物馆、南宁火车站、南宁剧场等。同时，考虑到建筑的室内舒适性，建筑师根据气候特征采用了一些适应气候的设计手段，如广西区体育馆外露看台结构，观众席下开设通风洞口引入室外自然风。20 世纪 70 年代末，尚廓先生充分吸取桂林山水和少数民族干阑建筑的特点，设计了芦笛岩接待室、水榭等景观建筑，以楼居、阁楼、出挑的建筑手法将建筑融于山石水体之中，引领了桂林地域建筑创作的风向。自此，桂林地区的地域建筑风格开始独树一帜，形成自己的鲜明特征，代表建筑有花桥展览馆、榕湖宾馆、桂湖宾馆等。

20 世纪 80~90 年代为百花齐放阶段。改革开放政策带来了经济建设的繁荣，为中国城市建筑提供了物质基础，也引发了中国与外国的文化交流与联系。建筑师积极学习西方建筑理论和方法。国家确立了“经济、适用、美观”的建设方针，注重建筑功能性的同时，充分重视建筑的艺术性。如南宁民族商场将传统建筑的斗栱、雀替、斜撑等建筑构件创造性地抽象成立面装饰元素，顶部采用八角形攒尖顶，适当夸大了屋脊的尺度，形成鲜明的民族风格。

2000 年代至今为自觉创新阶段。1999 年，国家实施“西部大开发”战略，国家政策上给予广西城市建设极大的支持。通过与境外设计机构的合作，广西建筑界引入了具有国际水准的设计理念和设计思维，建筑作品呈现出概念化、个性化的特点。如南宁国际会展中心、阳光 100—欧景城市花园等。广西本土设计机构的创作实践也在积极地回应外来文化与本土文化的交融碰撞，努力创作出具有时代感和地域特色的建筑作品。如荔园山庄、广西城市规划建设展示馆、南国弈园等。与此同时，省外的设计机构也带来了大量的优秀建筑，与本土的设计机构形成竞争双赢的局面。

（二）类型创新

影响建筑的地域性因素较多，建筑师通常根据当时当

图1-4-5　南宁市会展中心（来源：徐洪涛 摄）

图1-4-6　南宁市荔园山庄（来源：徐洪涛 摄）

地的设计环境，抓住主要矛盾作出解决之法。因此，建筑会在某些方面表现出强烈的地域性特征（图 1-4-5~ 图 1-4-8）。这些地域特征主要体现在下几个方面。

第一，基于环境气候的地域创作。根据朝向和主导风向来布置主次立面，通过内院、天井、中庭、边庭、架空等手法组织建筑内部的风路，设计多样性的遮阳构件避免阳光的直射，采用园林植物和水体改善建筑周边微气候，如广西体育馆。

图1-4-7 南宁市李宁体育公园（来源：华蓝设计（集团）有限公司档案室 提供）

图1-4-8 南宁市南国弈园（来源：徐洪涛 摄）

第二，基于肌理文脉的地域创作。将地形地貌、用地周边情况、历史人文等因素视作上下文关系，把建筑作为词语，使其符合“语法的逻辑”，如芦笛岩接待室与水榭、南宁国际会展中心、荔园山庄、李宁体育公园、柳州奇石馆、阳朔悦榕庄等。

第三，基于空间演化的地域创作。对传统空间中的门庭、院落等空间进行尺度或空间维度上的变化，形成新的空间形式，如南宁市图书馆、广西城市规划建设展示馆、广西大学综合楼、南国弈园等。

第四，基于地域材料的地域创作。将地域材料运用到设计中，并对材料表现给予新的诠释，实现传统材料的现代表达，如阳朔商业小街坊、三江县东方竞技斗牛场、云庐精品度假酒店等。

第五，基于文化符号的地域创作。在文化符号运用上，大致分为三类。即以民族图案、传统纹饰作为外墙建筑装饰，如广西展览馆、南宁火车站、广西美术馆等；将民族风物抽象成建筑形体，如南宁国际会展中心朱瑾花厅、广西民族博物馆等；以现代建筑的设计手法表达传统建筑特色，如南宁民族商场、青秀山风景区大门、南宁火车东站等。

综上所述，地域性现代建筑中的新建筑是随着新理念、新材料、新技术的出现而不断推陈出新的。新建筑的塑造与新材料的性能发挥和建造技术的成熟密不可分。同时，人们没有忘记“老祖宗”留下来的建筑情怀和凝聚“生命、生活、生态”的建筑理念，一些极具特点的折中主义建筑和后现代的建筑应运而生，形成特色鲜明、个性突出、富于生命力和表现力的新建筑。而对广西地域性现代建筑发展而言，广大的建筑创作者仍需要在适应气候、注重文脉、演化空间、运用材料、发掘文化等 5 个方面做出主动的思想和技术追求，创造出更出彩的地域性现代建筑。

上篇：广西传统建筑的特征解析

第二章　移居的风景：汉族传统建筑

秦汉以后，因军事戍边、逃难、经商等原因的汉族移民从湖南、广东通过潇贺古道、湘桂走廊和西江流域进入广西。在各个历史时期中，明清两朝进入广西的汉族移民数量最多，刘锡蕃在《岭表纪蛮》中提出："桂省汉人自明清两代迁来者，约十分之八。"到清末民国初期，广西少数民族人口与汉族的比例已成对半分之势。至 20 世纪 40 年代，据陈正祥《广西地理》记载，1946 年"汉族约占广西全省人口的百分之六十"，这一格局一直保持至今。

目前广西的汉族人口主要集中分布在广西东北部和东部、东南部的桂林、贺州、梧州、玉林、防城、钦州等市内，地理上连成一片；另外，柳州、南宁、河池、来宾等城市和各县的县城，也是汉族集中居住之地。这些地区气候暖热湿润、光照充足，加上地势平坦、土壤肥沃，自然条件优越，有利于发展农业生产。长期以来，广西北部和东部地区既是汉族集中居住的地区，也是广西人口最集中、经济最为发达的地区。汉族移民，特别是明清时期的广东商人，还沿着西江及红水河流域深入桂西地区，也使得流域周边的大小集镇成为汉人集中分布的区域。根据民系属性，广西汉族传统建筑可以分为湘赣、广府和客家三类（表 2-0-1）。汉人入桂，给广西带来先进的生产技术和迥异于百越土著的文化习俗，也将汉族的传统建筑文化传播开来。

广西汉族传统建筑特征一览表　　表 2-0-1

建筑形式	分布	由来	特点
湘赣式	桂东北	由江西、湖南汉民迁来	受儒家文化影响明显
广府式	桂东、桂东南	汉族移民与古越族杂处同化而来	保留了最多的土著文化，开放、务实、包容
客家式	桂中、桂东南、桂南	中原汉族先民南迁形成	建筑重防御，文化重教育、重礼制

（注：根据《广西传统乡土建筑文化研究》绘制）

第一节　聚落规划与格局

一、湘赣式传统聚落

（一）聚落成因

湘赣式传统聚落主要分布于桂东北地区。桂北地区在历史上大多数时间与湖南南部同属一个政区，当地居民多为湖南移民后裔。湖南人口迁居桂东北地区持续了相当长的一个时期。早在明代以前，即有湖南人口零星移居全州等地，全州县内巨族梅谭蒋氏始祖自东汉以来即定居零陵；桂林地区灌阳县的唐姓三大支系亦皆来自湖南；广西名村月岭的唐姓村民则在宋代由永州迁来。这种移民虽人口不多，但多为官宦之家，有较高的文化素养，对当地的影响较大。明代湖南人入桂主要是以卫所屯驻的形式。为加强中央统治，大批湖南籍士兵进入广西，散居于各卫所。自明中期开始至清代，桂北地区就开始成为湖南籍移民分布最为集中的地区。大量湖南人口的迁移，对桂东北地区的经济、文化和社会发展产生了极其深远的影响，同时也带来了中原的湘赣式建筑文化。

（二）空间特色

桂北汉系村落的选址基本遵循“背山面水”的原则。村落在山水的环抱之下，形成一个良好的生活环境。所谓背山，也就是古代环境科学中的龙脉，为一村之依托。左右护山为“青龙”和“白虎”，称前方近处为“朱雀”，远处之山为朝、拱之山，中间平地为“明堂”，为一村根基所在。明堂之前有蜿蜒之流水或池塘，这种由山势围合而成的空间利于“藏风纳气”，成为一个有山、有水、有田、有土、有良好自然景观的独立生活地理单元。

从宏观的聚落整体形态而言，桂北传统聚落散中有聚、乱中有规，是自由形态和几何形态的结合，体现出有限人为控制下自生自长的发展态势。

从中观的聚落巷道结构而言，桂北传统聚落中以“横巷”为重，民居大门虽然不一定位于中轴线上，但多数都开在檐

图2-1-1　月岭村鸟瞰图（来源：杨斌 摄）

墙面而不是山墙面，这使得民居面宽方向平行的横巷承担更为大量的交通联系，当民宅朝向一致时，聚落组团的进深明显小于广府聚落，通常等于前后两户进深之和；而当民居朝向并不统一时，聚落中的横巷体系本身也可以转换方向，形成网络。

从微观的单体建筑布局而言，桂北传统聚落的建筑模式更倾向多元化，宅基地的规模、形状具有一定差异性。桂北民居由北方地区的合院式民居转化而来。北方的院落宽敞以利于纳阳驱寒而传至包括广西在内的南方，经过气候的修正，为了便于遮阳，合院缩小为天井，大小尺度不同的天井相互组合，有利于营造风压差，实现空气的对流。

（三）典型聚落

1. 灌阳月岭村

月岭村位于桂林市灌阳县文市镇，三面环山，背依灌江。村落布局规划和历代营建中都充分考虑防御性，选址背靠栾角山，三面环抱，据险可守。村口设一大门与村外主要道路相连，将村中建筑及一定面积的良田围护其中，保证村落安全及危急时刻的口粮所需。村落内的民居建筑排列井然有序，均为青色砖瓦（图2-1-1）。村口建有全村最显著的标志物——“孝义可风”贞孝牌坊、文昌阁和凉亭。全村共由6个大院组成，分别为“翠德堂”“宏远堂”“继美堂”“多福堂”“文明堂”和“锡嘏堂”，被誉为“小故宫”。六大院堂之间通过青石板巷道连接，宽度不大，交叉路口呈“Y”或“U”形，宁曲不直，便于抵御外敌（图2-1-2）。六大院堂各立门楼（图2-1-3），既相互独立又相互依存。院堂内均有主房，主房两侧配有厢房。院堂前建中门、天井、大堂，院堂后建小堂、天井、鱼塘、花园、菜园、炮楼、戏楼、书房、粮仓等，少则八九座，多则十几座，一个院堂居住人口规模在100人以上。

图2-1-2　月岭村巷道（来源：杨斌 摄）

图2-1-3　月岭村门楼（来源：杨斌 摄）

2. 灵川江头村

江头村位于桂林市灵川县西北部的九屋镇东北面，村寨坐西朝东，村后远处有蜿蜒的五指山，如蛟龙巨蟒环绕；村后近处是郁郁葱葱的黄家坡。村前有三条小河环绕向南流去，从里到外分别发源于龙爪山山脉的护龙河、发源于社江的东江及其支流。“三重玉带拦腰水”，其中护龙河蜿蜒南流，与江头村村落相映成辉，就像一只展翅欲飞的凤凰，因此护龙河又称凤凰河，江头村则是双龙进脉、凤凰宝地。村前良田万顷的远处是笔架山与玉印山，前者形似古时搁放毛笔的笔架，后者也颇似古时官员随身携带的官印。村北、村南有将军山、笔筒山、九仙山环绕而立，似一堵护院高墙，将全村拱卫起来（图 2-1-4）。江头村（图 2-1-5）现有民居 180 余座砖木结构民居，其中明代 40 余座，清代 60 余座。江头村的明代民居多集中于村西北部，建筑较为矮小；清代民居则规模宏大，多为数进的井院建筑，其中尤以周氏宗祠——爱莲家祠（图 2-1-6）最为典型。

3. 兴安县水源头村

兴安县白石乡水源头村，村中有保存完好的明清古建筑四大组群共 23 座，村落背靠后龙山，屋前为开阔的良田，对望着挺拔的钟山，村落周围的群山呈环抱之势；房屋建筑依后龙山的山势以平缓的坡度迭次上升，村落总大门前有一段台阶，到村落的中部又有一段台阶，再到村落的西北边再设一段台阶，人们将这几段台阶形成的村落格局称为“节节高”，有吉祥的寓意。整个村落规划较完整：村口有金盆桥、村庙、字塔与关帝庙等节点。村寨中有秦氏祠堂、戏台等；村外有鸳鸯井、记

图2-1-4 灵川县江头村环境意象（来源：全峰梅 摄）

图2-1-5 江头村街巷（来源：杨斌 摄）

图2-1-6 爱莲家祠（来源：杨斌 摄）

录功德的甲石以及用来驯马、赛马的跑马场等。水源头村的建筑群体布局迥异于桂北地区依山傍水，因形就势的建筑群体布局，其有传统官式建筑的布局特色，房屋座座相连，高墙深巷，由严整的内巷道相沟通（图2-1-7~图2-1-9）。

4. 昭平黄姚古镇

黄姚古镇位于贺州昭平县东北部，方圆3.6平方公里，属喀斯特地貌。始建于宋朝年间。现保存有寺观庙祠二十多座，亭台楼阁十多处，多为明清时期建筑。周围有酒壶、真武、鸡公、叠螺、隔江、天马、天堂、牛岩、关刀等9座山脉，从四周聚向古镇。三条小河姚江、小珠江、兴宁河交汇于古镇。古镇群山环抱，绿水绕行，具有古代环境科学理论所要求的环境要素。古镇东部姚江两岸是古镇的主要生活和公共娱乐区，姚江以西，兴宁河以北，小珠江以南地区是商业区。古镇由龙畔街、中兴街、商业街区三块自成防御体系的建筑群组成。这三处建筑群又通过桥梁、寨墙、门楼巧妙地连接在一起，形成一个整体。

古镇同姓民居建筑多以祠堂为中心修建并向外辐射。黄姚古镇现有八大姓氏，九个宗祠，两个家祠，民居建筑多为同一姓氏围绕祠堂周围居住。古镇居民多为明末清初因避战乱或经商等原因迁徙至黄姚的移民，以经商为生，家境普遍富裕。因此在建筑考虑上，更多的是出于抵御战乱与盗贼抢掠财物的防御与安全需要，无论是单体还是整体的建筑布局都有着较强的防御功能。建筑群的功能各有分区：龙畔街、中兴街主要是大户人家的生活区，安乐——金德——迎秀——连理——大然街是商业贸易区；姚江两岸的公共建筑是休闲娱乐区（图2-1-10）。

5. 钟山县玉坡村

钟山县玉坡村始建于北宋，村落位于喀斯特地貌的群山之中，东、西、南三面山岭三台山、珠山、大庙山绵延。玉坡村的群山环绕为村庄分布格局的基本参照物，结合山体走势、农耕和防御因素等综合情况，聚落形态呈组团式分散布局，

图2-1-7 水源头村鸟瞰图（来源：杨斌 摄）

图2-1-8　水源头村街巷（来源：杨斌 摄）

图2-1-9　水源头村秦氏宗祠（来源：杨斌 摄）

（a）乌瞰图

（b）街巷

（c）宗祠

图2-1-10　黄姚古镇（来源：熊元鑫 摄）

依照山势分区相隔，高低错落，互为掎角之势。玉坡村分为玉西与玉东两个部分，古建筑群主要集中在玉西，而廖氏宗祠、协天宫以及恩荣牌坊则分布在玉东（图2-1-11）。

村落社会系统是以血缘关系为纽带，宗族观念根深蒂固，并深刻地反映在其空间布局上。强烈的宗族观念，形成以家族宗祠以及宗祠周边的协天宫、广场等为核心的空间布局。传统民居街坊具有高密度的肌理特征，街巷幽长曲折并且分布密集，形成以宗族为组织的纵向院落发展和以鱼塘或公共开放空间为中心的放射性布局是构成肌理的特色元素（图2-1-12）。

玉西组团先有几间主宅，随着人口的增加，逐渐由原先的几栋大宅向外延伸，贴合地形排布。玉东肌理同时随着廖氏宗祠及协天宫向南延伸，将宗祠围合其间，形成以宗祠为中心自由聚拢的形式。祠堂并不拘泥于布置在村庄的几何中心上，但却是村庄整体风貌最佳之处，意在保佑村落的生活生产活动与挡煞避灾。宗祠及其周边区域成为传统村庄社会生活的中心，也是村庄布局的核心，形成内聚向心的布局模式（图2-1-13）。

二、广府式传统聚落

（一）聚落成因

广府式传统聚落主要分布于桂南地区。从秦开始，汉族历史上多次由北至南的移民给岭南地区带来大量中原文化与人口，特别是在宋代，宋代由于一姓一族为单位人群从岭外大量迁入，少数民族汉化或他迁，形成汉移民地域集中分布格局。以地缘为基础的民系代替原先以血缘为基础的氏族，最终导致民系的形成，在珠江三角洲和西江地区地域上连成

图2-1-11 玉坡村古民居（来源：谢常喜 摄）

图2-1-12 玉坡村聚落形态分析（来源：尚秋铭 绘制）

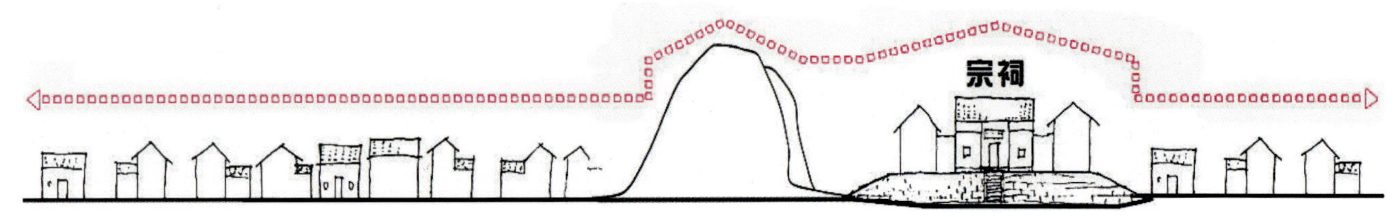

图2-1-13 玉坡村宗祠与村庄关系图（来源：尚秋铭 绘制）

一片的即为广府系。广府系文化既有古南越遗传，更受中原汉文化哺育，又受西方文化及殖民地畸形经济因素影响，具有多元的层次和构成因素。从地缘上说，由于地处岭南，与中原相对隔绝，在交通落后的古代极大限制了与中原文化的交流，因此在广西汉族的三支民系当中，桂南地区汉族保留了最多的土著文化。同时，岭南地区特别是广东，南面大海，从汉代起就开始与海外有持续不断的交流，造就了桂南人民视野宽广，易于接受外来新事物，敢于拼搏，商品意识和价值观念较强的性格特征，也形成开放、务实、包容的广府文化。

广府文化的形成与同属岭南地区的广西密切相关，唐代开通大庆岭道以前，中原移民进入岭南的主要通道是桂北连接长江水系和珠江水系的灵渠，桂南汉族的先民最早在广西定居，同时，大量的广西土著文化被融入广府文化之中。唐代以后，中原进入岭南的通道东移，中原文化对岭南地区的影响主要体现在以珠江三角洲为中心的广东地区。真正意义上的桂南地区汉族进入广西是从明清时期开始，随着大量广府商人西进经商，广府文化在广西散播开来。

（二）空间特色

从宏观的聚落整体形态而言，桂南聚落大多整齐规划、巷道横平竖直犹如棋盘、体现强烈的规划思想。

从中观的聚落巷道结构而言，桂南聚落采取“梳式布局”模式，在民居朝向基本一致的前提下，以一条平行于民居面宽方向的横巷为主巷，通常主巷位于整个聚落的前方（有时扩大为晒谷坪），与主巷垂直的数条纵巷为支巷来连接各栋民居的主入口。横巷犹如梳把，纵巷犹如梳齿。当纵巷的长度过大，为了方便横向联系，会在纵巷的一定深度位置上增加几条横巷，但相比之下，纵巷的数量远多于横巷，聚落的交通主要依赖于纵巷。横巷前有与聚落总面宽一致的月塘，接纳并储存从各条纵巷排来的雨水。

从微观的聚落建筑布局而言，桂南聚落的民居模块性强，大多数民宅的朝向、平面格局、空间处理甚至立面和细部设计都体现惊人的一致，单从建筑规模难以体现富户与贫户的财产差异。同时祠堂与民宅的登记差异鲜明：紧邻横巷的第一排房屋多为祠堂，它们向横巷直接开大门；所有民宅只能由两厢朝向纵巷开门，形成典型的侧入式布局。

（三）典型聚落

1. 灵山大芦村

大芦村始建于明代，规模庞大，结构功能齐全，占地3.5万余平方米，以古建筑、古文化、古树名列广西古村镇之首。其极富岭南建筑特色，由9个建筑群落组成，分别为镬耳楼、三达堂、东园别墅、双庆堂、蟠龙堂、东明堂、陈卓园、富春园和劳克公祠，通过一系列人造湖分隔开来，既相互独立，又紧密联系。这些古建筑群以山形地势为依靠，屋面及周围的池塘以荔枝树环绕，远眺依山傍水，翠绿相间，从高而下层次分明，古朴雄浑、气势磅礴。各院落不但有正屋、廊屋、祭祖厅、厢房、内宅，还有设计精妙的排水系统等。院落由数进构成，以廊分隔并列的主屋和辅屋组成一个整体，左尊右卑纵横交错俨然有序，空间上主次分明，内外有别，进出有序。此外，大芦村现保存有315副古楹联，楹联内容以修身、持家、创业、报国为特点（图2-1-14）。

2. 玉林高山村

高山村自明朝天顺年间始建村落以来，至今已有500多年历史，现存宗祠12座、进士名人故居和其他古民宅60多座、教书育人的蒙馆、大馆15间等。整个古代建筑群规模宏大、布局形式独特、地方特色鲜明，展现出一幅具有岭南特色风貌的古村落景象。

高山村明清古村落内的建筑布局，以宗祠为布局中心，民居排列两侧。民居采用岭南常见的梳式布局形式，房屋主要是坐北向南和坐西向东（偏南）两种走向排列，村前设置鱼塘、村背坡地、村中种植树木。在防御设施上，古村落最大的特点是实行封闭式管理，同一家族聚居一处，但各家各户自成体系，互为邻居，互相照应。为防止盗贼入村抢劫偷盗，高山村修筑绕村围墙，设置闸门5个，分别为丹凤门（南门）、日华门（东门）、五云门（西门）、锁钥门（北门）和聚星门。每条巷道

（a）村前水塘

（b）街巷

（c）民居

图2-1-14　灵山大芦村传统建筑（来源：杨斌 摄）

两端也设置小闸门，具有很强的封闭性，现尚存安贞门、古庙门、企岭巷等巷门。绕村围护除筑墙外，还充分依托岭南常见的刺竹和水塘作屏障，既可减少用工用料，还能增强防盗效果，同时，绿色屏障改善了景观，水塘有利于排污。内部交通以14条、总长2000米的青砖巷道为连接，畅通无阻（图2-1-15）。

其典型而丰富的宗祠文化、文风兴盛、人才辈出等特点正是其文化价值之所在，也是一定历史环境下形成的文化意义在建筑上的具体反映。

3. 北流萝村

萝村位于北流市民乐镇，至今已经有800多年的历史。萝村背靠被誉为“南方西岳”的大容山之余脉白水岭，整个村落面积7平方公里。村中集中有大量地方传统建筑、古风古韵的民居群落，现存有无锡国专萝村校址、镬耳楼、云山寺（古戏台）、近代著名国学家诗人陈柱故居等30多处历史文化景点，其中明清时期建筑风格有13座，西洋建筑风格4座，古建筑面积达14万平方米。这些古建现存壁画共有三百多幅，面积达一千多平方米，成为古村环境艺术的重要组成部分。

萝村巷陌纵横交错，古树参天，水塘星罗棋布，共有古巷278条（含北门巷、东门巷、水井巷、良田巷），总长6015米；古塘21张（现存16张），面积约14.3亩；古桥8座（下社桥、土地桥、庞屋桥、东门桥、北门桥、良田桥、村口桥、村心桥）；古井6个，古荔160多棵，岭南荔枝王已有800多年历史（图2-1-16）。

（a）鸟瞰图

（b）街巷　（c）民居

图2-1-15　玉林高山村传统建筑（来源：杨斌 摄）

4. 兴业庞村

庞村清代民居群位于兴业城东的庞村自然村，离县城约1公里，始建于清乾隆四十一年（1776年），清嘉庆年间大规模扩建，至晚清基本定型，到现在已200多年。古建筑群在村里显得气势恢宏，远看如一座巨型的太师椅，村前一马平川，村庄古树参天，美不胜收。环村城墙将壮观的古城建筑群落包围起来，16座宏伟的古炮楼置身其中。民居群共34幢，包括兵马府第、进士府第、秀才府邸、唐氏宗祠、大冲庙等，总面积25000平方米，均为砖瓦木结构，方向统一，布局严谨，排列整齐，装饰豪华，有壁画，石雕，木雕，泥塑等，内容丰富，鲜艳夺目，栩栩如生（图2-1-17）。

三、客家传统聚落

（一）聚落成因

广西客家聚落的形成，来源于历史上客家人南迁入桂。客家人入桂肇始于宋，客家人从闽、粤、赣等地的客家聚居区迁入广西，但至南宋时期，迁入广西的客家人数量仍然不多。明清时期是客家人入桂的高潮，明代客家人主要来自于福建闽西汀州府一带迁入桂东南地区。清代时期分为三个阶段：清初，迁出地主要为广东、福建，部分为江西、湖南等地；清中叶，数以10万计的客家人因战败逃到广西；清末时期，“改土归流”吸引了大批广东客家人迁入广西各地，初步形成“小集中，

（a）曲塘

（b）云山寺

（c）古戏台

图2-1-16 北流萝村传统建筑（来源：杨斌 摄）

大分散”的分布格局。清末民初时期已达九十多万，占当时广西总人口的1／10。其中博白、贵县两县的客家人数量最多，超过了10万人。总体来说，到清末民初时期，广西客家族群“小集中、大分散”的分布格局最终形成（表2-1-1）。

从分布地区来看，广西客家族群主要有桂东南、桂东和桂中三大聚居区，集中了广西80%以上的客家人。从分布面上看，从东部到西部，除了集聚区外，全区九十多个县市中，绝大部分都有客家人居住，包括桂西南、桂西北等民族地区，其中位于最西端的隆林、西林两县，客家人所占的比例也有2%。“点、面”结合的分布形成与“东南稠密、西北稀疏”的居住格局。

广西客家聚落的形成一览表　　表2-1-1

年代	宋元时期	明代	清朝初期	清朝中叶	清朝末期
迁出地	闽、粤、赣等地	闽西汀州府一带	闽、粤、赣等地	嘉应州	广东一带
特点	零星分布无相对集中的聚居区	人数明显比前代增多	入桂的第一次高峰	入桂的第二次高峰	入桂的第三次高峰，初步形成“小集中，大分散”的局面

（注：数据来源：《广西客家建筑聚落研究》）

（a）鸟瞰图

（b）街巷

（c）梁氏宗祠

图2-1-17 兴业庞村传统建筑（来源：杨斌 摄）

（二）空间特色

大多数客家聚落的选址位于丘陵或山区的坡地上，强调依据“寻龙、察砂、观水、点穴、立向”等基本环境科学，即选择在向阳避风、临水近路的地方建造聚落。聚落的整体布局及构造与地势地形相呼应，多利用斜坡、台地等特殊地段构筑形式多样的建筑物。

客家聚落的民居作为汉族的一个民系，对聚落环境及其聚落单元的内部空间进行序列化，由此形成以围合性、向心性和中轴性为突出特点的聚落空间。广西客家建筑聚落从“一围一聚落”发展演变为“大姓氏家族围绕宗祠的团聚落”布局，空间层次分为一个中心和多个中心，呈围团式布局，一般按照姓氏宗族的不同，三五成群的置于坡地或山脚。如果一个区域里只有一个姓氏的客家人居住，则其聚落多为单中心聚落；如果一个区域里有多个姓氏的族人居住，则其聚落多为多中心聚落。每个群体都自成体系，互不干扰。与其他省份的客家聚落相比，防御性变弱，聚落空间更加生活化，更有情趣。

图2-1-18 贺州莲塘江氏围屋（来源：《广西民居》）

图2-1-19 江氏围屋淮阳第（来源：全峰梅 摄）

（三）典型聚落

贺州莲塘江氏围屋位于广西贺州市八步区莲塘镇仁冲村，建于清乾隆末年。整个围屋占地三十多亩，分北、南两座，相距300米。整体布局以正堂纵轴为基点，成轴对称，地势为后栋略高于前栋，寓意为“步步高升”。其中，北座四横六纵，有天井18处，厅堂9个，厢房99间；南座三横六纵，有天井16处，厅堂8个，厢房94间。四周有3米高的围墙与外界相隔，屋宇、厅堂、房井布局错落有致，上下相通。江氏围屋具有“一大、二多、三奇”的特点：“一大”是房屋占地面积大；“二多”是指天井与房屋多，围屋随处可见天井；“三奇”是指围屋布局奇、造型奇、壁画奇。素有“江南紫禁城”之美称（图2-1-18、图2-1-19）

第二节 建筑群体与单体

一、湘赣式传统聚落建筑群体与单体

（一）传统民居

1. 形制

湘赣式传统建筑的共同特点是：结构方面，榫卯结构，以木梁承重，以砖、石、土砌护墙；空间方面，以堂屋为中心；装饰方面，以雕梁画栋和装饰屋顶、檐口见长；形制方面，主要为“天井堂厢”和“四合天井”两种住宅类型，天井组合方式为根据天井个数分为一进一天井和一进双（三）天井，平面排列方式为纵横多进式组合和护厝式组合。前者为对其基本单元进行纵向的复制和排列组合，构成多进的平面，后者为厨房、杂物房、牲畜圈、长工房等组成的“横屋”，称之为“护厝”，是纵向组合的连排式长条形房屋。

天井不但使房屋的空间系统有采光、通风和排水功能，也为人们提供了一个纳凉、休闲、交流的空间。民居院内天井多由青石板铺就，它满足了行商“四水归堂、财源滚滚”的聚财心理。天井将四周屋面的雨水汇聚起来，流入旁边的石砌水沟。天井水不可直接往外流，因为“水生财”，财水是不能往外流的，要迂回流转。对于排水路径也很有讲究，宜暗藏不宜显露（图2-2-1）。

（1）一进一天井型

桂林全州锦堂村的陆为志宅（图2-2-2），其形制为一进一天井型。围绕天井布置正堂、厢房和正房等5个房间。在正堂后设有后堂，开门通向后正房。为了加大后堂和后正

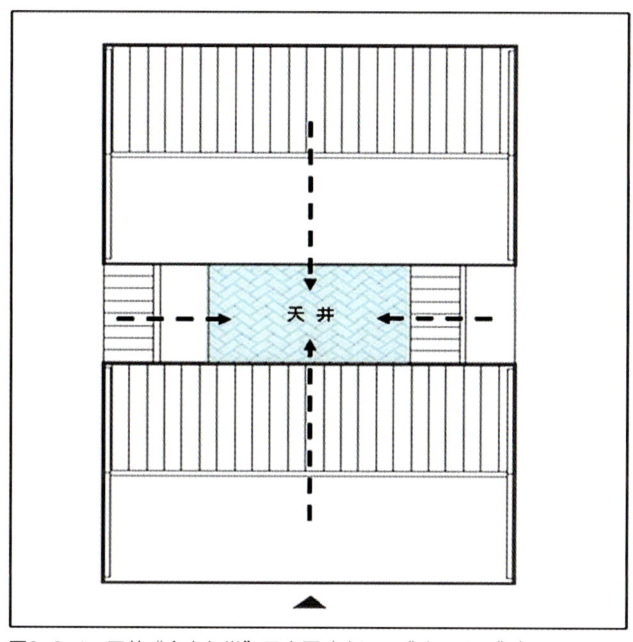

图2-2-1　天井“众水归堂”示意图（来源：《广西民居》）

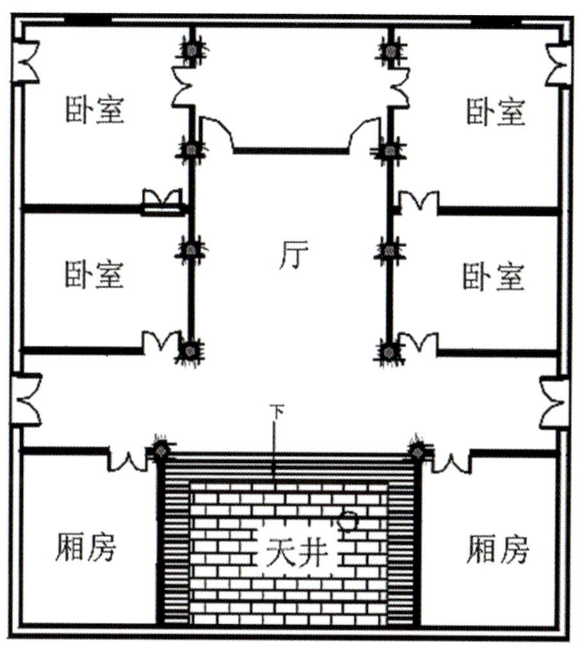

图2-2-2　全州锦堂村陆为志宅平面图（来源：《广西传统乡土建筑文化研究》）

房的进深，后墙向后方平移，与后檐柱之间形成 60 厘米左右的距离，在屋面坡度相同的情况下，屋后的檐口较低，形成“前高后低”的传统格局。该宅大门两座，分设于天井后正堂轩廊的左右两侧，分别通向外部巷道。另有小门两座，开在左右两个后正房上。这样就形成该区域典型的“四门一天井”格局。由于大门没有开在正面，天井空间完整，面向正堂的天井照壁成为装饰的重点。

灌阳月岭村吉美堂 133 号宅（图 2-2-3），主入口位于前方正中，门厅和天井之间有装饰精美的屏门，以防视线直接穿透。厢房和正堂等围绕天井布局，正堂的左右两边有侧门向屋外巷道开启，但正堂前的轩廊被隔开，在侧门入口处形成两个道廊，这样的空间区划将侧门和正房的出入口隐藏起来，同时也丰富了空间的层次。

（2）一进双（三）天井型

广西的湘赣式民居普遍重视后堂与后正房的设置，后堂和后正房是住户内眷起居活动和操持家务的主要空间，而一进一天井的模式很难解决后堂和后正房的采光问题，同时也对住宅内部通风不利，因此有些民居在一进一天井的基础上将后墙继续往后平移，在后堂贴近后墙处增设一窄长的天井，以改善后

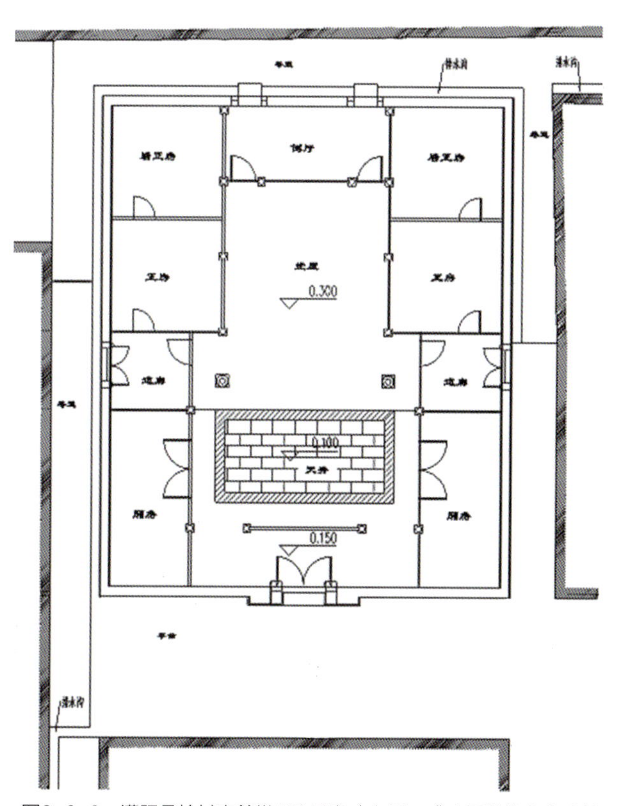

图2-2-3　灌阳月岭村吉美堂133号宅（来源：《广西传统乡土建筑文化研究》）

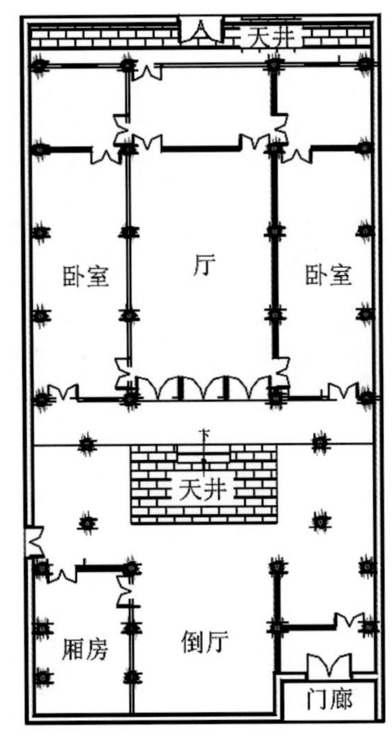

图2-2-4 灵川江头村43号宅（来源：《广西传统乡土建筑文化研究》）

堂采光通风条件，同时建筑后檐的雨水也落入自家天井，满足“肥水不流外人田”的理念。这样就形成一进双天井的模式。

江头村的43号宅（图2-2-4），在天井前后设有两座建筑，分别由正堂、倒堂、厢廊、上正屋、下正屋、后堂和后正屋构成。为了留出宽敞的倒堂，大门在正面的左侧方向开启并内凹，形成广府式的门廊。正中天井的两侧代以厢廊，倒堂未设大门，直接面向天井敞开，这都使得天井周围的空间开阔而富于变化。正堂大门采用“六扇门”的格局，满足进深较大的正堂的采光要求。正中天井的右侧开侧门通向村内巷道。正堂后设后堂与后正房，面向狭长的后天井采光，在后天井的正中设有一后门与街巷相通。

2. 建造

桂北湘赣式民居一般采用穿斗式木构架与砖墙体承重相结合的结构。桂北民居的砖石马头墙、屋顶与天井为其特色所在。明清以来，墙的防盗防火作用越来越重要，故马头墙越来越高。桂北地属多雨地区，为了防潮排雨，屋面通常出檐深远。屋顶占立面比重一般可达立面高度的一半。因出檐结构一般都是由联系金柱和檐柱的穿枋出挑，而金柱和檐柱之间往往是厅堂前廊，故在檐口上多做装饰，通过细部装饰柔化强硬的立面轮廓。天井周围房间多以漏明门窗对空间进行划分和组合，在满足采光、通风的同时，也创造出通透疏朗，层次错叠的空间效果。

建筑屋架及内部主要围护结构通常采用木材作为主要材料。外墙用青砖或土坯砖砌筑。台基部分多由青石或卵石和黄泥砂浆砌筑。屋顶则覆以小青瓦，体现了因地制宜、就地取材的特色。

（二）公共建筑

1. 坛庙祠堂

湘赣式村落的坛庙祠堂一般为聚落的心理场所中心。其物理位置有居于村前、村中和村后山等。

月岭村的总祠位于村口，大房、五房的支祠分布在主要干道两旁，而四房支祠则位于整个村落的后山上。当然该村落经过数百年的发展，很难用现存的状态去评判原始的宗祠分布情况。

兴安水源头的秦家大院村落体系则较为清晰，其宗祠位于聚落的正中央，前后均为居住民房，且祠堂规模和内部屋架及装修与一般民宅无异。

钟山县玉坡村的廖氏宗祠（图2-2-5）面阔三间，上下两进，青砖砌墙，梁柱构架，硬山式顶，高大气派，反映出玉坡人尊宗敬祖的良好传统。

爱莲家祠是灵川江头村周氏的宗祠（图2-2-6），也是典型的湘赣式聚落的祠堂。该祠始建于清光绪八年（1882年），以爱莲为名而建，其目的是用先祖周敦颐名文《爱莲说》之意，宗祠的柱、梁、仿均着黑色，象征淤泥；四壁、楼面、窗杖着以红色，象征莲花。今保存三进，大门楼、兴宗门、文渊楼。其中文渊楼分为上、下两层，下层为寝堂，上层则是周氏子弟和附近生员读书的书塾。

图2-2-5　钟山县玉坡村廖氏宗祠（来源：李洋 摄）

图2-2-7　恭城文庙（来源：杨斌 摄）

图2-2-6　灵川江头村爱莲家祠（来源：《广西民居》）

图2-2-8　恭城武庙（来源：杨斌 摄）

恭城文庙（图 2-2-7）始建于 1477 年，整座庙宇气势恢宏，是迄今广西规模最大、保存最完整的宫殿式明代建筑，是全国四大孔庙之一。文庙坐北朝南，俯视茶江，背靠印山，依山而建，逐层布置，显得庄严肃穆。全庙占地 3600 平方米，建筑面积 1300 平方米。由两边耳门出入，东向门叫礼门，西向门叫义路，门外立禁碑一块，上刻“文武官员至此下马”，以示孔庙的庄严。棂星门相传是汉高祖命祀棂星而移用于孔庙，以尊天者尊孔为本意。该门全部青石砌筑，还有双龙戏珠、双凤朝阳等浮雕。棂星门的 6 根大石柱顶端有 6 只小石狮互相窥视着。过了棂星门便是泮池，又叫月池，料石砌就，周围以青石为栏，有石拱桥跨过池面，称状元桥，意为状元才能通过，桥面有一块刻有云纹浮雕的青石，为“青云直上”之意。由棂星门步上两层平台，便是大成门。大成门由 11 扇组成，木质结构，门扇上镂空的花鸟虫鱼雕刻，栩栩如生。大成门东面是名宦祠，西面是乡贤祠，是供奉历代先贤、先儒的地方，计有 143 个灵位。大成门后面是天井，前有宽大的平台，叫杏坛，又叫露坛。露坛之上是大成殿，为文庙的主体建筑，面阔五间，进深三间，有砖柱 10 根，木柱 18 根，大门 14 扇，门窗、檐口均饰以木雕。屋面飞檐高翘，重檐歇山，脊施花饰，泥塑彩画，琉璃瓦盖，金碧辉煌。大成殿正中的神龛是供奉孔子灵牌的地方。大成殿之后是崇圣祠，是供奉孔子五代祖先的殿堂，崇圣祠与大成殿在建筑构造上很讲究，大小高低有分别。

恭城武庙（图 2-2-8）坐落在印山南麓，文庙的左侧。武庙又称关帝庙，是祭祀三国名将关羽的庙宇。整个庙宇建筑面积 1033 平方米。内设有戏台、雨亭、前殿、正殿和后殿，两侧还有东西厢房。恭城武庙为山式建筑，砖木结构，面阔三间，进深一间。前有抱厦，有转角、补间双生昂五铺作斗栱，昂嘴雕云纹。青石鼓形柱础，柱和横额之间嵌木雕龙凤去板，施彩绘。后门有小卷棚，有转角、补间单昂三铺作斗栱，柱额之间嵌木雕花卉板。后门两旁各开六角菱形小窗一个。正脊砖雕游龙，脊中间插“穿天戟”三根，脊的两端有大吻，斜脊砖雕跑兽。整个建筑造型宏伟别致。前殿两旁修建东西配房各五间，均为硬山式。后殿为硬山式建筑，面阔五间，前有回廊，梁枋之间嵌有燕尾木雕，施彩绘。山门为歇山式建筑，面阔三间，中间开门。有转角、补间单昂三铺作斗栱。门上悬挂“关帝庙”牌匾。门外有大、小石狮各一对。山门两旁建钟、鼓二楼，均为歇山顶、砖木结构。有柱头和补间三铺作斗栱，施彩绘。东楼悬钟，西楼置鼓。内外墙壁现存彩绘壁画十余幅，色彩鲜艳，线条流畅，画工十分精致。

图2-2-9　全州燕窝楼（来源：《桂林文物古迹揽胜》）

全州燕窝楼（图 2-2-9）位于全州县永岁乡石岗村，因牌楼上的如意斗栱形似“燕窝”而得名。燕窝楼原为村里的蒋氏宗祠，距今已有 500 余年历史，是广西已发现的最古老的木质牌楼。燕窝楼始建于明弘治八年（1496 年）。现存门楼由石岗村明代工部侍郎蒋淦主持设计，总建筑面积 446 平方米，主建筑有牌楼、门楼、祠堂（分上、下殿），于明嘉靖六年（1528 年）建成，全是木质结构。牌楼高 12 米，宽 8 米，整座牌楼不用一根钉，由 324 根榫木卯装而成。牌楼上的梁枋、雕刻、彩绘、工艺非常精致。

图2-2-10　平乐青龙翟氏宗祠（来源：《桂林文物古迹揽胜》）

平乐青龙翟氏宗祠（图 2-2-10）位于平乐县青龙乡下杯村凤山脚下，建于清道光六年（1826 年）。包括大门、中门、正厅及厨房等部分，通面阔 10.6 米，进深 25.4 米，面积约 270 平方米。小青瓦，硬山顶，砖木结构。祠堂依地势而建，拾级而上。大门开在祠堂前方左侧，门前有台阶。大门和中门门额上书“翟氏宗祠”。中门和正厅之间有台阶，两侧为过廊。正厅供奉翟氏历代祖先，屋顶置太极图案，两边山墙内侧镶嵌有碑刻数方，记载翟氏宗祠历代修建的情况。祠堂前面有水井和水塘，祠堂后面是高耸挺拔、郁郁葱葱的石山。

2. 牌坊门楼

大部分广西汉族聚落，都有入口的门楼，起到防御和标志族群的作用。牌坊也多位于村口，和门楼一起形成聚落空间节点。

根据牌坊的建造意图可归纳为下面几类：恩赐忠烈的功德坊、旌表节妇孝子的节孝坊、表彰先贤的功名科第坊以及为百岁人瑞赐建的百岁坊等。牌坊的普遍意义在于它的旌表功能，还有其入口标志的作用。

月岭村的节孝坊，与步月亭、文昌阁一起构成入村的第一道空间序列。节孝坊为村仕宦的唐景涛奉旨为养母史氏所立，清道光帝为这牌坊亲书“孝义可风，艰贞足式”八字，取其前四个字命名为“孝义可风”牌坊。牌坊高 10.2 米，长 13.6 米，跨度 11 米，为四柱三间四楼式仿木结构。该坊造型庄重，设计精美，榫卯相接，错落参差，浑然一体（图 2-2-11）。钟山玉坡村的“恩荣石牌坊”则建于清乾隆十七年（1752 年），是该村廖世德应考中举荣任河南省光山县知事时，以纪念先祖廖肃在明万历丁酉年考取进士仕宦而建，同时也纪念自己考中举人，以此光耀门庭，激励后人努力读书（图 2-2-12）。

图2-2-11　月岭村节孝坊（来源：杨斌 摄）

图2-2-12　玉坡村恩荣石牌坊（来源：李洋 摄）

图2-2-13　熊村门楼（来源：杨斌 摄）

图2-2-14　玉坡村门楼（来源：李洋 摄）

图2-2-15　平乐魁星楼（来源：《桂林文物古迹揽胜》）

门楼则是村寨真正的门户所在，具有防御和体现村寨形象的双重作用，也是体现村民归属感的关口。村民们的婚丧嫁娶等重大事件，游村之时都必须通过门楼才算真正完成。规模较大的村落，一般都会在东南西北各面设置门楼，通常以南面或东面的门楼为主（图2-2-13、图2-2-14）。

3. 亭台楼阁

阳朔东山亭位于阳朔县福利镇夏村村委人仔山村，东郎山麓古道上，此地历史上曾是桂林至梧州的交通要道，民国15年（1926年）由阳朔东区绅商捐资而建，沿用至今。现亭子西侧紧邻阳朔至兴坪的三级公路，亭周围大部分为平坦的旱地和水田。

东山亭为两面坡硬山式凉亭，长11.2米，宽7.6米，高7米。凉亭下层为料石结构，上层为青砖结构。亭内为三合土地面，南北为马头墙式山墙，中设宽敞的拱形门洞，两侧门洞上各嵌“东山亭”石刻一块，两门正面各嵌对联。东西两侧设二砖柱和三个拱形窗洞，墙上嵌“东山亭记”石刻一方，石刻记述了此地的地貌风物以及东山亭的修建过程。东山亭为阳朔县现存最大的通衢凉亭。

平乐魁星楼（图2-2-15）位于平乐县青龙乡平西村，始建于清乾隆二十二年（1757年），清道光十六年（1836年）重修，清同治四年（1865年）再修。魁星楼为方形二层楼台，

图2-2-16 恭城湖南会馆戏台（来源：《桂林文物古迹揽胜》）

重檐歇山顶，砖木结构，通高15.3米。下层为戏台，楼高6米，楼阁为木结构，由10根杉木大柱支撑，其中4根为冲天柱，直升楼的顶端。楼背面有一面砖墙，墙壁上绘有八卦图。戏台台基高1.7米，长9.3米，宽8.3米，用青砖砌成，四角固以方形青石。台面用木板铺设，并用一道屏风隔成前后台。前台为舞台，深5.6米，两侧有护栏；后台为化妆室，深2.6米。上层楼高4.6米，宽5.7米，深4.7米，墙壁均由活动方格门窗组成。中有神台，内祀魁星神像。四角八个翘檐上各塑有一尊神像，合为“八仙”。檐脊上塑有飞龙，楼顶正中有一小塔，两侧塑有鳄鱼、仙鹤。这些雕塑，在“文化大革命”期间被毁。

4. 书院会馆

荔浦书院位于荔浦县城东南。荔浦书院旧名荔川，原在城东梓渔观旧基，清康熙四十七年（1708年），知县许之豫始建。此后屡经毁建。新中国成立后，明伦堂、文昌宫、学署（书院）三处被打通，改作荔浦县委员会临时使用，县委会搬迁后又改作人民大会堂，1976年县轻工总会用作工厂厂房宿舍，工厂倒闭后，一直荒废至今。现存书院为前后四座建筑，通面阔13米，进深85米，占地面积1105平方米。小青瓦，硬山顶，砖木结构。

恭城湖南会馆位于恭城县县城太和街，建于1872年，占地面积1847平方米，建筑面积1420平方米，由门楼、戏台、正殿、回廊、后殿及两边厢房组成。因其结构独特，造型奇巧，雕饰丰富繁杂，故有“湖南会馆一枝花”的美称。门楼和戏台连成一体，是会馆的重要组成部分，结构、布局颇具特色，平面成“凸”字形。临街一面为门楼，穿斗式砖木结构，高三层，面阔三间，进深三间。明间为重檐歇山，两次间为硬山形制，盖琉璃瓦，盔顶式封火山墙。明间顶层为阁楼。屋脊正中装有葫芦宝顶和鳌鱼吻兽，四角泥塑卷草脊饰。前开三道大门，绘有重彩门神。戏台台基为青石砌筑，高1.5米。四根柱子直通顶端。戏台正中置斗八藻井，井中圆顶置金龙浮雕（图2-2-16）。正殿硬山顶，盖小青瓦，穿斗式和抬梁式混合砖木结构，马头墙式防火山墙。

二、广府式传统聚落建筑群体与单体

（一）传统民居

1. 形制

桂东南地区气候炎热，风雨常至，民居一般为小天井大进深、布局紧凑的平面形式。广府民居风格在南宋以后逐步建立起来，至清中叶已经相当成熟。主要代表形式是三间两廊式的合院。所谓三间，即明间的厅堂和两侧次间的居室，两侧厢房为廊，一般右廊开门与街道相通，为门房，左廊则多用作厨房。大户人家、富商巨贾在三间两廊的基础上，通过增加开间和天井数，或者增加横屋来满足需要。

如玉林高山村民居（图2-2-17）。前后两进三间两廊均侧面朝东开门，与大门隔天井相对的是厨房。正堂前有较深的凹入式门斗，这样两侧的卧室得以朝门斗开窗采光。由于进深较大，两侧间得以分为4个房间，据该村长者介绍，东南角的一间为长子专用，老人则多住在靠近神台的左、右两间。

在四合天井的基础上横向添加辅助性房屋，则能满足更多加工、储藏和居住等方面的功能需求。兴业庞村的156号宅（图2-2-18）则在主体西侧增建四间辅房和小院，仪式性的主入口仍然开在主体轴线的正中。值得一提的是该宅为了改善正房的采光条件，在厢房处隔出空间加设了2个小天井，一方面解决了正房的采光问题，另一方面也丰富了居室的空间层次。

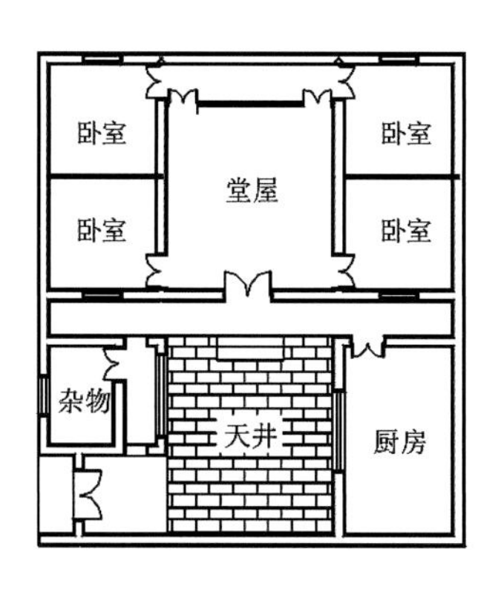

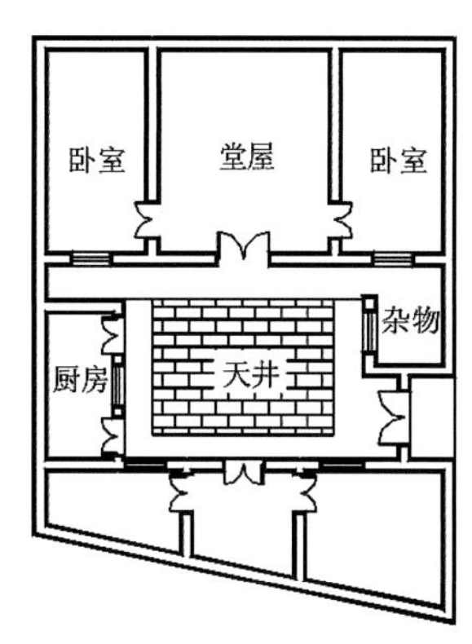

图2-2-17　玉林高山村广府式三间两廊（来源：《广西传统乡土建筑文化研究》）

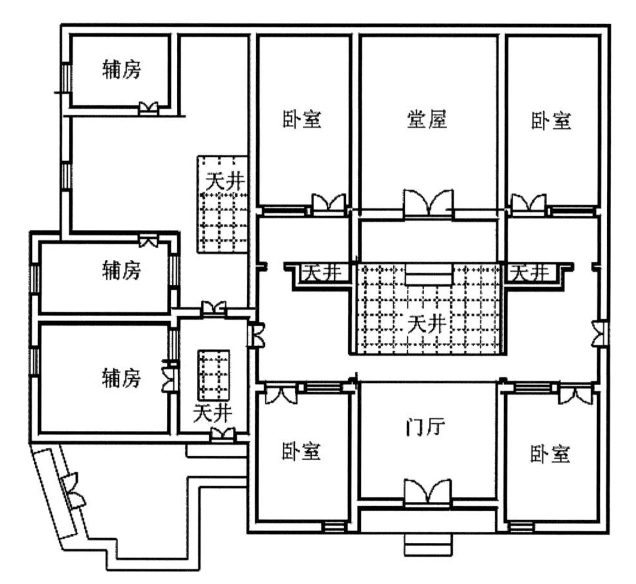

图2-2-18　兴业县庞村156号宅（来源：《广西传统乡土建筑文化研究》）

2. 建造

桂南院落民居的梁架构造非常丰富，主要有叠梁式、穿斗式和雕梁式。其建造文化与岭南民居文化一脉相承，具有三大突出特征：第一，依据自然条件包括地理条件、气候特点，体现出防潮、防晒的特点；第二，基本格局为“三间两廊”，以镬耳封火墙为特色；第三，大量吸取西方建筑精髓，体现了兼容并蓄的风格。

封火墙是桂南院落民居的一大造型特色。墙头都高出于屋顶，轮廓作阶梯状，变化丰富，有一阶、二阶、三阶之分。封火墙的砖墙墙面以白灰粉刷，墙头覆以青瓦两坡墙檐，白墙青瓦，明朗而素雅。砌墙材料有三合土、卵石、蚝壳、砖等，清代以后多用青砖。

（二）公共建筑

1. 坛庙祠堂

桂南民居聚落的坛庙祠堂一般位于聚落的最前列或中心。祠堂建在全村的最前列，面对半月形水塘，其余居住民居的前檐口均不得超出祠堂，高度也必须比祠堂低，以体现宗祠在整个村落中的地位。

祠堂一般为中轴对称布局，沿中轴线方向由天井和院落组织两进或三进大厅。入口第一进为门厅，中进为“享堂”，也叫大堂、正厅等，是宗族长老们的议事之地和族人聚会、祭祖之处，后进为“寝堂”，奉祀祖先神位，非族中重要人物不得入内。宗祠由大门至最后一进，地面逐渐升高，既增加了宗祠的威仪，明确了空间的等级，又将不同功能的空间简单且灵活地加以分隔，形成连续的视觉界面。桂南民居聚落的祠堂，大门前均有高大的凹门廊，在主体建筑两旁一般对称性地附设有厢房，以供奉祖宗神位以外的其他崇拜对象。

玉林高山村的祠堂非常具有典型性。高山村现保存较好的宗祠 13 座，建筑面积 7276 平方米；古民居六十多座，总建筑面积约 44631 平方米。建筑年代从清康熙至清光绪年间，其中牟思成祠、牟绍德祠、牟惇叙祠有确切的始建年代及维修记载。宗祠规模大小不一，四进者两座，三进者四座，二进者五座，面积从 300 平方米 ~1200 平方米不等。这些古建筑均为硬山顶砖木结构，三开间，灰瓦青砖墙或外青砖内泥砖墙，其中三座为抬梁式木构架，一座为砖（柱）仿木抬梁结构。屋脊两端犄角翘峨，正脊垂脊皆堆塑有象征吉祥如意的图案，如松梅、牡丹、菊花、金鱼、螃蟹等，部分还塑有吻兽。封檐板则雕刻如意云纹、团花、梅菊、石榴、麒麟等。檐下则题诗文和彩绘壁画，每座从十多幅至七十多幅不等，内容包括吉祥花卉禽鸟、自然风光、历史典故、社会生活（塔、轮船、水军营房、科举书籍、自鸣钟等）等。每座建筑原皆设置“推笼”和屏风、悬挂牌匾，如牟思成祠和牟绍德祠原

图2-2-19 牟绍德祠入口（来源：宋献生 摄）

图2-2-20 牟绍德祠内部（来源：宋献生 摄）

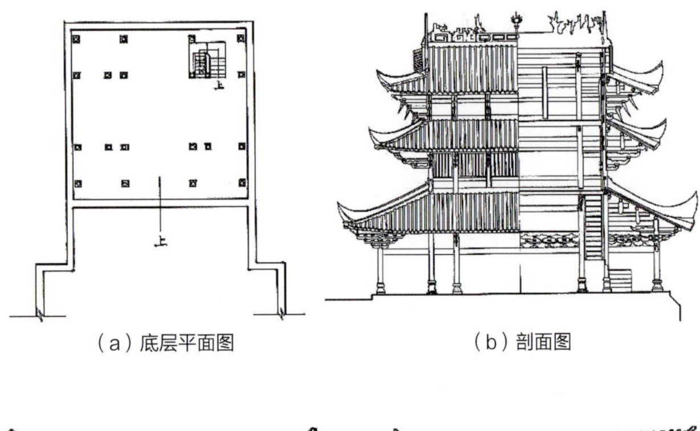
（a）底层平面图 （b）剖面图

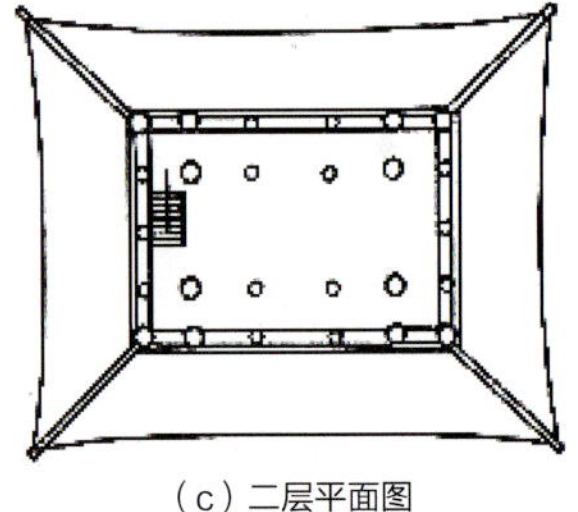
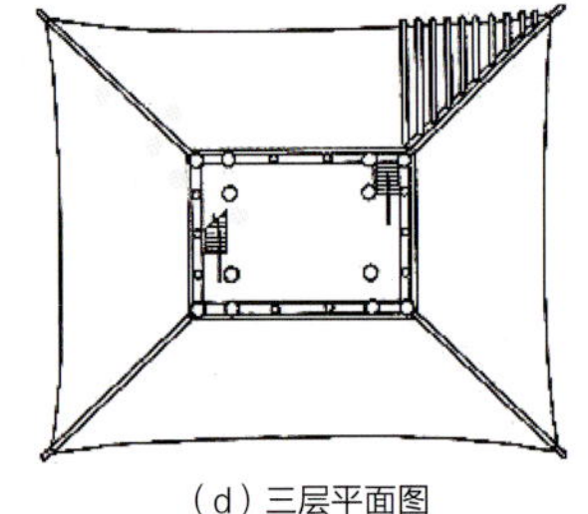
（c）二层平面图 （d）三层平面图

图2-2-21 真武阁建筑平立剖图示（来源：《广西民居》）

来分别有31和25副对联（图2-2-19、图2-2-20）。

2. 亭台楼阁

真武阁（图2-2-21）位于容县城东绣江北岸一座石台上，建于明万历元年（1573年）。真武阁，阁三层，三檐，呈方塔形，通高13.2米，面宽13.8米，进深11.2米，全阁用3000条大小不一的格木构件，巧妙地串联吻合，曾经受多次地震和狂风的袭击依然安然无恙，被誉为“天南杰构”。

在真武阁20根笔直挺立的巨柱中，8根直通顶楼，是三层楼阁全部荷载的支柱。柱之间用梁枋相互连接，柱上各施有四朵斗栱，上面承托4根棱木，有力地把楼阁托住。二层的4根大内柱，虽承受上层楼板、梁架、配柱和阁瓦、脊饰的沉重荷载，柱脚却悬空离地3厘米，是全阁结构中最精巧、最奇特的部分。这是“杠杆原理”所造成的悬柱奇观，就是将从底层通到二层的8根通柱，变成二、三层的支点，在通柱上分上下两层横贯72根（每柱9根，共72根）挑枋，这些挑枋像天平上的横杆一样，外面长的一端挑起宽阔的瓦檐，里面短的一端跳起二层的内柱，使它头顶千斤，脚不落地。这种方法在我国的古建筑中应用较多，而真武阁则用得特别巧妙奇绝。

三、客家传统建筑群体与单体

（一）传统民居

1. 形制

广西的客家建筑，主要分为堂横屋、围垅屋、围堡三种。

（1）堂横屋

特殊的聚居模式和强烈的家族观念使客家人形成“大公小私”的生存哲学，“明堂暗屋”的建房理念深入客家人心，因此非常重视厅堂的建设。中轴线上的厅堂分别被称作“祖堂（上厅）”“中堂（官厅）”“下堂（下厅、轿厅）”，为家族共有的厅堂，开敞明快，面积很大。两侧横屋为以住屋为主体的生活居住部分，除了“从厝厅”“花厅”等厅堂外，其余房间均为卧室或杂物房，并被平均分配到各户。这样，堂屋和横屋就形成以祠堂为主体的礼制厅堂和以横屋为主体的居住生活 2 套性质不同的空间系统。客家民居前一般都设有禾坪与半月池，作为农耕为主且聚居密度较高的客家人，禾坪起到晒谷打场和集散人流的作用。半月池则提供消防和日常用水，且形似于书院前的汁池，寄托了客家人“耕读传家”的理想。堂横屋是广西客家建筑最为常见的类型，也是其他类型客家建筑的基本组成单位。最小规模的堂横屋为两堂两横，两堂式的布局，门堂与祖堂遥相呼应，空间变化不大，两旁横屋的居住空间的私密性也不是很强，但整体空间的内聚合向心性得到强调。

在两堂两横的基础上纵向增加堂屋或横向加设横屋就会形成两堂四横、三堂六横等类型。柳州凉水屯的刘氏围屋则为三堂两横。大门前有柱廊，形成凹门廊，门厅左右两侧设耳房面向门廊开窗采光。中厅为三开间开敞式布局，两侧的房间很深，被称为“长房”，是主人的卧室。正中的屏门没有采用通常的平开，而是类似于中悬方式上下旋转开启，这样打开时还可以成为谷物的晒台。第三进为祖堂，客厅则位于祖堂前方的天井两侧。横屋对称设在两侧，每一排横屋的最后一进都有高起的炮楼。

贺州莲塘镇江氏围屋（图 2-2-22），是广西现存堂横屋中保存得最好的。建于清乾隆末年的江氏围屋为四堂六横，总面宽达到 87 米。主犀前设宽阔的半圆形禾坪，满足客家以农耕为主的生产要求。禾坪被 2 米高的围墙包围起来，在其南北两侧设有院门，其中南侧的一个为主门。四进堂屋被三个天井相隔，形成四暗三明的主空间序列，从入口的门厅开始，每进堂屋都抬高一级踏步约 10 厘米，堂屋的层高又相应递增 1 米，因此到祖堂一进，其屋脊的檩条高度已达到将近 9 米，加上进深比其他厅堂多出 1 米，祖堂地位的重要性在这一空间序列的烘托下得以充分体现。两侧的横屋则通过三条横向次轴线上的通道与堂屋相连，由于客家的横屋是主要的生活起居空间，因此其空间比其他汉族建筑的横屋空间来的宽敞舒适，“厝巷”空间扩大后形成三个天井和面向天井开敞的大厅，通透明亮，生活气氛浓厚。主次轴线上的厅堂、天井空间层次丰富又互相渗透，连廊纵横交错，余味无穷。主体部分的四堂四横均为两层，最外围的两条横屋高一层，是牲畜圈养之处。玉林博白是广西客家人分布较多的地区，其乡间建筑也多为堂横屋式，如博白的白面山堂，是所见堂横屋规模最大者，达到四堂八横。但论及历史性、艺术性和保存度，则无出江氏围屋其右者。

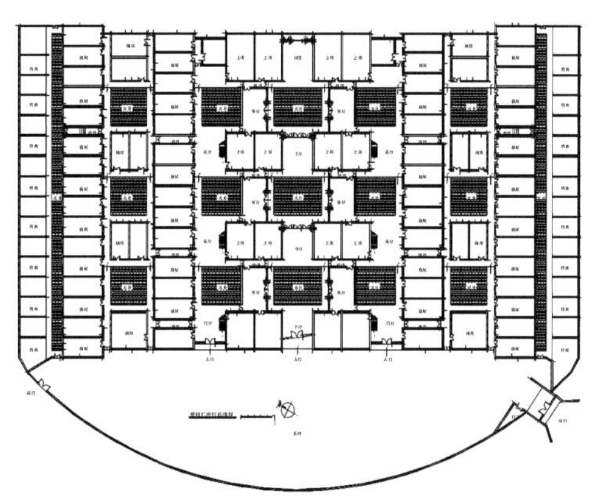

图2-2-22　贺州江氏围屋（来源：《广西传统乡土建筑文化研究》）

（2）围垅屋

围垅屋是在堂横屋的基础上在后半部增加半圆形的杂物屋和“化胎”形成。

广西现存的围垅屋较少，典型的有玉林朱砂垌和金玉庄两处。朱砂垌围垅屋（图 2-2-23）由祖籍广东梅州黄正昌建于清乾隆时期，黄正昌在乾隆、嘉庆、道光三朝为官，官至五品，死后道光赐“奉直大人”，故该宅亦称为“大人第”。整个围屋以祠堂为中心呈三堂十横布局，两道围拢由西南向东北依地势高起，祠堂后部的正中隆起为化胎。西南面为与建筑主体同宽，直径 100 米的巨大半月池。该围垅屋防御性的特点十分突出，仅设有南北两个出入口，且都设有瓮城。以最外围横屋围墙构成的城墙厚将近 1 米，高 6 米，墙体上遍布枪眼。沿着马蹄形的围墙均匀分布 7 座炮楼，名曰“七星伴月”。南部围墙外由于地势较低，设有护城河。围内各巷设有栅门，户户楼上楼下相通，巷巷相连，全寨相通。内沿城墙搭盖瓦房，用于防止强盗等搭梯攻城，能防能守。为防围困，围内还曾置设多处粮仓，左右两边大巷内亦各有防困水井一口。金玉庄距朱砂垌3公里左右，是由分家出去的黄氏同族人模仿朱砂垌所建。

2. 建造

以生土作为主要的承重和围护材料，是客家传统建筑结构体系的最大特点。客家人多居住在山区，农耕为生，经济条件并不优越，取土造屋是最为经济简便的营造方式，他们继承和发展了中原汉人的土工造屋技术。

客家建筑对生土的处理和利用分为夯土和土坯砖两种方式。夯土又称为版筑，民间俗称“干打垒”，是通过在模板之间填加黏土夯筑的建筑方法。其所用材料主要有两种，一种是素土，即黏土或砂质黏土；另一种则是掺和了碎石、砂和石屑，甚至红糖、糯米浆的土。后者更为坚固，通常用在客家围屋的外围墙、墙身基脚部分。

作为实墙承重的结构体系，火砖也是客家传统建筑常用的砌体材料。由于建造成本较高，火砖通常用于结构上的重要部位和有防潮要求的位置如墙体交接的转角处以及墙基等。同时由于砖墙细腻美观，重要场所如祠堂、厅堂等处的墙体也多用砖砌体砌筑。夯土、土坯、火砖这3种材料，根据其不同的物理性能和经济要求，被合理地安排在客家传统建筑中。

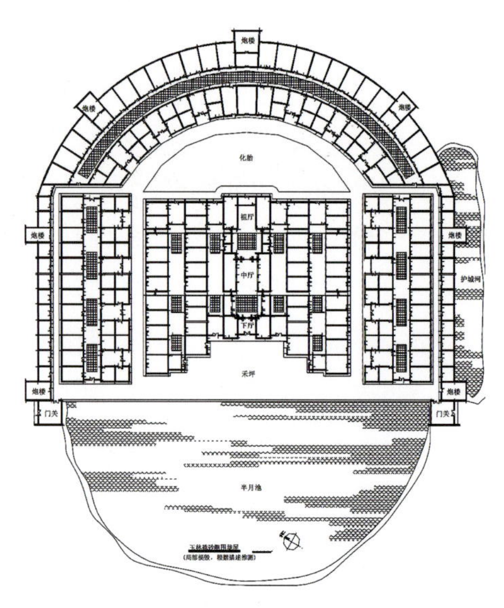

图2-2-23 玉林朱砂垌围垅屋（来源：《广西传统乡土建筑文化研究》）

第三节 建筑元素与装饰

一、主要建筑元素

（一）山墙

民居外墙坚实而单调，唯一可发生变化的就是山墙部位。广西湘赣式民居的山墙主要有两种形式，马头墙和人字墙。

山墙因其防火作用突出屋面，而成为封火山墙。经过阶梯式和艺术化的处理，因其形状酷似马头，就成为民间俗称的马头墙。马头墙因房屋进深不同可分为五阶梯（五滴水）（图2-3-1）、三阶梯（三滴水）（图2-3-2），但每次起山其高宽比基本都为2：1，和屋面四分半水至五分水的坡度相一致。马头墙基本都在砖砌墙体上砌筑，在两层或三层顺砖叠涩上覆盖小青瓦做屋檐，再在屋檐的灰埂上竖叠青瓦作为收束压顶。马头檐角有高挑的起翘，成为马头墙和整个民居中最为精彩的部位之一，潇洒利落，写意而传神。大户人家多重视马头墙檐角裤头的装饰，题材多以吉祥的花草纹样和

图2-3-1 五阶梯马头墙（来源：《广西传统乡土建筑文化研究》）

辟邪的图腾。马头墙檐下大都画有黑白墙头布画，或绘于白灰粉的底边上，或干脆白描于灰砖墙上，成为灰瓦檐口和墙面的过渡装饰带，清新淡雅。广西湘赣式民居马头墙的造型由北至南有较为明显的变化。

北部靠近湖南的区域，如全州、兴安、灌阳等地区，马头墙有从中间向两旁明显的升起，呈半弧形，除了马头部分向外叠涩出挑外，墙身也由上而下向内呈弧线收束，马头处的起翘也多高耸，整体看起来轻巧空灵，举势欲飞。在临近广府地区的阳朔、恭城等地，马头墙的造型就平实很多，仅在靠近马头的部分略有起翘，相比较而略显笨拙。在建筑群体的组合中，马头墙在不同高度穿插搭配，变化万千，使得本来稍显封闭呆板的建筑组团和整个聚落都富有生气而活泼起来。

人字山墙（图 2-3-3）高出屋面不多，没有马头墙的防火作用。因其基本与屋面侧架轮廓重合，忠实反映了广西湘赣式民居屋架前高后低的特点，为了强化这一特点，人字山墙在面向屋宇朝向的一面起山翘起，其做法和装饰都类似于马头墙，越往北这一做法就越夸张。和马头墙的对称式构图不一样，有选择的单面翘起凸显了建筑的前后和朝向之分，人字山墙的上段多有抹灰并饰以山花。

马头墙和人字山墙互相组合，更显变化之美，有时还能借此判断出建筑内部的秩序，如全州等地的传统湘赣式宅院，马头墙通常位于前一座的山墙处，人字山墙由于其单边起山翘起，用在后一座才能与马头墙相呼应，形成和谐的构图关系。

广西桂南建筑的山墙，最为常见的是镬耳和人字两种。镬耳墙是一种弯形的山墙，因貌似镬这一古时大锅的耳朵而名之。镬耳山墙多用青砖、石柱、石板砌成，墙顶的屋檐从山面至顶端用两排筒瓦压顶并以灰塑封固，外壁则多有花鸟图案。因其造型特殊，已成为桂南民居的符号。同时，镬耳又被赋予官帽两耳的象征，具有“独占鳌头”之意，非出官入仕的人家不得使用。大芦村的镬耳楼（图 2-3-4）就是劳氏族人在其第四代祖劳弦官至六品后所建。较具代表性的镬耳山墙则是灵山苏村刘氏古屋的镬耳楼群（图 2-3-5）。人

图2-3-2　三阶梯马头墙（来源：杨斌 摄）

图2-3-3　人字山墙（来源：杨斌 摄）

字山墙为大多数桂南民居所常用，其造型特点是山墙封檐处的灰埂越往屋脊处就越高，以对正中的脊式形成拱卫之势，因而坡度就比屋檐的坡度陡，从侧面看就像指向天空的白色箭头。

（二）屋脊

广西传统建筑的屋脊装饰手法十分丰富，有平脊、龙舟脊、燕尾脊、卷草脊、漏花脊、博古脊等，以瓦、灰、陶、琉璃等材料制成（图2-3-6~图2-3-10）。

（三）入口

入口可被分解为影壁、门楼、门罩、门斗或门廊等。影壁，也称照壁，古称萧墙，是传统建筑中用于遮挡视线的墙壁，多位于户门外，与大门相对，如长岗岭村别驾第的影壁。同时，大户宅院或建筑群的入口一般都设有门楼。月岭村多福堂的门楼，门前有影壁，正面五开间，两旁还设有门卫厢房，厢房朝内的墙向外倾斜呈“八”字形。全州锡爵村，村内大宅也多设有门楼，门楼山墙有马头墙式也有类似于广府镬耳的“猫弓背”。

图2-3-4 大芦村镬耳楼（来源：杨斌 摄）

图2-3-5 灵山苏村镬耳楼群（来源：杨斌 摄）

图2-3-6 灵山萍塘村民居屋脊1（来源：杨斌 摄）

图2-3-7 灵山萍塘村民居屋脊2（来源：杨斌 摄）

图2-3-8 兴业庞村梁氏宗祠屋脊（来源：杨斌 摄）

图2-3-9　灵山大芦村民居屋脊（来源：杨斌 摄）

图2-3-10　玉林高山村民居屋脊装饰（来源：杨斌 摄）

影壁和门楼并非所有湘赣式民居都有，但大门门头的门罩则是每户都需装饰的重点（图 2-3-11）。简单的门罩在大门门仪的上方用青砖叠涩外挑几层线脚，间或进行少许装饰，然后在其顶上覆以瓦檐。正门处的门罩多用三重檐，而侧门或小门则仅用单重。门罩的正中则留出书写宅名的位置。复杂一些的门罩其叠涩的层次更多，且为了突现特点，叠涩的做法也多有不同，为模仿斗栱模式，或用叠砖侧砌呈蜂窝状。讲究的住家也有使用木质梁枋出挑形成门罩披檐的，如披檐雕梁刻枋，檐角起翘甚高。

为了突出大门和增加入口空间层次，内凹门斗在民居中的使用普遍，如江头村的民宅。类似月岭村民居的八字形门斗也较常见。如果将门斗扩大，在中间增设两根柱子，就形成门廊；一些开间较大，为了解决住房采光和通风问题，会使用门廊；或是高宅大院祠堂等，把门廊做得豪华隆重，成

图2-3-11　门罩（来源：杨斌 摄）

为一个显摆和识别的空间。

二、其他装饰手法

（一）门窗挑手

适应于南方多雨和光照较多的气候特点，桂南地区建筑一般都设有凹门斗和门廊，门框两侧的墙面则用方形石板琢成浮雕图案。特别是大户人家的门屋和祠堂、会馆等重要建筑的入口，特别重视门廊的用材和装修。为了防雨，门廊柱一般都是石柱，且为方形。门廊柱和两侧的墙体以及廊柱之间以木质或石质梁枋联系，这些梁枋和门廊屋檐下的封檐板就成为重点装饰的对象（表2-3-1）。

雕刻精美的隔扇窗门，把室外景色分割成许多美丽的画面，同时又把室外景色引入室内，变成剪纸一样的黑白效果。

门、窗、挑手 表2-3-1

（来源：杨斌 拍摄整理）

除此以外，漏窗、门扇也可以引申运用作为各式各样的分割空间的隔断。大多数民居内部的门窗、隔板等木构件，有的装以木格或花格窗门，有的用木条于外壁镶几何图案，其上的各种动植物均是精雕细琢，美轮美奂。窗扇是重点装饰对象，上面通常用木雕刻成各式各样的花纹，有横竖棂子、回字纹、万字纹、寿字雕花、福字雕花和动物花纹。除木质花窗外，漏花窗也有陶瓷雕花、石雕花、砖雕花的，它们的雕花图案也大多是动植物花纹。

传统建筑房屋四周的檐柱到楼层处均伸出“挑手”，有单挑、双挑、三挑等类型。

（二）柱础

柱础是古代建筑的一种构件，俗又称磉盘，或柱础石，它是承受屋柱压力的垫基石，凡是木架结构的房屋，可谓柱柱皆有，缺一不可。古代人为使落地屋柱不被潮湿腐烂，在柱脚上添上一块石墩，就使柱脚与地坪隔离，起到绝对的防潮作用；同时，又加强柱基的承压力。因此，对础石的使用均十分重视。

桂北汉族建筑的柱础多种多样，雕刻纤细，图案丰富多彩，主要分为方形、六边形、复合形等形式（图 2-3-12~图 2-3-14）。

（三）壁画

民居壁画大多分布于祠堂、私宅、寺庙等场所，它除了具有装饰的独特价值外，还承担着对基层民众传递传统文化观念、宗族风尚的重任。壁画形式包括浮雕、装饰、贴图、

图2-3-12 方形柱础（来源：杨斌 摄）

图2-3-13 六边形柱础（来源：杨斌 摄）

图2-3-14 复合型柱础（来源：杨斌 摄）

图2-3-15 桂南民居壁画（来源：杨斌 摄）

墙纸、泥灰、漆饰等应有尽有，在内容上继承了汉代以来中国壁画的传统，有中国古代的经典传说、神仙隐士、文人轶事等众多题材，涉及传统文化的许多方面：既有诗礼传家、科举功名等儒家传统，也有崇尚隐逸、追模虚玄的道风仙踪；既有严肃的经典传说，也有诙谐幽默的历史故事。在画面上讲究安排多个人物同时出场，前后呼应，题款多是叙述画上故事的梗概。山水画大气磅礴、视野开阔；花鸟画遍涉梅、兰、竹、菊、牡丹、芍药、红棉和喜鹊、鹧鸪、春雁等各种传统题材，讲究用笔清丽、纤细，层次分明，线条圆润流畅。画上多题有脍炙人口的古代著名诗词，书法真、草、隶、篆各体俱全。这些壁画风格各异，技艺精湛，极富审美情趣，充满浓厚的文化韵味（图2-3-15）。

本章小结

广西的汉族，均在不同时期由外地迁入。血缘宗族关系是汉族聚落形成的内在核心因素。对内，宗族以儒教礼制规范聚落空间，显示出较强的等级和秩序。对外，血缘的排他性使得外来血统人员难以介入，聚落空间呈现出防御性的特征。广西汉族传统建筑以湘赣式为主，“天井堂厢”和“四合天井”是桂北地区最为常见的平面类型；桂南建筑以“三间两廊”为主；客家围屋以四合中庭型的堂横屋形制为主。湘赣式建筑装饰最精彩的部分在于山墙，主要分为马头墙和人字墙，轻巧空灵，变化万千；桂南建筑以镬耳山墙和墙身画为其独特的造型和装饰手法；客家建筑装饰风格以简朴为主。

第三章　骆越的风情：壮族传统建筑

广西的壮族主要聚居在南宁、柳州、崇左、来宾、百色、河池6个市，还有一部分散居于区内的66个县市，壮族分布地区约占广西总面积的60%，各地区壮族人口比例自西向东逐渐减少。自古以来，壮族及其先民就在华南——珠江流域生息繁衍，他们是广西乃至整个岭南地区最早的土著。广西气候湿热，雨量充沛，山多地少，为适应这样的地理气候，壮族先民在早期就选择可以避水患、防虫害、通风透气、适应多变地形的干阑建筑作为自己主要的居住建筑类型，建筑材料以丰富的木、竹为主，砖石瓦为辅，建筑内部空间则围绕能取暖去湿、具有祖先崇拜功能的火塘展开。唐宋之后，不少汉族人基于各种原因从中原迁入广西，一些重要城市和交通要道的壮族开始被汉化，产生了平地式民居聚落。明清之后，由于改土归流以及当时的垦荒政策，大批汉族人涌入广西土地肥沃、交通便利的桂北、桂东、桂东南，呈片状分布，这些汉族人人口众多、文化层次高、经济发达，进一步推动了壮族平地式民居的发展。因此，壮族传统建筑类型主要分为山地式建筑和平地式建筑两种。

第一节 聚落规划与格局

一、山地民居聚落

（一）聚落成因

山地民居聚落主要分布在桂北龙胜、三江地区和桂西北的西林地区。以龙脊地区为例，这里平均海拔700~800米，坡度大多在26~35°之间，最大坡度达50°，是典型的“九山半水半分田”的山区地貌（图3-1-1）。壮族原住民在这样的地形上营建聚落，自然选择了沿等高线分台发展的聚落模式以最大限度地顺应地形，同时选择底层架空，木柱落地支撑的干阑民居形式以最大限度地减少挖方。同时他们的生产场所——梯田也是平行等高线分台设置，并且把海拔较低较平缓的坡地留给了田地，住宅选择了海拔较高较陡的位置来建设，这反映出原住民对田地的珍视。由于平整用地稀少，猪牛圈通常设置在干阑底层。

地理和气候对传统聚落的发展起着明显的制约作用，这可以解释为什么在广西地区曾经广泛存在的干阑建筑如今只能在自然地理条件限制性较强的桂西北、东北山区才得以完整保存，而随着壮族居民改造和应对环境的能力增强，自然条件的限制变得越来越容易克服。

（二）空间特色

传统聚落作为一种宏观结构，其形态特点更多地受到自然条件的制约。此外，壮族先民不像汉族拥有完善的礼制文化，加之相对匮乏的物质条件，更多的时候聚落的选址和布局表现出原始的居住智慧以及对自然环境的适应与妥协。

1. 依托地形，布局自由紧凑

壮族山地民居所在的地方，多是海拔较高的土山地区，大山连绵，山势巍峨，山上林木葱郁，山下沟壑交织，平地较少。因此交通十分不便，人们出门便爬山，生产和生活较为艰苦。此类村落多分布在坡度在26°~35°的陡坡之上，建筑分布密集，村内主干道顺延等高线发展，小巷道以片石或卵石砌筑，依着房屋之间的空隙自然形成，主要纵向人行道平行于等高线，曲折蜿蜒。村内民居空间利用合理，屋前屋后用地狭窄，皆临陡坎，陡坎高度一般为1.5~2米，都设有片石挡土墙以构筑不同高程的台地。有时，台地面积过小，高差显著，则前半部分做成吊脚楼，建筑后半部分直接落于台地，形成半干阑的特殊形式。

图3-1-1 龙脊山区（来源：杨斌 摄）

2. 无明确公共中心

由于民族和历史的原因，壮族山地聚落大多没有明确的公共中心。村寨也有凉亭、庙宇等公共建筑，但居住建筑也不以其为中心布局，多顺应地形自由布局，呈现无中心的散点式状态。例如龙脊村由廖家寨、侯家寨、潘家寨3个寨组成，自上而下分布在龙脊山的山腰上，虽然由地理位置和婚姻关系决定了4个寨子关系密切，但却无明确的聚落中心。村寨间被田垌、溪流、山路分割成自然形态，每一个村寨内部也呈团状或带状顺应地形散点分布。

3. 格局开放，防御性不强

作为人口众多的本土民族，壮族聚落的边界并不明确，格局较为开放，整体防御性不强，而是根据用地与自然资源容量延伸与扩展。

（三）典型聚落

1. 龙脊古壮寨

龙脊古壮寨指的是龙胜龙脊村的廖家寨、侯家寨、潘家寨、平段和平寨 5 个壮族村寨，全村 226 户共 885 人。位于广西桂林市龙胜县和平乡东部，距桂林约 80 公里。龙脊古壮寨所处的地形可概括为“两山夹一水”——“一水”指的是从东北向西南穿过的金江河，“两山”指的是金江河南岸的金竹山和西北岸的龙脊山，龙脊村就位于龙脊山的山腰。这里海拔较高，气候夏热冬冷，潮湿多雨，林木繁茂，以种植单季稻的梯田农业为主要经济模式。由于高山阻隔、山路崎岖，与外界交流十分有限。寨内龙脊梯田享誉世界，而寨子也是桂北高山“白衣壮”传统聚落的典型代表。

聚落整体位于一条山脊之上，坐西北而靠山坡，面东南而远眺金江河，以廖家寨、侯家寨为中心最为密集，顺山脊向上、向下逐渐稀疏。民居以村寨西侧的溪流（主要水源）为界，东边民居密集，西边主要是人工梯田。这种布局，利于生活与生产取水。建筑主要朝向以东南为主，但顺应各自地形等高线有细微差别。村落没有明显的中心性，溪流两侧的空地村口以及村中的闲置空地（例如村委会前的广场）成为村民户外活动的主要场所。廖家与侯家几乎无界限，潘家在最下端，相聚较远。各寨寨口均在溪流附近，凉亭、风雨桥等公共设施也在溪流附近，方便去梯田劳作的村民歇脚、纳凉。溪流在此成为一个自然的边界，东侧建筑密集，西侧建筑稀少，土地庙也设在溪流西侧远离村寨的地方。村寨最上方的山头是村寨的风水林，郁郁葱葱，既能保护水源，又能作为木材基地。村中主要的纵向道路位于村落西侧，从上到下联系各水平向横路，横路平行等高线延伸，每隔 4~5 排民房有一横向道路，在村落东侧还有一条曲折的纵向道路联系各横路（图 3-1-2）。

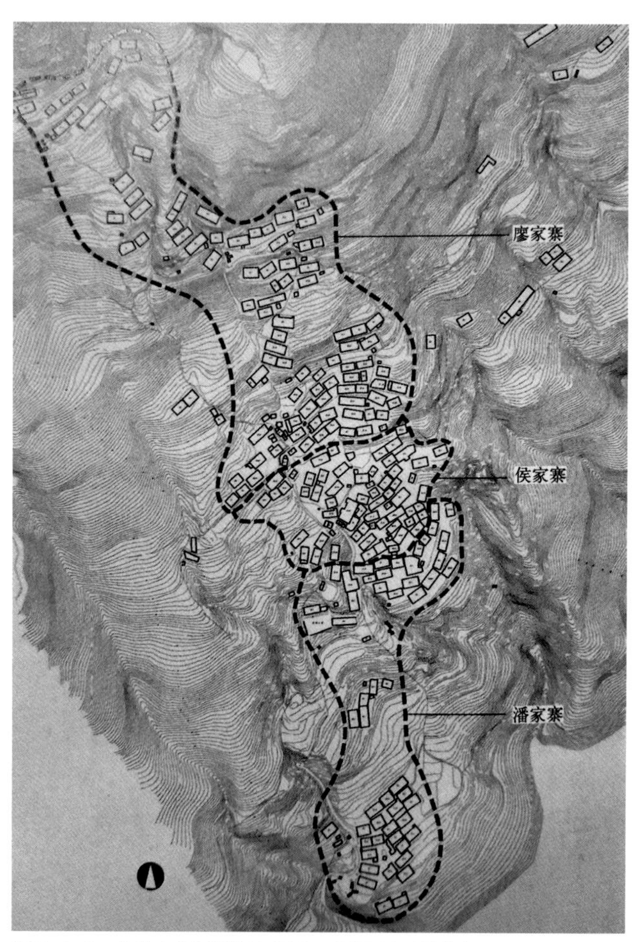

图 3-1-2　龙脊古壮寨概览（来源：《广西古建筑》）

2. 上林鼓鸣寨

鼓鸣寨位于南宁市上林县巷贤镇长联村，原名“古民庄”，地处大明山脉，面对古民水库，是一个依山傍水、环境优美的古村落。村内大部分建筑为清代和民国时期修建的夯土民居。整个村寨有 160 户 506 人，居民全部为壮族。鼓鸣寨距离上林县城 30 公里，距离南宁市区不到 70 公里。

鼓鸣寨民居分布集中，村落整体形态较为规整。鼓鸣寨以一条主要的巷道为联系，沿等高线拾级而上，居住空间和公共活动场所都串接在这条巷道上。由于线性的巷道受背靠的山地所阻，逐渐发展出垂直与巷道的鱼骨状分支，以扩充聚落容量。村子没有明确的公共中心（图 3-1-3、图 3-1-4）。

3. 那坡县达文屯

达文屯位于德靖台地的那坡县果桃村，选址于临近耕地、向阳通风的山腰处，四面环山，靠天水补给。整个村屯坐西南望东北，由于南北两侧皆有高山，西侧是河谷坡地的

图 3-1-3 鼓鸣寨街巷（来源：徐洪涛 摄）

上游，而东侧较为低平，这种朝向的选择是为了争取更多的日照。由于依赖雨水，屯子居于谷地之中以便取水，村落前为开阔谷口，村口正前方正对一茂密树林，林中设有土地庙，较远处是一座小山。达文屯为缓坡阶梯式的布局形式，约为17°，房屋坐北朝南沿等高线整体排列，整体布局没有明显的中心性。各户的组合关系有较强的宗族观念，一般相邻的家庭多为直系亲属。各户都拥有较为宽阔的视野，并在村头布置了公建。房屋前后都有石板、砂石铺筑的巷道相连，宽度 1.5~2.5 米之间，主要道路通向屯外围的农田，其上有一条大路横向贯穿整个屯，与外界相连，形成鱼骨状的道路网格，达文屯是丘陵黑衣壮聚落的典型代表（图 3-1-5）。

4. 西林县那劳村

那劳乡那劳村是清光绪初年云贵总督岑毓英和清末两广总督、四川总督岑春煊的老家。这里有岑氏经明、清两代建起来的家宅、庙宇、纪念物等建筑群（图 3-1-6）。

岑怀远将军庙：岑怀远，南宋边将，是明朝上林长官司

图 3-1-4 鼓鸣寨鸟瞰图（来源：徐洪涛 摄）

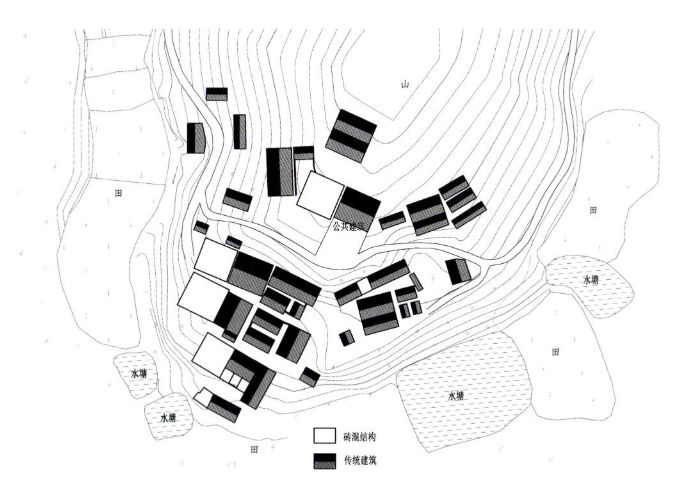

图 3-1-5 达文屯平面图（来源：尚秋铭 绘制）

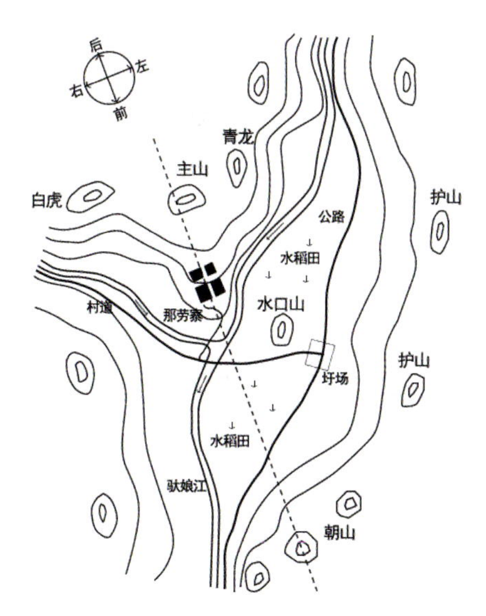

图 3-1-6 西林县那劳村山水环境（来源：《广西民居》）

图 3-1-7 宫保府（来源：全峰梅 摄）

图 3-1-8 南阳书院（来源：全峰梅 摄）

岑子成之远祖。元朝至元元年（1264 年）加大将军衔。上林长官司岑氏土府迁居那劳村后建庙，清光绪元年（1875 年）岑毓英扩建成四合院，有神堂、两厢房和闸门，占地 180 平方米。神堂神匾甚是堂皇，廊檐也甚宽敞，左右走廊分别以红包六柱木架，上署钟、鼓各一，钟、鼓均画有龙凤。

岑氏宗祠：清光绪三十二年（1906 年）建，分前后院，后院四合，后厅是神堂，两厢房是陈列室，前厅中间是大门，天井四角有花圃，中间方形石台上有绘着飞鹤的六角形亭子，名“鹤亭”。大门外有宽阔的趟廊，两剪伸出的八字墙，上画两只大老虎，大门下来是 12 级台阶，台阶边到八字墙基各有一块较大的花圃，两棵大苦楝树紧靠台阶。台阶脚才是方形外院，院外对着大门有一面照壁，壁面画巨龙戏珠。祠堂占地约 400 平方米。

岑氏内院：占地 300 平方米，是那劳岑氏建筑群中最为古老的部分。明代袭上林长官司始迁府到那劳寨的岑密初建，地居全寨最高点。

宫保府：岑氏建筑群中规模最为宏大的建筑，因岑毓英在清同治十三年（1874 年）受授“太子少保衔”，简称“宫保”，于是家宅即称“宫保府”。它坐落于那劳寨中央，占地面积 1347 平方米。始建于清光绪二年（1976 年），清光绪五年（1979 年）落成，原有大小 8 栋，逐步扩建到 13 栋（图 3-1-7）。

南阳书院：是那劳岑氏族塾，是教学的地方。有院门、一厅、二厅、两厢房及一间厨房。二厅设孔座，又叫圣堂主（图 3-1-8）。

图 3-1-9　增寿亭（来源：全峰梅 摄）

增寿亭：岑毓英二弟岑毓祥的第三个儿子岑增寿的纪念建筑物。清光绪十年（1884 年）建，砖木瓦结构，亭作八角状，上下三层，底层壁画至今可见部分。占地面积 80 平方米（图 3-1-9）。

二、平地民居聚落

（一）聚落成因

汉族移民的涌入导致大量的壮族融合于汉人中间，而这部分人由于在广西迁徙的时间较早，且被纳入封建王朝的直接统治之下，因此占据了桂东、桂南等地势较为平坦开阔的地带，形成壮族平地民居聚落。

汉族移民对广西的政治、经济、文化、工商业、手工业、农业等各方面带来了很大的影响。汉族移民的进入，促进了广西少数民族从原来的封建领主制向封建地主制的转化；汉族移民的开垦，扩大了广西的耕地面积，为广西带来了内地先进的农业生产技术，使原来十分荒芜的土地建起了许多新兴的城镇村落，为今日广西的城镇聚落奠定了基础；汉族移民进入广西，还促进了工商业和文化事业的发展。店铺的开设，物资的丰富，使广西早期商品经济得到发展，商品经济的意识亦在广西民众中得到传播；汉族移民中的手工业者把先进的手工技术传播到广西各地，比如烧砖、制瓦以及更为先进的木材卯榫技术，这些技术在促进广西壮族建构技术发展方面起到了积极作用。

汉文化的传播，是广西壮族传统文化发展脉络上最具影响力的文化现象。移民广西的汉族注重家族观念和宗法礼制，这种文化性格在汉族人口较多，汉文化强势的区域表现明显，处于这些区域的壮族也受到不同程度的影响。桂南地区，壮族聚落和民居完全遵照广府建筑形制；桂东北区，则多见湘赣风格的壮族民居；桂北阳朔地区的朗梓村、龙潭村，在外观上体现出湘赣建筑的特色；桂中来宾市武宣地区，当地壮族聚落区域内受客家文化的影响，完全采用了客家民居的形制。可见，汉族的不同民系在广西对各自地域内的壮族聚落及民居影响深刻。

（二）空间特色

汉文化传入较早的桂东北河谷地区的壮寨，由于汉文化处于强势地位，当地壮族村寨与汉族村寨无异。聚落布局受宗法、儒教礼制和古代环境科学的影响，有较明显的总体规划痕迹，呈现规整的向心性组团空间形态。依山面水，藏风纳气等理念成为左右聚落格局的关键。

壮族平地聚落的巷道较为宽阔，形态也较为规整，形成较为规则的道路网格；通常在村口、河边、大树下有一定的公共活动场地，规模一般较大。来宾武宣东乡客家聚居地区的壮族则选择客家堂横屋作为其民居形式，禾坪、月池等客家建筑元素一应俱全（图 3-1-10）。

（三）典型聚落

1. 阳朔县朗梓村

朗梓村位于阳朔县高田镇，是一大型古民居群。朗梓村保持着明清风格，村子里集中了阳朔最古老的古民居。古宅共有六十多间房屋，青砖灰瓦，风火墙高大。整个民居建筑结构严谨，布局精巧，处处雕梁画栋。民居房间中各个厅堂连柱石造型各异。在民居群中，碉楼为县里唯一的古代

图 3-1-10　来宾武宣东乡洛桥武魁堂（来源：《广西壮族传统聚落及民居研究》）

图 3-1-11　阳朔县朗梓村（来源：杨斌 摄）

图 3-1-12　龙州县上金船街（来源：《广西民居》）

军事建筑，站在上面可以俯瞰全村。朗梓村位于河谷地带，汉化特征十分明显，完全采用汉族广府民居的梳式布局（图 3-1-11）。

2. 龙州县上金船街

上金船街位于龙州县左江旁，建于清咸丰元年（1851 年），因盛产碗、碟、缸、盆而得名，附近各乡以及邻县都来争相采购，商旅云集。清道光年间，由南宁水运至左江的食盐，都以窑头为转运站，在窑头起岸，因而逐渐发展起来。

街道围绕着两个梭形广场，以弧形围合而成，中间宽，两头窄，因此被称为“船街”，又因中间大的像鱼腹，两头小类似鱼嘴鱼尾，因此又叫“鲤鱼街”。街道（不含民房）全长 172.3 米，其中鱼头、鱼身 105.8 米，鱼尾 66.5 米；鱼嘴宽 12 米；鱼腹至鱼背最宽处 25 米；鱼身与鱼尾交界处宽 8 米。鱼嘴鱼尾正对左江码头，寓意财源滚滚，鱼肚大能

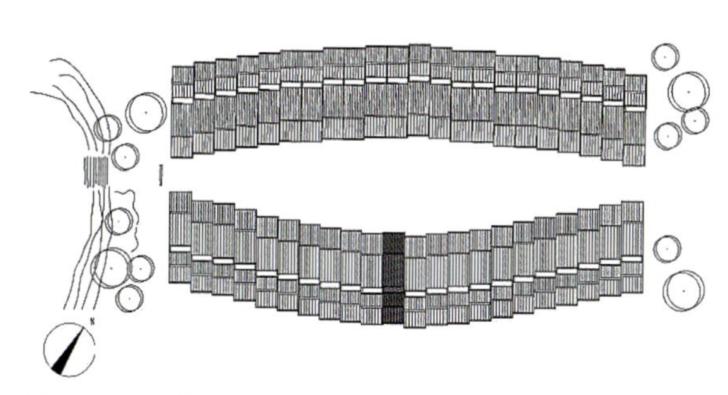

图 3-1-13　龙州县上金船街平面图（来源：《广西民居》）

容财，鱼尾收紧则意味着财富进去出不来，符合“内阔外狭者名为蟹穴屋，则丰衣足食也”的说法，聚落整体布局体现了较重的传统观念。

上金船街表现了壮族人民源于生活、高于生活的奇特丰富的建筑想象力，反映了清末至民国时期左江流域壮族人民的建筑习俗、建筑水平、建筑艺术和建筑风格，是壮族街道、民居建筑文化的一朵奇葩（图 3-1-12、图 3-1-13）。

第二节 建筑群体与单体

一、山地民居聚落建筑群体与单体

（一）传统民居

壮族干阑式民居是广西壮族民居最原生的形态，由于自然地理环境、区域文化背景、族群构成的不同而形成截然不同的干阑民居形态。桂西北与桂西南是广西壮族集中分布的两大区域，是广西地区传统干阑民居的主要集中地。而桂中西部是次生干阑最为丰富的区域，包含了数量众多的亚态干阑建筑文化。

图 3-2-1 金竹壮寨壮族民居（来源：《广西民居》）

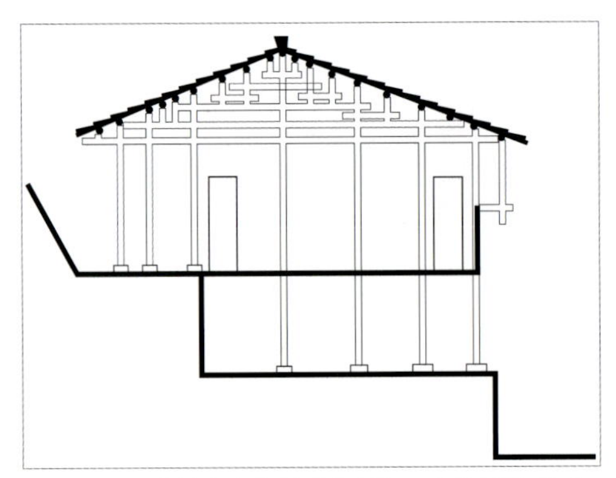

图 3-2-2 金竹寨廖宅剖面（来源：《广西民居》）

1. 形制

壮族“干阑式”民居根据分布的地区不同，其建筑特点各异，形式多变，还可细分为高脚干阑、矮脚干阑、半地居干阑、地居式干阑等类型。这些干阑民居多为二层三开间，设阁楼，建筑外立面常有披厦。干阑民居底层用做圈养牲畜，二层为居住层，阁楼作储藏之用。居住层分隔成堂屋、卧室、储藏室和火塘（厨房）4 大部分，这是满足人们居住生活的基本建筑元素以及干阑建筑须具备的实用功能与布局结构，而差别只是具体的平面布局和空间划分形式。开间尺寸有主次之分，厅一般开间为 4 米左右，厢房开间 3 ~ 3.3 米，进深 8 ~ 10 米不等。每榀构架的柱数多是 5 柱或 7 柱，底层高 1.6 ~ 2 米，二层高 2.2 ~ 2.4 米左右。桂北地区的壮族干阑住宅建筑，平面布局规整对称，合理实用（图 3-2-1、图 3-2-2）。

桂西地区是壮族主要聚居地，也是干阑住宅建筑分布最广、数量最多、形式最为丰富的地区。这里的干阑建筑很典型，即房屋分为上下两层，下层架空，用来圈养牲畜；上层为居住层，人们离地而居，以避潮湿。桂中地区的壮族干阑住宅建筑平面以“凹”字形为主要特征，流行二进三开间，造型规整，布局对称，简单实用。这里的干阑住宅建筑层高相对较低矮，空间也相对较小。大门设在凹口正中，楼梯设在门外。前为厅堂，约占房屋面积的三分之二，正中壁上设立神龛神台，是家庭举行祖先祭拜和会客之处，也是家人进入各个卧室的必经之路。神台后间一般不住人，用作储藏室，放置日用的生活用品；若住人只能是老年男性居住，妇女不能居此间，否则认为会“秽”祖先神灵而不吉。堂屋两旁的左右厢房也分隔为卧室，按壮家习俗，男孩住左间，女孩住右间，儿大结婚则另建新屋分居；有的同时留出一间作厨房，也有的人家在主屋后侧增设一披间作为厨房和舂米磨豆作坊（图 3-2-3~ 图 3-2-5）。

桂南地区的壮族干阑住宅建筑是一种次生形态的干栏，房屋大多分为三开间，中间为前堂后室，左右开间多分隔为二，分别作为卧室（或储藏室），另外一间为厨房。建筑以砖木结构为主，大多以石块勒脚土坯砌墙，内为二榀三柱式木构架；

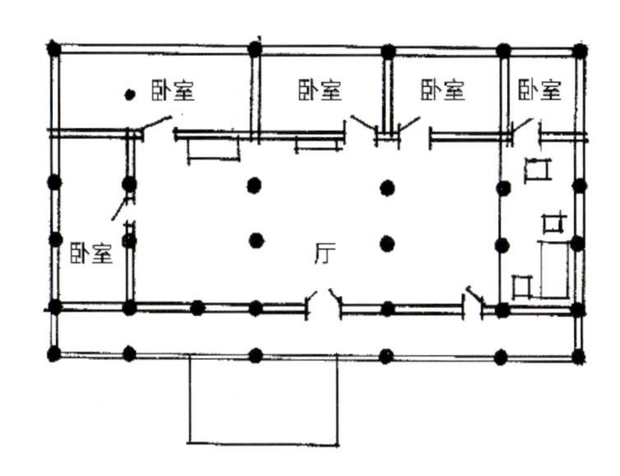

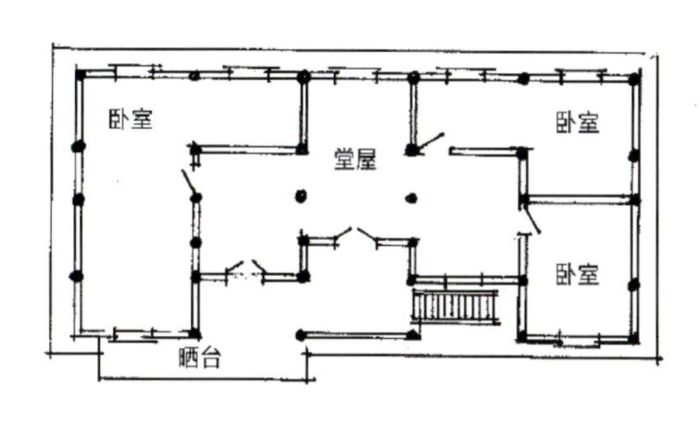

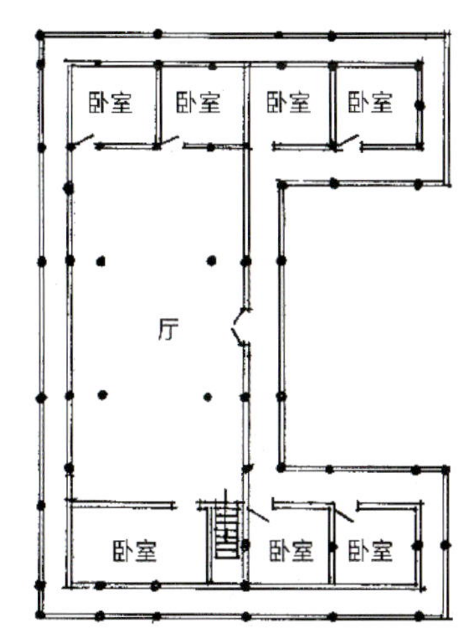

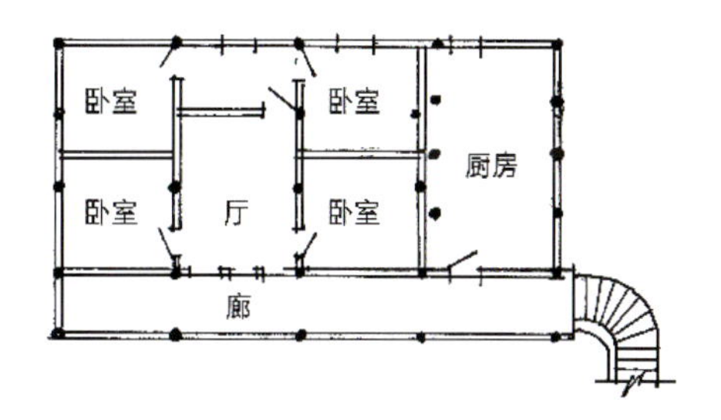

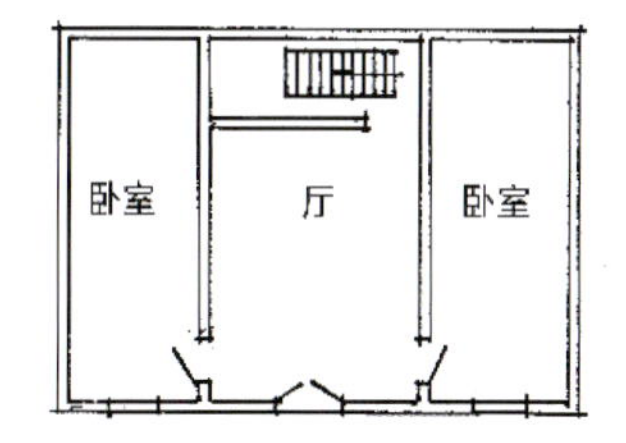

图 3-2-3　壮族山地民居平面（来源：《广西民居》）

图 3-2-4　达文屯民居外观与平面（来源：《广西古建筑》）

也有的为土砖山墙，架设檩木铺板为楼层，中间前檐下设梯和栈台式走廊进入正门。建筑结构简单，规整对称，基本能满足一个小家庭居住生活的需要。

2. 建造

桂西北干阑区的民居主要的结构形式是穿斗构架；桂西及桂西南干阑区的民居主要的结构特点是下部支撑部分采用穿斗构架，而屋顶部分普遍采用大叉手斜梁承托檩条。原始的结构形式与先进的力学体系矛盾地结合在一起，反映出传统习俗的延续，以及该区域木构技术相对落后的情况。

桂中西部次生干阑区的壮族民居，由于大量采用砖石与夯土、泥砖筑造山墙，其结构具有混合承重的特点。通常屋

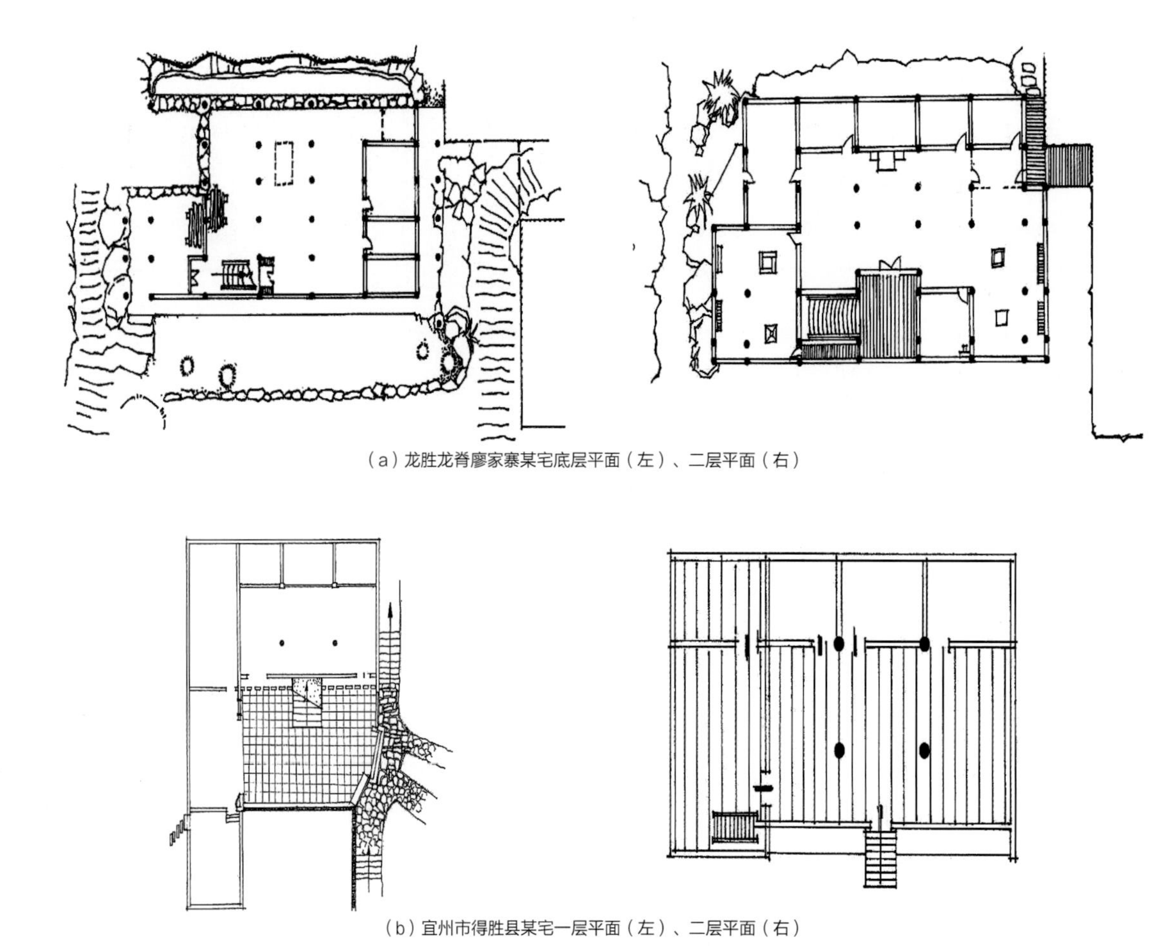

（a）龙胜龙脊廖家寨某宅底层平面（左）、二层平面（右）

（b）宜州市得胜县某宅一层平面（左）、二层平面（右）

图3-2-5　桂北及桂中干阑建筑（来源：《广西民居》）

脊以及房屋中部的排架仍采用穿斗构架，而两侧山面则用砖墙或者夯土墙承重。这种做法既能节省木材，又能利用砖柱墙、夯土墙防火、防蛀、防水性能较好的优点，就近取材还经济便宜。但这种混合结构的建筑形式，其屋架部分与下部承重柱子、墙体的交接都是以搭接为主，不似全木穿斗结构是以榫卯连接形成整体框架，因此其整体性不佳，对于抗震不利。

壮族干阑式民居就地取材，量材而用，质感丰富多变又协调统一，天然石材、木材、青砖和灰瓦，造就与自然界浑然一体的建筑形象。其结构采用穿斗式木构架为主要结构，建造方法由木匠历代师徒相传，少有文字记载，其基本的营造技术是采用榫接法由柱枋串联组成单排屋架，排与排之间由拉结梁联系形成整体结构，柱与柱之间设瓜柱支撑屋面。

（二）公共建筑

与广西的侗族相比较，壮族传统聚落的公共建筑较少，也缺乏鼓楼、风雨桥等大型公共建筑，这一方面是由于壮族族群众多且分散，长期以来没有形成统一的公共建筑形制，因此在公共建筑方面没有大的发展；另一方面，壮族是一个讲求实用，重内涵轻形式的民族，其精神诉求多存在其非物质文化的传统之中，而较少通过器物来表现，因而，壮寨中的公共建筑多讲求公用，但形式都较为简单、质朴；此外，壮族是一个被汉族同化最明显的民族，原有的民族特色逐渐被消解，一些文化传统没有保存和传承下来，也造成了公共建筑不发达的结果。

1. 寨门

在传统壮族村寨的入口处，多设有寨门作为内外分界的标志和出入村寨的主要通道。寨门是一种具有防御功能的建筑类型，与石砌围墙一起起到防御匪患的作用，此外也有阻挡妖魔鬼怪的意义。村寨建立之初一般都设有多座寨门，随着岁月的流逝，寨门的防御意义逐渐消退，原有的或毁或拆，与之连接的围墙基本上难觅踪迹。现今存留的多为单独的寨门，成为村寨的标志，对地域的界定作用取代防御成为其主要功能。

从现存的寨门看，壮族的寨门较为简朴，多以石料构成简单的门框，门楣凿出屋檐的意向，屋脊正中雕刻宝瓶或葫芦。寨门的位置和朝向选择极为重要，需请专人测定，动工时间也是如此（图 3-2-6）。

图 3-2-6　龙胜金竹壮寨寨门（来源：《广西民居》）

图 3-2-7　龙胜凉亭（来源：《广西壮族传统聚落及民居研究》）

2. 凉亭

广西山区，山高路陡，日照强烈，生活在此的壮族上山下山重担行走非常辛苦，因此素来有在村寨附近通往田间的通道旁修建凉亭的风俗。壮族将修建凉亭视为热心公益、尊老敬贤、积德行善之举，并象征着村寨的团结和家族的和睦。壮族地区的凉亭，很多是子女为家中老人消灾祛病、祈福长寿而修建的，在功用上最终却体现在为公众谋福利。凉亭多建在旷野间的交叉路边上，也有的建在村中或者村旁，其位置多为方便往来劳作的村民使用。凉亭平面多为正方形或者长方形，面积 3~10 平方米不等，由四、六、八根立柱卯接穿枋木搭成，双斜坡瓦顶或草顶，四面开敞，底部四周用木板搭成坐凳。在凉亭正中的横梁上常注明修建的年月以及捐资捐物修建者姓名和数目（图 3-2-7）。

二、平地民居聚落建筑群体与单体

（一）传统民居

壮族平地民居与干阑式民居的主要区别有以下几个方面：

第一，广泛采用砖石、夯土等材料作为承重墙体和维护结构，屋顶保留木结构坡屋顶形式，大量减少了木材的使用；

第二，从楼居转为地居，从人上畜下共处一楼的垂直分区，发展为人畜分离的平面分区；

第三，平面模式除了简单的矩形平面外，还发展了带两厢、井院的复杂合院模式。

1. 形制

壮族的平地民居建筑，多是三间一幢。生活较贫困的人家也有两间一幢或仅一间的。生活较富裕的人家，在正房前建有门楼，门楼与正房之间是天井，天井两侧有围墙将门楼和正房连为一体。靠围墙的内侧建有厨房、猪栏或厢房。无论是几间一幢，窗都开得很少、很小，所以室内光线较差。其结构多为泥砖瓦顶、三合土舂墙瓦顶或茅草顶，少数为火砖瓦顶。新中国成立后，随着人们生活水平的不断提高，不少地区都建了青砖瓦房。

平地壮族民居在功能上和干阑式基本一致。功能空间有厅堂、卧室、外廊、顶屋的阁楼等，但是平地壮族民居将干阑式的功能进行了重新组合，使之优化。

首先，平地壮族民居建筑将干阑式建筑的垂直方向上架空层和居住层的功能整合在一起，使居住层与地面属一个水平层面，居住方式从楼居式变成了地居式。房屋外独立设置一个畜厩，将原来架空的底层空间的功能转移至此，实现人畜分离而居。顶层的储藏功能保留，也可用于寝卧休息。

其次，整合后的功能分为 3 大的区域：①祭祀起居的厅堂空间；②家庭活动的场所——院子；③歇脚暂停的门厅空间。

在平地壮族民居里，火塘间被取消，其功能分别由院子、

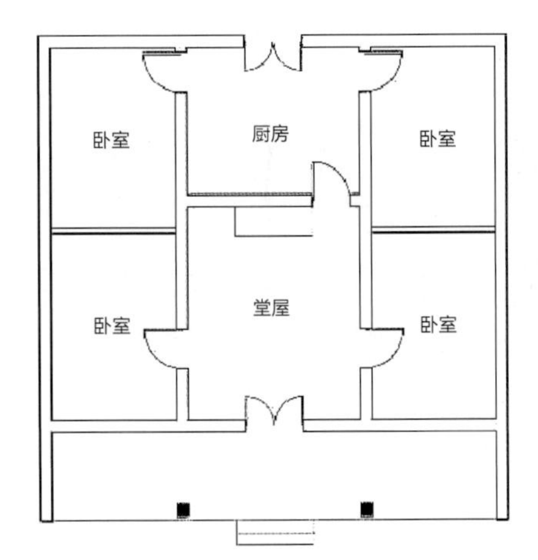

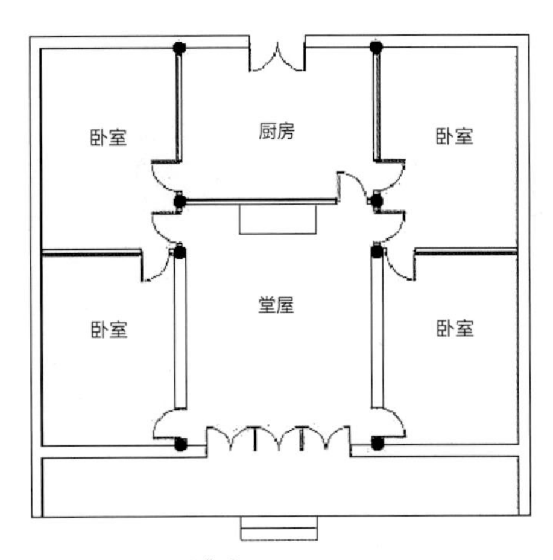

图 3-2-8 一明两暗平面形制（来源：《广西壮族传统聚落及民居研究》）

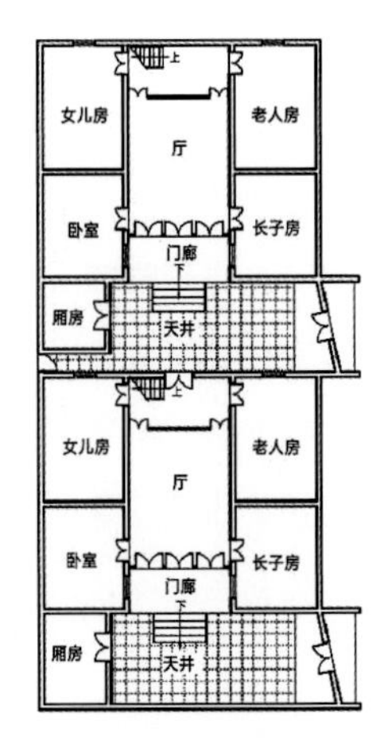

图 3-2-9 金秀龙屯屯 92 号宅平面图（来源：《广西壮族传统聚落及民居研究》）

厅堂和厨房共同分担。厨房不再属于附属的功能空间，而是作为炊煮的必要功能空间独立设置在屋外。望楼也被取消了，其纳凉闲谈功能也由院子所取代。而其作为暂停歇脚的功能则由门厅代替。民居中的外廊虽然仍作为室内外的过渡空间，但是功能不再具有模糊性和多样性。因外廊空间缩小，它的功能和一般的走廊无异，只是单纯的交通功能。其他辅助功能空间，晒台由屋外的晒坝取代；楼梯只是在设有阁楼的民居内用，不再是必不可少的垂直交通空间。

地居式壮族民居，其入户方式皆为地面直入式；其平面格局多分为两种——“一明两暗”和“三间两廊”。

“一明两暗”是最基本的地居式民居形态，堂屋居中，两侧为寝卧空间。当人丁增加时，在横向上可向左右延长开间数由三开间增加至五开间，或由两个三开间单元横向连接，形成六开间的房屋（图 3-2-8）。

“三间两廊”由“一明两暗”加以天井和两侧的厢房构成。所谓三间，即明间的厅堂和两侧次间的居室，两侧厢房为廊，一般右廊开门与街道相通，为门房，左廊则多用作厨房。作为聚落基本单位的三间两廊，其规模也显得较大。金秀龙屯屯 92 号宅（图 3-2-9），为两兄弟联宅。前后两进三间两廊均侧面。

朝东开门，与大门隔天井相对的是厨房。正堂前有较深的凹入式门斗，这样两侧的卧室得以朝门斗开窗采光。由于进深较大，两侧间得以分为 4 个房间，据该村长者介绍，东南角的一间为长子专用，老人则多住在靠近神台的左右两间。

三间两廊在天井前加建前屋，就构成四合天井式，这样的模式更加适合农具、杂物较多的农村地区。如龙屯屯的 40 号宅（图 3-2-10），在天井前设置有门屋，大门开在正中，两侧除了厢房外还有两间杂物房。在四合天井的基础上横向添加辅助性房屋，则能满足更多加工、储藏和居住等方面的功能需求。如阳朔龙潭村 53 号宅（图 3-2-11），在主体四合天井东、南两侧安排了辅房和 2 个天井，宅院的前后门都开在辅房上，避免了对核心居住区域的干扰。

2. 建造

（1）硬山搁檩式

硬山搁檩，在桂东壮族平地式民居中大量存在，可以说是分布范围最广，数量最多的一种地居式民居的建筑结构做法。这种做法是将民居各开间横向承重墙的上部按屋顶要求的坡度砌筑成三角形（通常为阶梯状），在横墙上搭木质檩条，然后铺放椽皮，再铺瓦。这种方法将屋架省略，构造简单、施工方便、造价低，适用于开间较小的房屋，一般多见于农村。檩条一般用杉木原木，檩条的斜距不得超过 1.2 米，通常在 60~80 厘米之间。木檩条与墙体交接段应进行防腐处理，常用方法是在山墙上垫防腐卷材一层，并在檩条端部

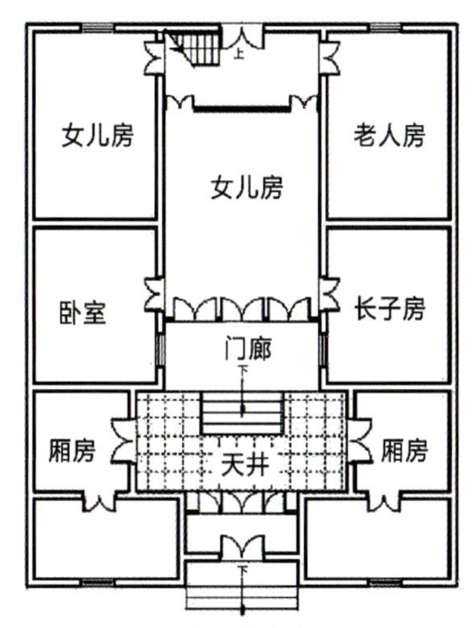

图 3-2-10　金秀龙屯屯 40 号宅平面（来源：《广西壮族传统聚落及民居研究》）

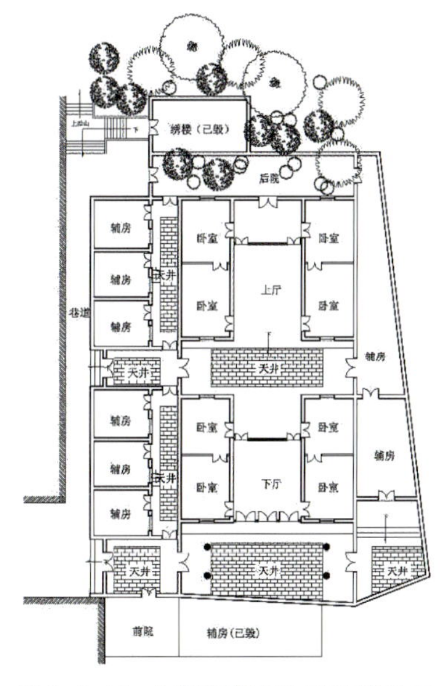

图 3-2-11　阳朔龙潭村 53 号宅平面（来源：《广西壮族传统聚落及民居研究》）

涂刷防腐剂（图 3-2-12）。

常见的一明两暗的壮族平地式民居，一般三个开间，四副横墙皆升起，檩条在各横墙顶部做搭接处理。承重横墙常见的建材主要是夯土、泥砖以及青砖、红砖。硬山搁檩的民居由于以檩条兼做梁之用，开间一般不大，室内空间也较为局促，与当地的汉族地居式民居结构无异。

（2）插梁式

插梁式构架的结构特点即承重梁的梁端插入柱身，与

图 3-2-12　硬山搁檩（来源：黄晓晓 摄）

图 3-2-13　插梁式（来源：《广西壮族传统聚落及民居研究》）

抬梁式的承重梁顶在柱头上不同，与穿斗架的檩条顶在柱头上、柱间无承重梁，仅有拉接用的穿枋的形式也不同。具体讲，即组成屋面的每一根檩条下皆有一柱（前后檐柱及中柱或瓜柱），每一瓜柱骑在（或压在）下面的梁上，而梁端插入临近两端的瓜柱柱身。顺次类推，最外端两瓜柱骑在最下端的大梁上，大梁两端插入前后檐柱柱身（图 3-2-13）。插梁架兼有抬梁与穿斗的特点：它以梁承重传递应力，是抬梁的原则；而檩条直接压在柱头上，瓜柱骑在下部梁上，又有穿斗的特色。但它又没有通长的穿枋，其施工方法也与抬梁相似，是分件现场组装而成的。传统壮族干阑中都是穿斗构架的做法，插梁式构架只在桂东地区的汉化地居建筑上较为常见。

壮族村寨中，主人要新建房屋，首先要选择宅屋基址。通常由于村落空地有限，各家的造房基址的位置已经既定，

因此第一步就是确定建筑的方位，最终确定“竖造日课”。在“竖造日课”中会明确房屋的朝向，并列出动土平基、伐墨柱、起土驾马、砍伐梁木、木料入场、盖房、作灶、安大门、入宅归火等 9 个重要步骤的时辰。

（二）公共建筑

1. 祠堂

在汉族文化的体系中，祠堂是宗族或家族的象征。由于广西壮族受汉族文化影响由来已久，在交通较为方便的平原地区，聚族而居的壮族，至近代仍普遍保留有宗祠。祠堂建筑一般位于村落中最好、最重要的位置，具有“向阳”、“面水”、“背山”的最佳方位。在壮族的观念中，祖先之灵是一个宗族最亲近、最尽职的保护神，既可保佑宗族人丁兴旺，也可为宗族驱邪禳灾，因此建立祠堂的目的是为了敬奉祖先。人们除了在各自家中供奉家庭祖先神之外，还于年节到宗祠集体祭祖。为了维持宗族的存在和活动，宗祠内一般都设有蒸尝田或祭田（即族田），由族长管辖，其收入用以祭祀、修建、互助、办学等。

祠堂建筑，是家族或宗族权力与经济的象征，常投入很多的财力建设，因而在建筑的等级方面高于一般民居建筑，整体尺度大，建筑外形美观，装饰的精美。建筑群往往还采取抬高建筑台基的方式来突出其地位。阳朔朗梓村的瑞枝公祠是典型的祠堂建筑。瑞枝公祠建于清同治年间，占地约 2000 平方米，由天池、厢房、正堂组成。“瑞林祠堂”四字用花岗石凿成并镶嵌于大门正方，大门门框皆由青色花岗石组成。门口的屋檐下、墙壁上，整齐有序地排列着 7 幅长宽不等的壁画，画中有乌鸦戏水、春燕衔泥、渔翁钓鲤等，画面栩栩如生，形象逼真。进入大门，是天井内院，内院左侧为辅房，右侧通过天井和住宅相连（图 3-2-14、图 3-2-15）。

图 3-2-14 朗梓村瑞枝公祠（来源：杨斌 摄）

图 3-2-15 朗梓村瑞枝公祠内院（来源：杨斌 摄）

2. 土地庙

土地神是广西各地壮族普遍崇拜的地方保护神，几乎每个村寨，都建有一座或几座土地庙。壮族认为土地公是一方之主，主管一方水旱虫灾及人畜瘟疫的神灵。土地庙多无神像，唯用红纸书写“土地公之位”字样，贴于正中墙上以供祭拜。逢年过节或遇有重大危难事件，村民必到土地庙跪拜求签。供物随事的大小而有厚薄。求签前忌吃狗肉。全村则一年一小祭，三年一大祭。每年开春作“春祈”，求土地公保佑当年风调雨顺，人畜平安。秋季“还愿”，感谢土地公的厚赐。

广西壮族传统聚落中的土地庙多形制简单，仅为木构或砖砌的坡屋顶单间小棚，低矮狭小，很多祭拜活动只能在庙外围举行。土地庙多位于村口大树下或树林中，有护卫村寨的意义（图 3-2-16）。

图 3-2-16　土地庙（来源：《广西壮族传统聚落及民居研究》）

图 3-3-1　楼梯（来源：杨斌 摄）

第三节　建筑元素与装饰

一、主要建筑元素

（一）楼梯

楼梯分为两种，一种是由地面层通向二层起居室的入户主楼梯，另一种是进入阁楼和其他辅助空间的次要楼梯。前者在底层明间一侧的次间设置有入户门，进入入户门可见入户楼梯（图 3-3-1）。楼梯为一直跑梯段，一般为 9~11 级，级数为奇数，每级高度为 20 厘米左右，这样可以保证底层的高度在 1.9~2.0 米左右，满足底层的功能需求。楼梯一般都是木质，宽窄不等，由踏板夹在两侧的梯梁中构成，一般不设梯面。有的梯梁做成微微下弯的弧形，踏板也顺着弧形安装，美观实用。

（二）门楼

楼梯上去是门楼（图 3-3-2），门楼占据整个明堂开间，它与相邻的入户楼梯占据的侧间均为半开敞的空间，正面开敞设有栏杆，起到进入室内空间的缓冲作用，也是家庭户外生活的一个平台，劳作时休息、闲聊、待客都可以在此进行。也有人家在门楼正面设花格窗甚至安装玻璃，这样门楼能更好地遮风避雨，但开敞性会受到影响，有失自然。门楼对入户楼梯一侧一般设有格栅门或半高的腰门，因为村寨居民只要不是长期离家，入户门通常是打开的，在门楼设置一道门可以防止鸡鸭窜至二楼。

图 3-3-2　门楼（来源：全峰梅 摄）

（三）通廊

通廊通常只设置在朝阳的前檐面（图 3-3-3）。门廊作为一种开放性较强的室内外过渡空间，功能上为壮民族提供了更多的室外活动与交流空间，体现了民族的开放性格。门廊的设置与户内“前堂后室”的空间布局是有一定对照关系的，它的后部就是堂屋间和两侧的火塘间这些室内的公共空间，在私密性方面没有冲突。而且有门廊的民居通常入户楼梯采取的是正面侧入的方式，这符合人的行为规律和空间展开的

图 3-3-3 通廊（来源：全峰梅 摄）

图 3-3-4 那岩屯民居火塘（来源：全峰梅 摄）

习惯，侧入的楼梯导向的第一个空间就是门廊空间，而堂屋是发生了一个 90° 流线转折才能进入，其中心性和仪式性被削弱了。

通廊作为一种室内外空间的过渡，在壮族干阑建筑中发挥了重要的作用。由于传统坡屋顶建筑室内通常采光较差，白天亦不具备较好的能见度，因此，家中老人、小孩多喜欢在通廊上闲坐和嬉戏，在这里也方便和邻家进行交流和互动；此外通廊还可以放置常用农具、晒衣物和一些农作物，它与晒排结合还可以晒谷物；有时候外人来访，也可利用通廊待客。

（四）火塘

火塘在壮族家庭生活中承载着丰富的功能，在某种意义上它就是家庭的代表。在壮族地区的民居中，成年的儿女和父母分家，如果没有财力和土地新建房屋，就在老屋增设一个火塘，父母一个火塘，儿孙一个火塘；如果有几个成年兄弟则有可能分设几个火塘，一个火塘就代表一个家庭。三开间的民居，火塘间位置位于堂屋两侧的次间，有的民居有五个开间，则火塘间位于两个梢间。一般东面的火塘是主火塘，西面的是次火塘，分家后，老人使用西面的火塘，年轻人使用东面的火塘，由于壮族地区普遍有以东面为尊的传统，可见对年轻人的爱护和希冀。按照当地老人的说法是：“年轻人住东边象征朝阳，老人住西边象征夕阳”。火塘在房屋进深方向位于正柱与前金柱之间，这正好与堂屋的中心空间在一个水平线上，显示出这一中心区域的公共领域特征（图 3-3-4）。

据考察，广西壮族聚居区的火塘多贴平楼面而作，四周的餐凳都是 20 厘米左右高的矮脚凳，吃饭的时候在上面架一矮桌，便可围炉进餐。在已发掘出来的原始社会穴居遗址中，火塘就是原始人类生活空间的中心，当时起居生活的一切都是围绕着火塘展开，它的重要性以及人们对它的依赖进而产生了原始“火塘崇拜”。随着汉文化的传播，“床榻”的出现致使卧室从火塘边独立开来，席居生活开始解体，而后出现的堂屋使得一部分礼仪和社交空间也从火塘空间分离出来，在部分壮族聚居地区，火塘亦在逐渐消失，其炊事功能正被独立的厨房所替代，位置也发生了转移，被移至屋后或者两侧的独立空间。

虽然火塘的功能正在逐渐弱化，但壮族对于火塘的崇拜“情结”仍然保留了下来。在龙胜地区壮族聚居的村寨中，人们对建造火塘和进新房生的第一次生火都比较看重，有时间的讲究和固定的仪式。比如在搬进新屋之前，要举行简单的接火种仪式，即需要从旧屋的火塘里引一把火，点燃新房子火塘里的火，意为本家烟火不断。如果尚未接入火种，则禁忌搬东西进新屋，以免影响家族成员的健康与繁衍。经过这个仪式，火塘与家族的延续重叠在一起，在精神意义上成为家庭的象征（表 3-3-1）。

火塘的不同形式 表 3-3-1

地区	材料	做法	照片
桂北	石板、石块、黏土	构造方式主要有平摆、悬挂和支撑 3 种，支撑式的火塘一般采用 4 根短柱	（来源：《广西民居》）
汉化地区	砖块、黏土	室内地板上挖个方形的小坑，然后用青砖在四周围合砌筑	（来源：杨斌 摄）

二、其他装饰手法

壮族干阑式民居的全木构架朴素、简约，装饰极少。而随着汉文化的传播，一些装饰元素结合当地壮族的喜好融入民居建筑中来，如屋脊图腾构件、檐下挑手造型、门窗栏杆等，为民居带来了更为丰富的面貌。不同区域的装饰不尽相同，主要是根据其居住环境、生活气候的不同所选择的装饰材料也有所差异（表 3-3-2）。

广西壮族各地建筑元素特征一览 表 3-3-2

名称	区域	颜色	图案
柱础	桂北	灰色	无图案，比较简单
	桂中	灰色	阴刻花纹
	桂西	灰色	无图案，比较简单
	汉化地区	灰白色	阴刻花纹，图案多样
吊廊	桂北	杉木色	一层高过一层，吊瓜做装饰
窗	桂北	杉木色	菱形、方形雕花等
	桂中	杉木色加涂料	方形雕花等
	桂西	杉木色	方形、圆形
	汉化地区	杉木色	方形、菱形、圆形雕花等
翘角	桂北	黑灰色	瓦片叠加，无图案
	桂中	灰白色	鱼形吻
	桂西	灰白色	动物、花草等
	汉化地区	灰白色	动物、花草等

（一）屋面

壮族民居的屋面坡度主要做法有“金字水”和“人字水”，两者区别体现在屋顶横向剖面上。前者为按坡度为 1/2（高一横二）放坡的直线屋面，做法简单，易于掌握，桂西那坡地区的壮族民居多采用这种形式；后者为通过“举折”处理所形成的多段折线形屋面。“人字水”屋面形态上较前者优美，类似“人”字形的屋面曲线能在下雨时将雨水引得更远，并能防止瓦片滑落，但是对于木材加工技术和精度要求较高，桂北龙胜地区的壮族民居普遍采用这种做法。屋面的具体做法为：画丈杆前，先确定小金柱（进深方向前金柱与檐柱之间的落地柱）的柱高，由小金柱至正柱取坡度 1 ：0.51 确定正柱柱高，各柱顶中心连线经过调整后形成多线段。

桂西北西林地区的壮族民居屋面前檐门廊采用“小重檐”的做法，这种做法的工艺水平介于那坡民居与龙胜民居之间，其功能也是为了更好地抛离雨水。

（二）屋脊

屋脊是整座建筑中最高、最醒目的部位，壮族人民常常在屋脊上放置各种图案的图腾构件来表达特定的功利目的，给单调的屋顶带来灵动活泼的元素。

常用于屋顶的图腾有金钱、狗、牛角等。金钱形是用瓦片拼出一个四出形的古铜钱图案。铜钱从秦始皇统一中国后，就形成外圆内方的造型，在人们的观念里，铜钱成了财富的象征。壮族人民在屋脊采用瓦片拼成铜钱图案，寄托着祈求招财进宝、生活富裕、家业兴旺的良好愿望（图3-3-5）。

雕像多以两三只狗的形态出现，大狗居中，小狗居其左右，面向东西，以保佑住宅和家人平安。狗是古代壮族及其先民崇拜的图腾之一，在左江流域的悬崖壁画上，就有很多狗的图像，由于壁画是壮族先民举行重大祭祀仪式的地方，可见狗在壮族生活中的重要地位。在壮族民间，至今还保留着崇拜狗的习俗。桂西的壮族民间在春节的时候用竹片和彩纸糊成狗形象，敲锣打鼓舞纸狗游行贺年；右江一带壮族民间春节时会在庙坛上立披红挂绿的刍狗而祭之；桂南、桂中和桂西地区的壮族民间，还流行在村前或者大门前立石雕的狗，多设在正对路口或者不利方位，以保护村民平安；壮族民间的道公、师公都有禁食狗肉之戒律，可见狗图腾在壮族社会的重要性。

壮族民居的屋脊上常有用灰砂塑成的牛角形装饰，这源于壮族先民的牛崇拜。作为一个古老的农耕民族，壮族很早就是用牛来耕作，形成珍爱牛崇拜牛的观念习俗。在壮族的观念里，牛是勤劳、吉祥和财富的象征。每年农历四月初八是壮族传统的“牛魂节”（也称“脱轭节”），次日让牛休耕，篦洗牛身，用精饲料喂牛，打扫牛栏，祭祀牛神，祈求牛健壮无病。因此，将抽象的牛头作为图腾符号置于屋脊，可以祈求保佑六畜兴旺、生活富足、吉祥幸福。此外还有葫芦、鱼等屋脊装饰图腾（图3-3-6）。

（三）挑手

挑手是位于檐下专门用于支撑檐檩的一种木质构件（表3-3-3）。其前端挑出承托挑檐枋，后端卯入檐柱。壮族对其常用的装饰手法是雕刻成各种赋予寓意的花纹图案，常见的有如意莲花头挑手、象鼻莲花头挑手、鱼头衔象鼻形挑手、如意云雷纹莲花头挑手等，如意莲花均是佛教艺术的产物。

图3-3-5　铜钱纹屋脊装饰（来源：黄晓晓 摄）

图3-3-6　狗和牛头屋脊装饰（来源：《广西壮族传统聚落及民居研究》）

壮族先民多傍河而居，视鱼为生活富足、人丁兴旺、健康长寿的象征。虽然很多壮族人后来迁居深山，但是对鱼的崇拜却流传下来。壮族地区直至明代仍然盛产大象，对象的崇拜古已有之。因此，挑手设计成鱼头衔象鼻形其寓意不言自明。此外，壮族民居中还有象鼻莲花头、龙头衔象鼻等形式的挑手，寓意皆大同小异。

（a）如意莲花头挑手 德保县壮居

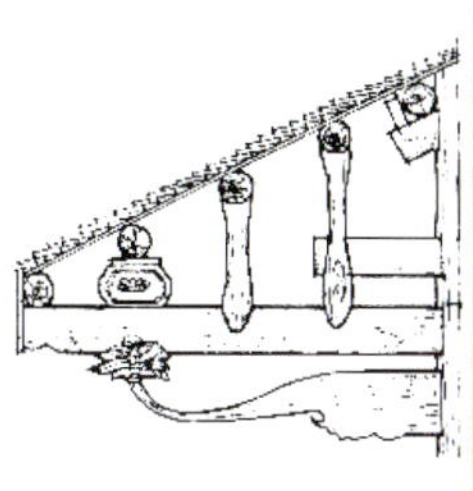

（b）象鼻莲花头挑手 德保县壮居

图 3-3-7 挑手装饰（来源：《广西民族传统建筑实录》）

图 3-3-8 来宾忻城土司院落窗雕（来源：《中国传统民居类型全集（中册）》）

图 3-3-9 朗梓村瑞枝公祠窗雕图（来源：杨斌 摄）

图 3-3-10 来宾忻城土司院落彩画（来源：《中国传统民居类型全集（中册）》）

云雷纹源于壮族对水神和雷神的崇拜，莲花纹则是佛教文化的装饰纹样。壮族将本土文化与其他民族文化相结合，则产生了如意云雷纹莲花挑手，有求雨、避火禳灾的目的（图 3-3-7）。

挑手的不同形式　　表 3-3-3

地区	材质	特征
桂北	杉木	对出挑跨度较大的屋檐采用较多的一种是通过主梁、次梁、梁上柱、柱、檩条等榫卯方式连接形成的一种承重结构
桂中	杉木	檐口挑出部分由主梁的前端挑出承托挑檐枋，同时下端的斗栱起到稳定作用
桂西	杉木	三檩双挑
汉化地区	杉木	较现代的梁柱结构体系，特点是梁柱都比较粗大

（四）雕刻

壮族素有门雕、窗雕、木件雕刻的习俗。主要表现手法为木雕、砖雕和石雕。“三雕”艺术以及其独特而精湛的雕刻技巧，生动而雅俗共赏的形式和题材内容反映壮族人民的审美情趣和思想感情，具有长久的艺术生命力和审美价值。壮族民居建筑中的木件雕刻，受明清时期木雕盛行的大环境影响而流行。木雕技术一经引入壮族民居，很快成为壮族民居装饰中的重要技艺，有雕刻壮族民间故事的，雕刻壮族民居人物的，雕刻壮族自然风光等。而门雕指的是在民居房门（大门、屋内门）进行雕饰。除了年画外，壮族民居还普遍雕刻有神话人物、历史人物。雕刻技术纯熟、图案独特，颇具审美情操。窗雕都以简洁的图案进行装饰，这与中原地区繁复的装饰图案形成对比，也体现了壮族民居贴合自然、天人合一的装饰风格（图 3-3-8、图 3-3-9）。

（五）白墙彩画

壮族民居的外墙一般使用白墙，白墙上多绘制彩画。彩画是壮族人民喜爱的艺术表现形式，彩画色彩斑斓，题材

图 3-3-11 那劳岑氏家族建筑群彩画（来源：全峰梅 摄）

不限，内容丰富，一般以壮族民间故事、人物为题材，以红色、绿色为主。体现了壮族人民的审美情操，为现代环境设计提供良好的艺术借鉴。整体画面庄重、典雅，雅俗共赏（图3-3-10、图 3-3-11）。

本章小结

壮族传统建筑以居住建筑为主，因为壮族的公共建筑不发达，最能体现文化差异的建筑形式还是民居。在桂东北壮族民居聚落布局受礼制和宗法影响明显，较有章法；其余地方更多地受自然条件制约，表现出对自然环境的适应和妥协。桂西北沿等高线发展，村小而密集；桂西及桂西南多为喀斯特地貌，村小而分散，桂中地势平缓，空间开阔，村大而密集。壮族民居类型从主要生活面与地面的关系来看分干阑和地居两种形式。干阑是广西壮族传统民居的主导形式，地居是干阑建筑地面化以及完全汉化的结果。桂西北、桂西、桂西南山区干阑居多；桂东北、桂东、桂东南平原和丘陵地区地居为主。壮族民居朴素、简约，装饰极少。随着汉文化的传播，一些装饰元素结合当地壮族的喜好融入民居建筑中来。

第四章　鼓舞的歌寨：侗族传统建筑

侗族起源于秦汉时期的“骆越”，自魏晋时期起，“骆越”逐步统称为“僚”，侗族便是其中的一个部分，直至新中国成立才改称为侗族。由于历史因素，侗族现在主要分布在湘黔贵三省的交界区域。而广西的侗族人口主要分布在桂北的三江侗族自治县、融水苗族自治县和龙胜各族自治县，其中以三江县侗族人口最为集中，还有少量侗族分散在龙胜、融安、罗城等地，与汉族、壮族、苗族、瑶族、仫佬族、水族等其他民族杂居，总体呈现出大聚居、小分散的格局。

侗族村寨多依山傍水而建，群山连绵、溪流纵横、平坝棋布，风景优美，和谐自然。同时，侗族地区土地肥沃、雨热充足、气候适宜，十分有利于农作物的种植和生长。侗族民居多采用木质结构，外廊式，通常楼上住人，底层圈养牲畜。木楼层层叠叠，紧紧相连，十分壮观。侗寨中最具特色的建筑为鼓楼和风雨桥，鼓楼多建在村寨中央，是寨民聚集议事及休闲娱乐的场所；风雨桥建在溪流之上，用来联系两岸交通。寨门或独立设置，或与风雨桥结合；井亭、戏台较为普遍。这既适应侗族的民族生活习惯，也反映了其能歌善舞、以“侗族大歌”著称的民族文化传统。

第一节　聚落规划与格局

一、聚落成因

从历史发展的角度来看，侗族曾主要分布在岭南两广一带，原本为古代百越民族骆越的一支。早在战国时期，侗族已经发展成形；战国后，由于长江流域的越人和黄河流域的汉族在地域上相邻，交往较为频繁。后来受到多种因素的影响，中原人被迫南迁至长江流域，和越人进行杂居，而部分越人也北入中原，越汉之间不断进行交融和同化，逐步形成“骆越文化”，侗族正是其中主要组成部分之一。到了秦汉时期，由于连年战乱和饥荒等因素，侗族陆续迁徙到现在的湖南、广西、贵州三省交界地区和湖北西南一带，与当地的“土著”居民混居在一起；唐宋时期，慢慢完成分化，独立成单一民族，并由混居逐步转为族居。到了清初，由于“改土归流”政策的实施，侗族受到清朝政府的直接统治，土地逐步集中。新中国成立以后，侗族先后完成了土地改革和社会主义改造，开始实施民族区域自治政策。特殊的历史发展过程，使侗族的“民族性”与“地域性”相互交织、共同作用，从而形成独特的侗族文化和聚落形态。

从自然环境的角度来看，侗族的原始部落既与“溪峒”有关，又和“山溪”相关。“山溪”即山川、山河。“山溪”的中间通常有平坝，在坝子之间隔着很多道山梁，“溪峒”就是这之间形成的每个小的自然区域。“溪峒”一般较小，分布较为分散，每个“溪峒”方圆仅有数里或数十里。以坝子为中心形成的聚落之间受到地理环境的限制，不方便相互交往，每个“溪峒”便成为一个自给自足的群落。因此，自然环境的影响是侗族聚落形态形成的重要因素之一。

从社会组织形式的角度来看，侗寨是侗族进行社会生产以及对外交流的基层组织，很多侗寨都是由单一姓氏的侗民聚居而成，外姓人必须“改姓”才能“入寨”，真正成为该侗寨的一员。正如侗歌中所唱的“按格分开住，按族分开坐”，即使一个侗寨由不同的姓氏组合而成，每个姓氏也有单独的居住范围和指代该族的称号、组织和规定。并且，每个族姓或村寨都有固定的议事集会场所——鼓楼。侗族以族姓为中心的社会组织形式，直接造成侗族“聚族而居”的聚落特征以及聚落形态的密集、紧凑。

正是在历史、环境和社会等多方面因素的共同作用下，侗族聚落逐步形成特定的选址理念、布局形态和聚落文化。

二、空间特色

（一）选址理念

侗族在进行村寨选址时，通常会综合考虑当地的自然条件、聚落的生产生活方式、世代传承的文化信仰等因素，同时蕴涵着强烈的传统环境科学观念。

侗族村寨大多选址于河谷盆地、低山坝子、缓坡台地或水源较为充足的半山隘口地带，聚落环境强调依山傍水，山脉遇水而止。一方面是由于侗家以种植水稻和山林采伐为生，“寨前平坝好插秧，寨后青山好栽树”，这样的自然环境更有利于生产和生活，是一种生存选择的结果；另一方面是受到传统环境科学观念的影响，选址讲究取势纳气，注重山、水等自然要素的形、势及配置。侗族人认为，山脉即“龙脉”，山脉遇溪河、平坝而止之处为“龙头”，“龙头”背靠“龙脉”，面向溪河和平坝，村寨建于此处，即为“坐龙嘴”，是侗族聚落选址的理想宝地。再在后山蓄古树箐竹形成风水林，以镇凶邪；在溪河上建造风雨桥，以锁财源。这些理念正好应对形法学说中的“觅龙、点穴、察砂、观水”的选址手法（图4-1-1、图4-1-2）。

侗族的聚落选址理念，既体现了侗族朴素实用、顺应自然的生存观念，又反映出中国传统人居环境科学理论对侗族的影响。

（二）聚落模式

侗寨虽大都依山傍水而居，但会因地形地势的细微不同，或生态环境、地理环境的差异，而呈现出不同的聚落模式。

1. 山麓型村落

山麓型村落是侗族最主要的聚落模式，其特点是依山傍水，村寨建筑从山脚不断向上延伸，紧密相连，从而减

图4-1-1　选址（来源：《广西民居》）

图4-1-2　最佳选址意向（来源：《广西民居》）

图4-1-3　山麓型村落——三江林略寨图（来源：广西传统村落管理信息系统）

少对耕地的占用。建筑朝向多为南或东，以便获得更好的日照、避寒和通风条件。这类村落主要分布在桂北的三江和龙胜等地（图4-1-3）。

2. 平坝型村落

由于溪河的曲折迂回和泥沙淤积而形成的较为开阔平坦的小盆地，称为“坝子”。许多侗寨便坐落于坝子中间或边缘。建于坝子中间的村寨一般选址地势较高，四周农田环绕；建在坝子边缘的村寨，选址多位于紧邻坝子的低缓山丘上。由于溪流蜿蜒曲折，一条河道流经之地常常会形成很多片平坦区域，因此在一条狭长的坝子上，会接连不断地分布着很多大小不一的村寨，这也是平坝型村落最典型的特征（图4-1-4）。

3. 半山隘口型

半山隘口型村寨主要分布在半山腰或山口的水源地附近，依形就势环山隘或坳口而筑，俯瞰谷底的溪流和稻田。该类村寨多是由于坝子或山脚的村寨过于密集、耕地较少而

图4-1-4 平坝型村落——三江三团寨（来源：《广西民居》）

分化出来的，类似平坝或山麓大寨的子寨，因此这一类型的村寨较为少见。

从侗族的聚落模式中可以看出，侗族人民尊重自然、顺应自然，同时又巧妙地利用自然，最终实现人与自然的和谐相处，体现出了侗族人民的聪明与智慧。

（三）布局形态

侗族的社会组织结构以族姓为核心，与此相应，其聚落布局形态上多强调以鼓楼为中心。

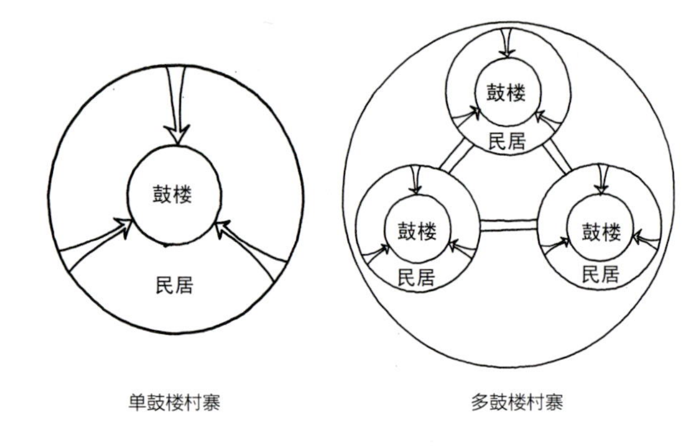

图4-1-5 以鼓楼为中心的布局形态图（来源：《广西民居》）

1. 平面形式

侗族聚落主要由寨门、鼓楼、民居群、巷道、凉亭、水井、风雨桥、溪流、稻田、鱼塘等多种要素构成，建筑群多呈向心式布局（图4-1-5）。侗寨的寨口一般设有寨门，溪流绕寨前或穿寨而过，风雨桥横卧于溪流之上，是村寨与外界的联系通道。干阑式民居围绕着鼓楼依山就势而建，层层叠叠，紧密相连。民居四周散布着鱼塘、禾晾，有的鱼塘上架有粮仓，可起到防火的作用，有的鱼塘上立着厕所，形成特有的立体生态农业。而作为侗族精神支柱的萨岁祭坛多位于村头寨尾或中心鼓楼附近等重要位置。寨内道路因地制宜而建，主干道垂直等高线布置，小路随地形弯曲延伸，山道间散布着凉亭、水井，水车在寨外溪流边轮转不息……所有功能要素在以鼓楼为标志的中心场的控制下，与自然环境巧妙结合，共同构成侗族聚落完整、和谐的平面布局形式（图4-1-6）。

2. 空间层次

侗寨空间层次的主要构成要素是高耸的鼓楼与鳞次栉比的民居建筑群。鼓楼位于村寨中心，以其挺拔的身姿和多姿多彩的建筑造型，在高度与建筑艺术形象上对聚落空间起着统率作用（图4-1-7）。围绕鼓楼而建的民居群，既衬托出

图4-1-6 三江高友寨全貌（来源：《广西民居》）（来源：全峰梅 摄）

图4-1-7 三江林略寨全貌（来源：广西传统村落管理信息系统）

了鼓楼的雄伟壮观，又营造出了丰富的空间层次。民居的层数都低于鼓楼，尤其位于鼓楼附近的民居更注意从高度与气势上去反衬鼓楼的统帅地位。民居木楼依山就势而建，与地形的结合十分灵活和巧妙，常常是各楼之间廊檐相接，高低错落。放眼望去，整个民居群层层叠叠，紧凑密集，围绕着鼓楼，营造出丰富且颇有气势的空间层次。

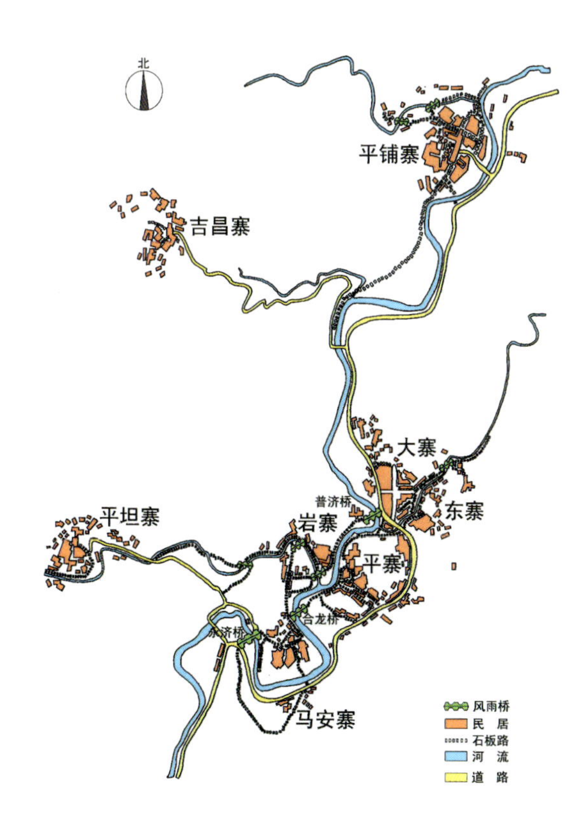

图4-1-8 程阳八寨平面示意图（来源：《广西民居》）

三、典型聚落

（一）单鼓楼村寨群的典型代表——程阳八寨

程阳八寨位于三江县城东北部的林溪河畔，由平岩村、程阳村、平铺村3个行政村组成，这3个行政村又分为马鞍寨、平坦寨、平寨、岩寨、东寨、大寨、平铺寨、吉昌寨8个侗寨，俗称“程阳八寨”。八寨中，马鞍寨、平寨、岩寨、东寨、大寨由南向北较为紧凑地分布在林溪河主干两旁，平铺寨在距离较远的北端，平坦和吉昌两寨则位于西侧的支流上（图4-1-8）。

图4-1-9　程阳八寨鸟瞰图（来源：林桂辉 摄）

程阳八寨是单鼓楼侗寨群的典型代表，其中每个寨子都是一个独立的组团，围绕着自己的鼓楼顺应山形地势展开，形成丰富的村落空间景观（图4-1-9）。其中以永济桥边的马鞍寨最具代表性。马鞍寨位于八寨的最南端，林溪河在此蜿蜒呈“凹”字形，寨子就坐落在凹口处，像一幅马鞍，因此得名。村寨背靠迴龙山，面临林溪河，寨前是开阔的稻田平坝，溪河上建造有两座风雨桥：寨东北的平岩桥和寨西南的程阳桥，一起形成对马鞍寨的空间限定。寨中居民多东南朝向，鳞次栉比地围绕着寨子中心的马胖鼓楼和戏台而建，村寨与自然环境有机融为一体，宛若天成，形成一幅和谐、完整的画卷（图4-1-10）。

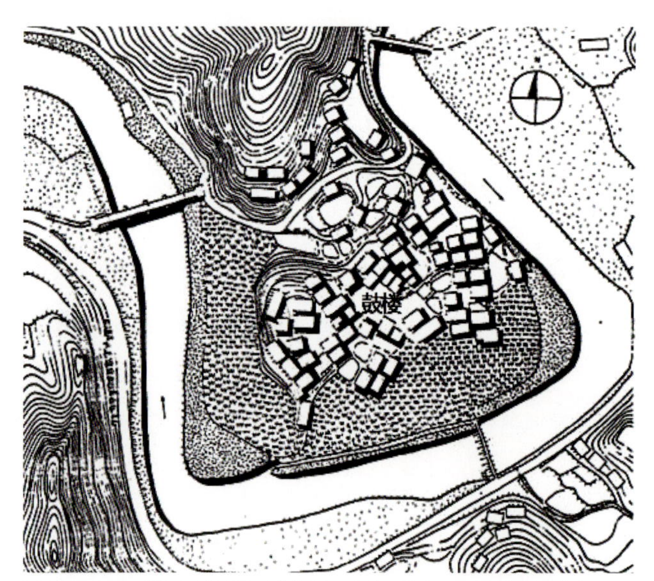

图4-1-10　马鞍寨总平面图（来源：《广西特色民居风格研究》）

（二）多鼓楼村寨群的典型代表——高定寨

高定寨位于独峒乡，地处湘黔桂交界的三省坡南山岭中。全寨共有5个姓氏，90%为吴姓，其余为杨姓、李姓、黄姓和陆姓。寨中500座吊脚木楼，依山就势，鳞次栉比，呈现出明显的团块特点（图4-1-11）。在寨中显眼的位置，屹立着7座鼓楼，其中6座分属于不同分支或不同姓氏，吴姓占有其中4座，另外2座则为小姓合建，各姓氏鼓楼为本族的主要议事和活动中心（图4-1-12）。寨中央的中心鼓楼和戏台则为全村各姓氏共建，是全寨的公共中心，现在则是本

图4-1-11　高定寨鼓楼群图（来源：《广西民居》）

图4-1-12　六角五通鼓楼图（来源：《广西民居》）

图4-1-13　中心鼓楼（来源：《广西民居》）

图4-1-14　高友寨全貌（来源：广西传统村落管理信息系统）

寨或与其他村寨举办集体娱乐活动和交往的场所（图4-1-13）。全寨被分为6个“斗”，即以各个鼓楼为中心形成6个组团，分布在中央东西向山谷的两侧。中心鼓楼和戏台则位于北面山坡的中央，与吊脚木楼、青石路交相辉映，极具侗族村寨的典型性和代表性。

（三）多鼓楼村寨群的典型代表——高友寨

高友村位于三江侗族自治县最北端，处于湘桂交界线上。整个寨子坐落在半山腰，处于群山环抱之中。山上翠竹成林，树木郁郁葱葱，民居建筑布局合理有致（图4-1-14）。寨子里的鼓楼、戏台、吊脚楼、风雨桥、凉亭、石板古道、古井、古树、石雕、古庙、古墓群等建筑物和人文自然景观保护完好，目前高友有6座鼓楼（最早1座距今200多年）、1座风雨桥（接龙桥）、1座古庙、1座戏台、3个寨门、27个凉亭、13个古井亭、10个古墓群和390座吊脚楼等。高友鼓楼是高友侗寨最富有特色的民族建筑，是侗族村寨的活动中心，集村民议事、庆典、迎宾和歌舞娱乐为一体的公共场所。整个侗寨具有极高的社会学、民俗学、艺术学、建筑学、民族学等多个学科的研究价值。

图4-2-1　高脚楼图（来源：全峰梅 摄）

第二节　建筑群体与单体

一、传统民居

侗族民居多为干阑式木楼，由于其居住地区多森林，利用林木资源建造房屋，取之于自然，用之于自然。同时，南方多雨、多虫蛇，建造干阑式木楼，能够有效地保护自身的健康和安全。

图4-2-2　吊脚楼图（来源：全峰梅 摄）

（一）建筑形式

侗族的干阑式木楼在建筑上的最大特点是因地势而建，建筑形式富于变化。根据地形地势的不同，干阑式木楼可分为高脚楼、吊脚楼和矮脚楼3类（图4-2-1~图4-2-3）。高脚楼一般立在坡脚或缓坡辟出的平台上，它四面的立柱是平齐的，在同一个平面上。吊脚楼则立在半坡的斜面上，坡度一般在30°以上，有的甚至达70°，是一种前虚后实的木楼。矮脚楼是高脚楼的一种变体，主要区别在于立柱的高度和是否设置前廊。高脚楼距地面一般在两米左右，而矮脚楼距地面一般在2尺左右，主要是为了隔地防潮；且矮脚楼大多不设前廊，一般通过浅浅的廊檐直接进堂屋，或在楼前砌台阶直接进入。

图4-2-3　矮脚楼（来源：全峰梅 摄）

（二）形制

侗族木楼以三层居多，按竖向划分功能区：底层架空层

图4-2-4　侗族木楼立面图（来源：全峰梅 摄）

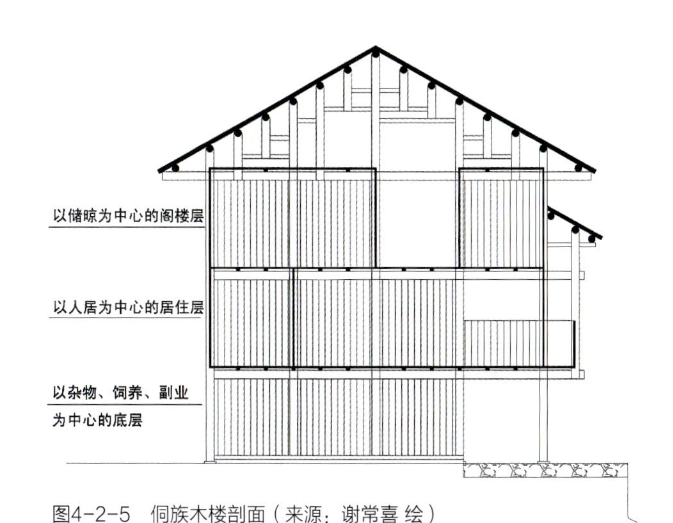

图4-2-5　侗族木楼剖面（来源：谢常喜 绘）

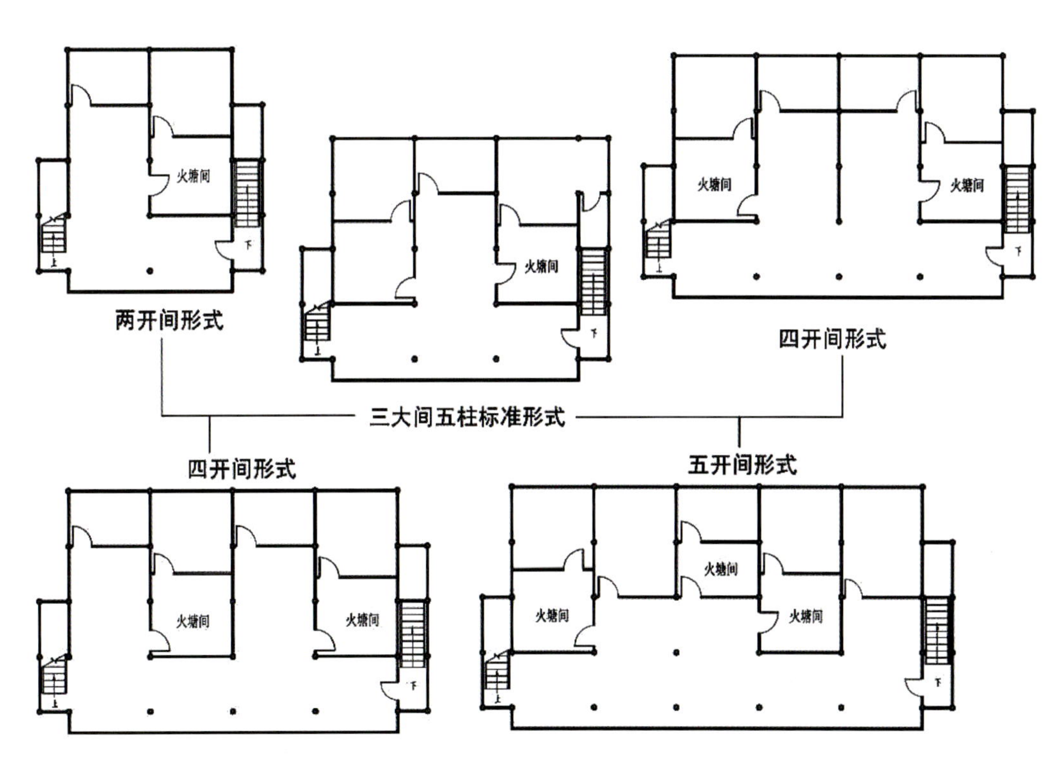

图4-2-6　侗族木楼平面（来源：柳州市规划局 提供）

一部分或全部围合为畜圈、农具肥料库房，二层住人，三层主要作粮食存放、风干等用途（图4-2-4、图4-2-5）。

标准的侗族民居一般是以三大间两小间五柱的基本平面容纳一个核心家庭的单元，从进深方向上来看，前檐柱与金柱之间形成侗居特有的宽廊，是家庭的主要起居空间。第二进和第三进分别安置为火塘间和卧室。楼梯大多布置在山墙两侧，为木制单跑形式。以这种平面为基本原型，根据家族人口的多少和功能需求，衍生出了多种平面，衍生的方式一般是在开间上的变化，如两开间、四开间、五开间（图4-2-6）。也因为各户所处的地理位置不同、用地有限，平面上又会发生一些变化，例如加建侧楼或在基本规整的平面上出挑，以增加空间面积而不增加占地面积，可沿山墙出挑，可沿正背面出挑，也可在建筑四周出挑。

（三）构造

1. 半歇山重檐或批厦构造法

侗族的干阑主体为木架结构，屋顶为双斜坡式，前坡略高且短，后坡略低且长，具有昂首挺立、重心靠后的稳重特性。旁侧多建有批厦，既可保护山墙木板，免受日晒雨淋，又可扩大干阑空间，减少屋基和立柱的负荷，也使干阑平添了造型的变化，增加干阑的美感。干阑形式多样，既有悬山式，又有歇山式（俗称八角楼），还有半歇山式，即干阑的一边为悬山式，另一边为歇山式。侗族干阑还流行前后檐下增设1~2道短檐，形成重檐式，既可用以遮挡强光雨水对走廊和居室的照晒和冲刷，又使高大的干阑造型富于线条的变化，层次感更强，更显美观和富有特色（图4-2-7）。

2. 穿斗构造法

以立柱和穿枋铆接构成干阑骨架，立柱和瓜柱构成双斜坡梯形承托顶部檩条。侗族干阑的营造是依形就势，在坡地平台上有序地密布纵横对称的粗大立柱，流行四至八榀五柱式，采用榫卯衔接的穿斗构造法，以穿木将各榀立柱连接成干阑骨架，立柱上部以穿木承托童柱，形成双斜坡梯状，立柱和童柱顶端各承托一条横向的檩木，使干阑顶部的重量均匀地分布于各立柱上。立柱底部以石础支垫，以防立柱下沉或雨水侵蚀。然后用木板拼合为墙，铺板为楼，再沿立柱用木板分隔成小间，顶上用小瓦覆盖。整座干阑木构骨架材质优良，环环相扣，浑然一体，工艺精巧，结构紧密稳定，具有良好的抗震功能（图4-2-8）。

二、公共建筑

（一）鼓楼

鼓楼，因楼中悬挂有皮鼓而得名。鼓楼由各个村寨或姓氏的居民捐资献料献工共同修建而成，是侗族团结力量与精巧工艺的象征。如果一个村寨为多个姓氏的居民居住，则建有多座鼓楼，而且各族姓都以自己修建的鼓楼高大雄伟、造型别致或装饰豪华精美为荣。鼓楼是侗族村寨独具特色的标志性建筑，可以说，只要看到了鼓楼，就意味着进入了侗乡（图4-2-9）。

1. 平面

鼓楼的平面形状有四方形、六角形和八角形，其中以四方形为多（图4-2-10~图4-2-12）。平面多为三开间，中部明间面阔尺寸比次间大，一般为3~5米，次间面阔为1.5~3

图4-2-7　半歇山重檐或批厦构造法（来源：陆如兰 摄）

图4-2-8　穿斗构造法（来源：陆如兰 摄）

图4-2-9　标志性建筑——鼓楼（来源：广西传统村落管理信息系统）

米，个别次间面阔较宽的有5米，一般总面阔尺寸不超过10米。平面中间四根内柱为擎天柱，直通屋顶，起主要承重和稳定结构作用，象征一年四季；外围的檐柱12根，高3~4米，象征12个月；内外柱用枋联结，形成一个稳定的空间框架，寓意季季平安，月月祥和，充满了吉祥如意的心愿。也有个别鼓楼中间仅有一根大木柱直通屋顶，处理较为古拙，如高定村的五通新鼓楼。一般鼓楼内柱中地面为石砌火塘，冬季焚火取暖，供楼内侗胞议事或休憩，燃烟顺着开敞的檐间袅袅飞去。虽然鼓楼的密檐层数不等，但使用面积往往只有底层。极个别有二层楼，如近几年修建的独峒乡八协鼓楼，二楼中间挖空，四周为跑马廊，便于一层火塘的排烟，也可以避免火焰燃烧二层的木楼板。

2. 建筑形式

鼓楼的平面虽然变化不是很大，但其屋顶造型却非常丰富，通常有歇山顶、悬山顶、多角攒尖顶，以及几种屋顶形式综合于一体等多种建筑形式。综合考虑鼓楼的平面形状、立面造型等，可将鼓楼分为亭式、厅式、塔式三种类型（表4-2-1）。

（1）亭式：平面有方形、六角形和八角形，屋面多为三层密檐。这类鼓楼面积不大，但造型比例优美，细部处理精致，似亭又似楼。这可能就是鼓楼早期的雏形，由此而发展变化为造型华丽、体积庞大的鼓楼。

（2）厅式：平面为矩形，三至五开间，开间尺寸为3~4米，进深6米左右，为一宽敞的厅堂，可容纳20~60人活动。屋顶多为悬山和歇山两坡顶，有的屋面上加一开间骑楼屋顶，更利于火塘排烟。这种鼓楼屋面简单、造价便宜，矩形室内空间又便于使用，是一种经济实用的鼓楼，但立面造型不如塔式雄伟。

（3）塔式：此为建造最多的鼓楼形式，平面有方形、六角形和八角形，屋面多为密檐，从3~13层均有，多为奇数，相同于汉族认为奇数代表阳性的观念。塔式鼓楼依屋檐的处理形式，可分为统一型和变异型两类，统一型即上下各层屋檐外形完全一致，变异型即底层挑檐形式与上部不一致。整体来说，塔式鼓楼装饰细致，形似宝塔，是所有鼓楼中造型最为壮观的一种。

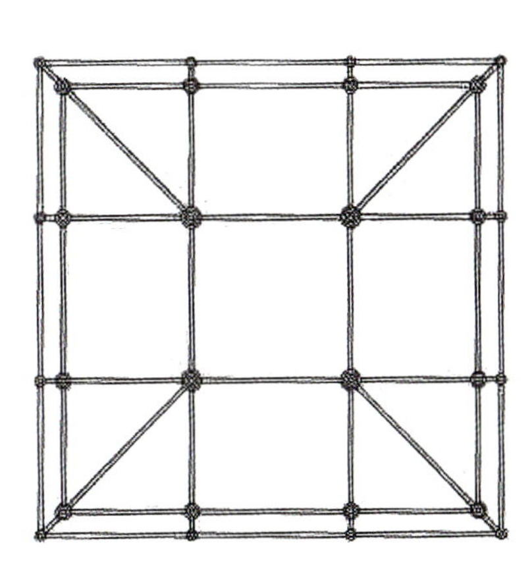
图4-2-10　四方形平面图（来源：《白描鼓楼风雨桥测绘研究实录》）

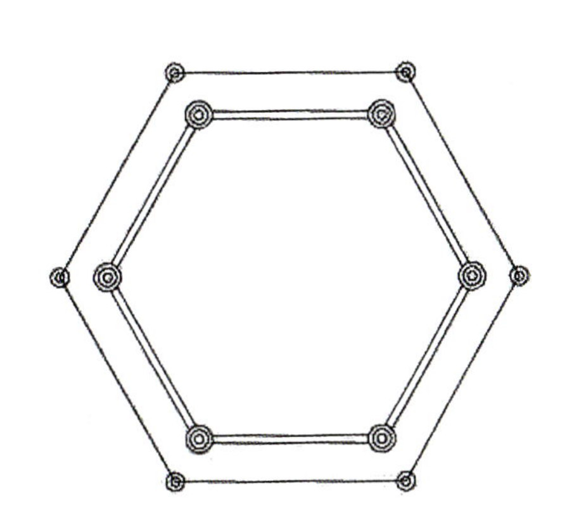
图4-2-11　六角形平面图（来源：《白描鼓楼风雨桥测绘研究实录》）

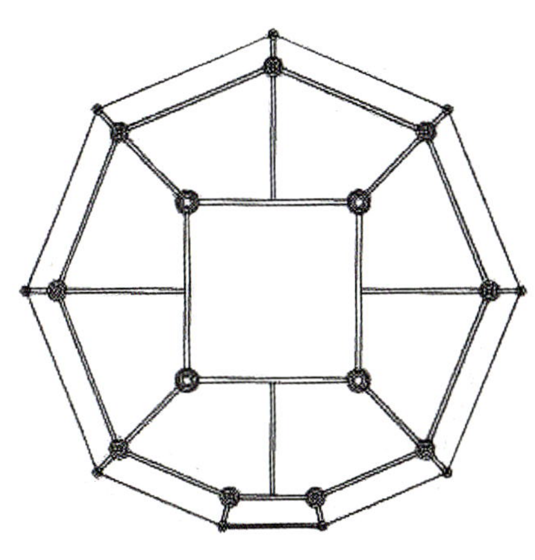
图4-2-12　八角形平面（来源：《白描鼓楼风雨桥测绘研究实录》）

鼓楼分类一览表 表4-2-1

类型	屋顶形式	代表性鼓楼	案例	描述	剖面图、立面图	照片
亭式鼓楼	—	同乐乡鼓楼凉亭 冠洞村鼓楼凉亭 吴家寨鼓楼 坐龙小鼓楼 高定村机打鼓楼 高定村机培鼓楼	高定村机打鼓楼	共两层，底层平面为正方形，入口在一侧之边，与村中台阶小路相垂直。外立面为三重檐，屋顶为四方攒尖顶。	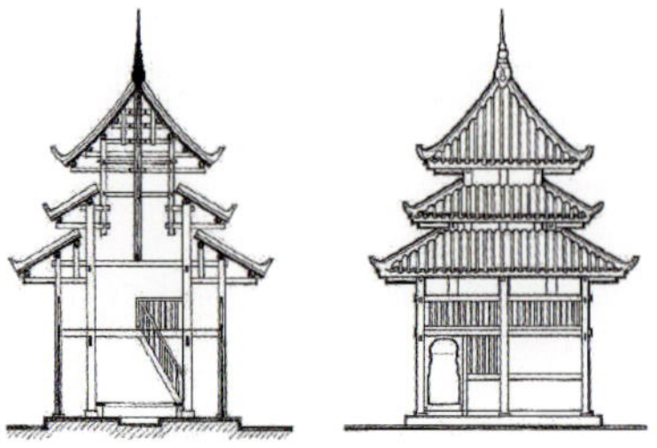	
厅式鼓楼	—	程阳村岩寨鼓楼 亮寨鼓楼 平寨鼓楼 林溪村岩寨鼓楼 林略上寨鼓楼 盘兴鼓楼 五通（旧）鼓楼	程阳村岩寨鼓楼	平面为长方形，正厅三开间，南侧有一小耳房，具有多种用途，有时可临时停放寿棺。鼓楼立面是两坡悬山顶屋面，中间一开间是重檐歇山顶。鼓楼东侧面临小溪，西侧为小鼓楼坪。整体造型古朴，中心十分突出。	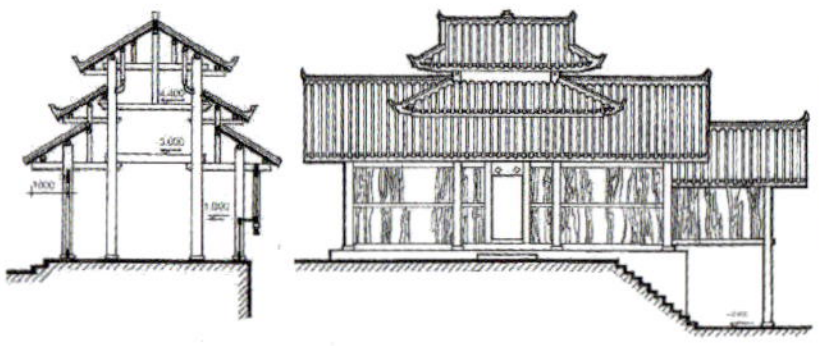	
塔式鼓楼	四角檐及四角攒尖顶	东寨鼓楼 皇朝鼓楼 华夏鼓楼 马鞍鼓楼 平铺下寨鼓楼 吴苗鼓楼 楼瓦鼓楼 五通新鼓楼	马鞍鼓楼	平面为正方形，坐南朝北偏西40°，入口在正中间。立面为七重檐，屋顶为四角攒尖顶，宝顶为五串珠，最高处为一只凤凰雕塑，每层斜脊端均塑有一只小鸟，以示吉祥喜庆。门前有鼓楼坪，面铺碎石，西北侧建有戏台。	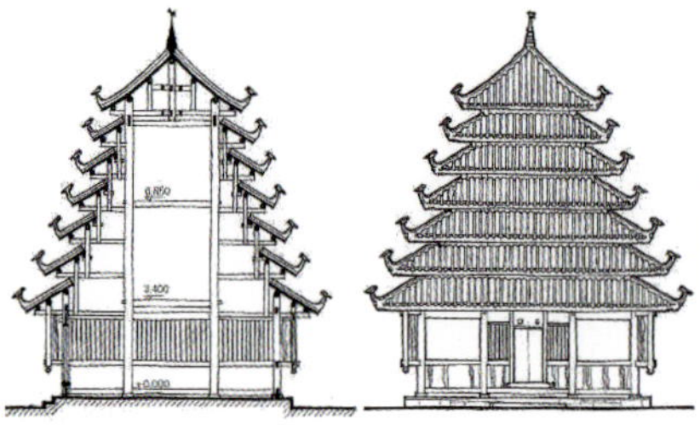	

续表

类型	屋顶形式	代表性鼓楼	案例	描述	剖面图、立面图	照片
塔式鼓楼	六角攒尖顶	干冲寨下鼓楼 南寨鼓楼	干冲寨下鼓楼	平面为六角形，有二楼，一楼为泥地，二楼为木地板，距首层地面高 3.4m。		
	八角攒尖顶	平铺上寨鼓楼	平铺上寨鼓楼	平面为八角形，立面为十一层八角重檐，顶层为八角攒尖顶。宝顶为九珠相串，最高处塑有一只凤凰。入口前有一较宽敞的鼓楼坪，与其前面的古戏台和下寨鼓楼三楼遥相呼应。	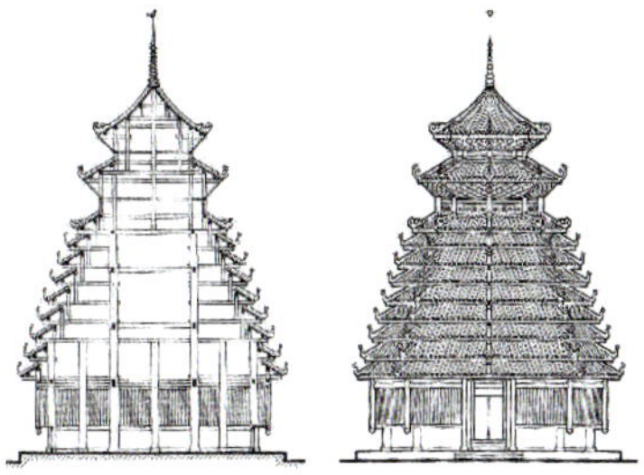	
	下方上六角攒尖顶	马胖村岩寨鼓楼	马胖村岩寨鼓楼	平面为正方形，入口在东侧正间中。外立面为九层重檐，下七层为方形重檐，上两层为六角重檐，楼顶为六角攒尖顶，宝顶为葫芦造型。	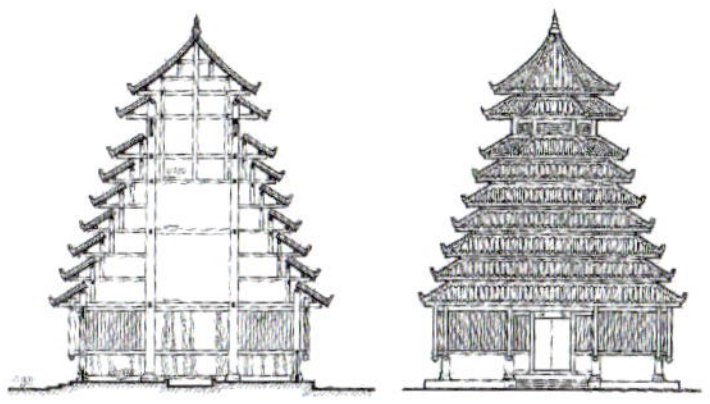	
	下方上八角攒尖顶	晃轩阁鼓楼 冠小鼓楼 坐龙大鼓楼 华练鼓楼 菜园鼓楼 林略大鼓楼	坐龙大鼓楼	平面为正方形，入口在北侧次间。立面为五重檐，下二层为方形重檐，上三层为八角重檐，楼顶为八角攒尖顶，宝顶为串珠葫芦型，最顶端塑一只仙鹤。在其西侧有一戏台，台前为长方形鼓楼坪，周边有小商店和休息室，形成村寨中多用途活动中心。	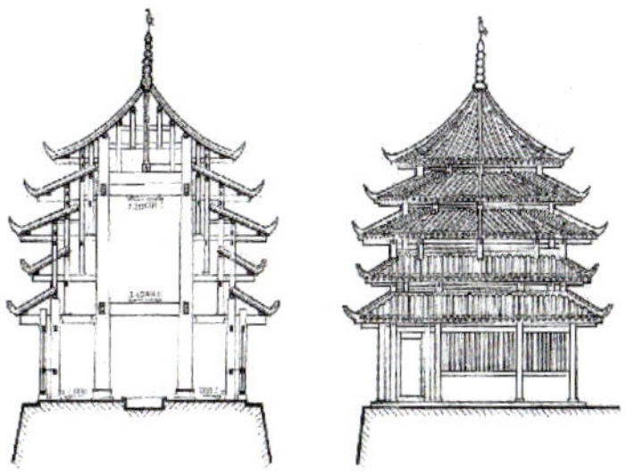	

续表

类型	屋顶形式	代表性鼓楼	案例	描述	剖面图、立面图	照片
塔式鼓楼	歇山屋顶	合善鼓楼 冠洞鼓楼 冠大屯上寨鼓楼 马胖鼓楼 牙寨鼓楼 盘贵鼓楼 独峒村下寨鼓楼 独峒村中心鼓楼 高定上寨鼓楼 八协鼓楼 具河鼓楼 坳寨上鼓楼 坳寨下鼓楼 孟寨鼓楼	马胖鼓楼 八协鼓楼	马胖鼓楼平面为正方形，立面为九层方重檐，上铺小青瓦，顶部是歇山屋顶。四角斜脊微微上翘，端部塑凤头仰翘花饰，各层封檐板上亦绘有侗族特色的卷草花纹，整体造型淳朴敦厚。八协鼓楼平面为正方形，入口于次间中。底层设方形火塘，二层设方形跑马廊，便于一层火塘烟气排放。立面为七层方形重檐，顶层为歇山屋顶，整体造型清秀精美。鼓楼后为小鼓楼坪和老戏台，前为大鼓楼坪和新戏台。	 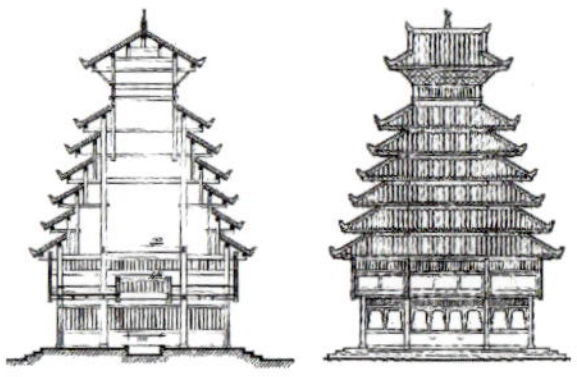	 
	下八角上歇山屋顶	于冲寨中鼓楼 于冲寨上鼓楼 六雄鼓楼 三江颐和鼓楼	三江颐和鼓楼	位于三江县县城中心广场的台地上，是全县乃至全国最高的鼓楼。鼓楼共有27层瓦檐，最下面3层为四边形，4层及以上为八角形。总高度42.6米，呈宝塔型，层层叠架，重檐飞翘。除楼顶两层外，其余25层瓦面等距收分，层层紧缩，使立面呈金字塔形，端庄平稳。		

（来源：根据《白描鼓楼风雨桥测绘研究实录》绘制）

3. 功能

鼓楼在侗族人的社会生活中有着十分重要的地位，是侗民议事、典礼、聚会、娱乐、休息、聊天的公共场所。平时，鼓楼是侗族群众休闲的场所（图4-2-13）；逢年过节，鼓楼便成为一个村寨的娱乐中心，集体吹奏芦笙、跳“多耶舞”等；每逢村寨互访或有特别尊贵的客人来访时，全村各户自备酒菜饭，一起到鼓楼坪“一”字形摆开长桌，举行“百家宴”（图4-2-14）；凡村寨中遇到重大事件或突发性紧急事件（如村寨或山林失火、盗窃、外来侵犯等），头人便登上鼓楼击鼓集中众人，议事并做出决断。

鼓楼是侗族精美建筑艺术的杰作，也是中华民族璀璨的历史文化遗产瑰宝之一。一座座高耸的鼓楼屹立于侗寨鳞次栉比的干阑式建筑群落之中，与鼓楼坪、戏台共同组成侗寨的核心，形成内涵丰富、风格独特的鼓楼文化。

（二）风雨桥

凡是侗族聚居的地方，多修建有风雨桥。据不完全统计，仅广西三江侗族自治县境内就有108座。其数量之多，风格之独特，堪称我国少数民族地区桥梁之最。

1. 风雨桥形式

侗族风雨桥的构造方法大同小异，但屋面的处理却很少雷同，全凭工匠的心灵妙意发挥创造。因此，依据其屋顶处理形式的不同，可将风雨桥分为以下几种类型（表4-2-2）：

（1）平廊桥：不管桥身长短，单跨还是多跨，屋顶均用两坡形式，木椽上冷摊小青瓦，正脊用青瓦白灰砌塑，此为最经济简便的形式。

（2）楼廊桥：在两坡顶中部的局部开间做骑楼屋顶处理，主要为丰富桥身屋顶的轮廓线。

（3）亭廊桥：在风雨桥的进出口两端或中间桥墩上建一个二重檐或三重檐的小亭子，丰富桥身造型。

（4）阁廊桥：在多跨桥两端和桥墩上建造四重檐以上的阁楼，屋顶均为歇山顶，使桥廊造型更加丰富。

（5）塔廊桥：在桥墩上建造4~5层密檐屋顶为攒尖顶似宝塔的塔楼，使桥身造型更加隆重优美。

2. 风雨桥特点

侗族风雨桥在结构、造型、材料、装饰、营造工艺及实用功能等方面，具有以下特点：

（1）集桥、亭、廊为一体，是三者巧妙的有机结合，造型美观，风格独特

侗族风雨桥一般由石砌的桥墩，木构的桥梁、桥面、桥廊、桥亭及用石板铺成的台阶和引桥等部分组成，桥体上一般有3~5座歇山攒顶式桥亭，亭与亭之间是等距的双斜坡式瓦顶桥廊；桥廊两边增设一批檐。攒顶式桥亭取宝塔之造型，并将之简化与美化，顶尖塑以侗族崇拜的凤鸟或葫芦，形成似塔非塔的优美造型与独特风格，在青山绿水的映衬下，显得格外醒目，轻盈庄重（图4-2-15）。

图4-2-13 侗民在鼓楼休息、聊天图（来源：广西传统村落管理信息系统）

图4-2-14 在鼓楼坪上举行“百家宴”（来源：全峰梅 摄）

风雨桥分类一览表 表4-2-2

类型	代表性风雨桥	案例	描述	平面图、立面图	照片
平廊桥	林福桥、马哨桥、坐龙桥、乐善桥	乐善桥	位于林溪乡华夏村东面的林溪河上。桥长58.3米，桥廊宽2.3米，共21个开间，河上有3个石砌桥墩。建筑造型简朴精炼，是目前三江县单廊桥最长的一座。	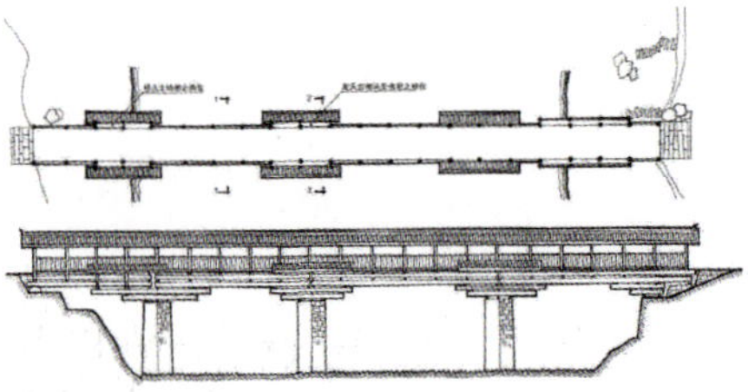	
楼廊桥	爹归桥、福星桥、独峒上寨桥、禄星桥、频安桥、孟寨上寨桥	频安桥	位于林溪乡平岩村八坳屯边的一条小溪上。桥长20.1米，桥廊宽3.8米，桥廊七开间，架于河岸两边石砌的桥台上。桥栏杆外的批檐为木板，不为常见的小青瓦，是个特例。	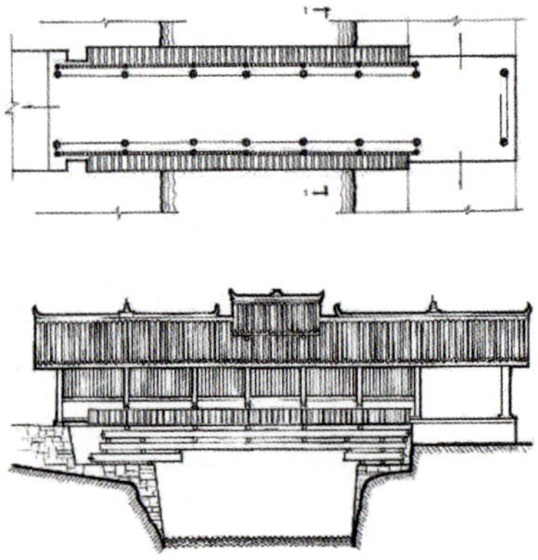	
亭廊桥	带回桥、禾安桥、接龙桥、八江桥	八江桥	位于八江镇八江村的八江河上。桥长45米，桥廊宽3.2米，河中有一石砌桥墩，桥的两端各设一悬山屋顶的小亭。	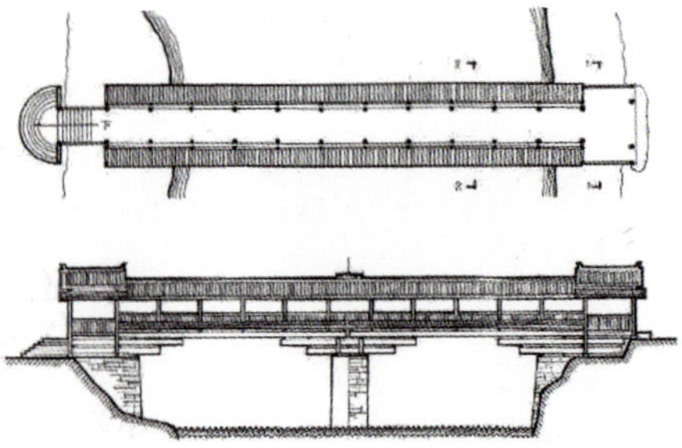	

续表

类型	代表性风雨桥	案例	描述	平面图、立面图	照片
阁廊桥	孟寨下寨桥、归盆桥、安济桥、具河桥、亮寨桥、岜团桥、普济桥、合龙桥、培风桥、赐福桥	岜团桥	位于独峒乡岜团村旁的孟江河上。桥身长49.95米，桥廊宽6.1米，其中人行廊桥宽3.9米，畜行廊桥宽2.2米。桥中砌一石桥墩，平面为六边形，迎水面角度为68°。桥面上有3座四重檐歇山屋顶阁楼。	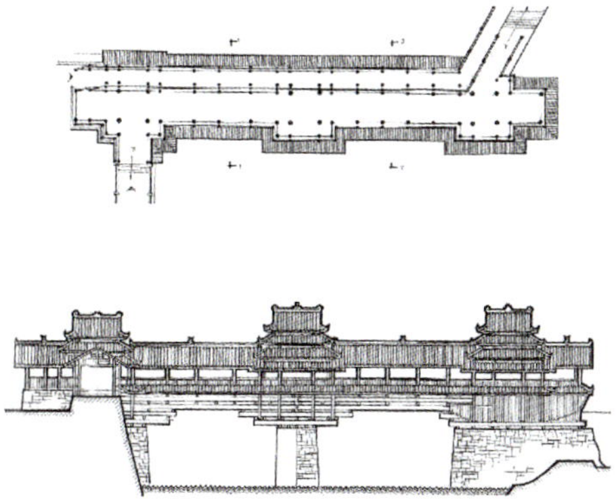	
塔廊桥	巩福桥 永济桥	永济桥	位于林溪镇程阳村马鞍屯下游50米处，故又称"程阳桥"。桥身长82.8米，桥廊宽3.8米，桥中建3个石桥墩，中间桥墩上建四重檐六角攒尖顶塔楼，内祀关帝。两侧桥墩上建四重檐四角攒尖顶塔楼，最外端桥台上各建四重檐歇山屋顶阁楼。五楼并列，长廊相串，重瓴联阁，雄伟壮观。永济桥是三江县侗族建造最长、最华丽的一座风雨桥。	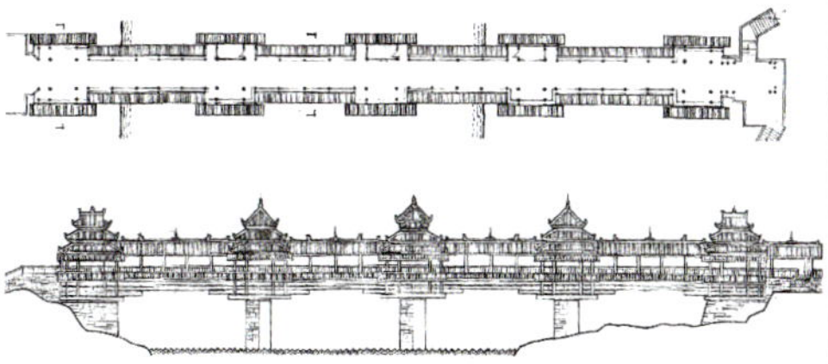	 

（来源：根据《白描鼓楼风雨桥测绘研究实录》绘制）

图4-2-15 攒顶式桥亭图（来源：广西传统村落管理信息系统）

图4-2-16 石砌桥墩（来源：广西传统村落管理信息系统）

（2）规模宏大，材料优良，工艺精巧，结构合理，稳固耐用

第一，侗族风雨桥多规模宏大，长度多在100米以上、宽三四米。侗族工匠在修建风雨桥时，其长度和高度都要超过历史最高水位。这样即使山洪暴发、河水猛涨，由高大的石砌桥墩支撑的桥体，凌空高架于滔滔奔涌的河水面上，有效地避免洪水对桥体的冲击，保护风雨桥的安全，保证人们的正常行走。

第二，风雨桥均选用优质材料修建，包括用于垒砌桥墩的石料和营造桥体的梁木、木板、檩条等，都选用当地最优良的材料。其木料皆为当地侗族群众种植的优质杉木，特别是作为承载桥体所使用的大量梁木，其长度多在二三十米、直径50厘米以上。风雨桥桥墩所用的石材，皆是当地出产的青砂岩，工匠们将之开采出来后，凿成一块块巨大而规整的长方形。桥墩的迎水方向砌成三角形，可以减少急流对桥墩的冲刷，保证桥体的稳定与安全。正因为用料的优良，保证了风雨桥的经久耐用（图4-2-16）。

第三，结构合理，营造工艺精巧。用粗大超长的杉木并列铺设于石砌的桥墩上；梁木之上，再铺设横向的檩木，再于横木檩之上密铺厚实的木板形成桥面。在桥面两边缘，复铺设檩木，在檩木之间开凿卯眼，将设于立柱底部的木榫插入檩木的卯眼之中。在各立柱之上开设卯眼，插入纵横的穿枋、矮柱、廊梁，架设檩木和瓦桷，使桥体上梁木及各立柱、矮柱、穿木和梁木相互衔接，环环相扣。整座大桥的木构件中不用一钉一铆，大小木料，榫卯衔接，斜穿直套，纵横交错，紧密牢固，浑然一体（图4-2-17、图4-2-18）。

第四是具有多方面的功能。除最基本的交通联系功能外，由于桥体上方有覆盖整个桥面的双斜坡式瓦顶，两边还增设一批檐，使桥廊里形成一个可遮阳避雨、小憩纳凉的空间（图4-2-19、图4-2-20）。同时，侗族风雨桥还具有精神层面上的功能，它不仅是侗族民族精神的象征，而且是侗族民族团结友爱、互助合作、聪明智慧、富于创造和积极进取的体现。

（三）寨门

侗寨的寨门是聚落生活区域边界的标志，侗族的寨门一般为“井干式”木构建筑，侗族称之为“现”，规模大小不一（图4-2-21）。寨门分前、左、右三门或前、后、左、右四个寨门，在四面开敞的环境中，寨门实际上已经没有任何防御的功能。当地人认为寨门有贯龙脉、通声气的作用。除此以外，寨门更重要的功能是它的仪式功能，寨门对于侗家人来说，是一个很有文化性的特殊场所。村寨之间大型的交往实际上是从这里开始也是在这里结束的，因此寨门不仅是界标，它更是一个仪式的场域。这反映出侗族人民喜爱户外活动和公共交往的习惯。

现在的侗寨寨门更具有象征意义，立于寨子较远出入口处。传统侗寨寨门一般是门阙式。现在的寨门是干

图4-2-17　风雨桥结构1（来源：广西传统村落管理信息系统）

图4-2-19　风雨桥休息功能（来源：陆如兰 摄）

图4-2-18　风雨桥结构2（来源：广西传统村落管理信息系统）

图4-2-20　风雨桥商业功能（来源：陆如兰 摄）

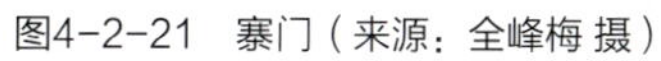

图4-2-21　寨门（来源：全峰梅 摄）

阑式，将低层架空留作进出的通道，有的还设栅门，营造技术与鼓楼相似。

（四）凉亭

侗族历来有在村寨附近的通道旁修建凉亭之俗，以方便

图4-2-22　凉亭（来源：全峰梅 摄）

图4-2-23　戏台（来源：全峰梅 摄）

行人遮阴歇凉或避雨（图4-2-22）。侗族将修建凉亭视为热心公益、尊老敬贤、积德行善之举，并象征着村寨的团结或家庭的和睦。耸立在青山绿水间的一座座别致或简约的凉亭，形成一道独特的人文风景线，除了具有可遮阳避雨的实用功能之外，在每一座凉亭的背后，都有一个动人的故事，蕴含着侗族丰富独特的文化，反映着侗族淳朴优良的品格和别具特色的习俗。在凉亭的选址、动工日期、开工和落成仪式以及选用的材料等，都有一系列的习俗礼仪。凉亭多建在旷野间的交叉路边上，也有的建在村中或村旁。平面略呈四方形，面积约3平方米，由四根立柱卯接穿枋木构成，双斜坡瓦顶或草顶，底部边沿用木板搭成坐凳。过去，主家还在亭柱上挂着草鞋，以供行人更换；或在亭边挖掘小井，以方便行人热天口渴饮用井水。

（五）戏台

侗族戏台多与鼓楼及鼓楼坪构成一组相配套的建筑群体，是侗寨中议事、典礼、聚会、娱乐的场所（图4-2-23）。戏台皆为全木结构、五榀四柱，采用穿斗构造方法，穿枋架梁，歇山顶。其建筑为上下两层的干阑式，下层架空，像侗族民居一样。戏台平面呈正方形，高1.3~1.9米，宽9.8米，进深约7米，以木板铺面，设有后台和化妆室。后来，侗族工匠又将鼓楼和戏台建筑合为一体，特色更为鲜明。在戏台的檐口，常用白灰勾勒，呈现出飞檐翘角的明晰轮廓，具有造型美观、工艺精巧、装饰华丽的特点。三江良口街新建的戏台则别具一格，工匠们将鼓楼与戏台合为一体，即上部为四层八角形鼓楼造型与结构，下部为戏台，结构合理实用。戏台两边的立柱上施以彩色，雕龙画凤，鼓楼的檐口上亦勾勒成灰白色，檐板上绘有各种花纹图案，使整座建筑呈现出精巧别致、古朴庄重的风格。

第三节　建筑元素与装饰

一、主要建筑元素

（一）屋顶

屋顶多用悬山顶或歇山顶，盖小青瓦或杉树皮，呈斜线或抛物线，线条流畅，轻盈飘逸（图4-3-1）。

（二）檐部

木楼的檐角上翻反翘，并有重檐和腰檐。山墙设挡雨批檐，四周加设腰檐，富于变化（图4-3-2）。

另外，侗族鼓楼等公共建筑经常运用如意斗栱，即在顶端设棂窗形成“楼颈”，再由如意拱将顶层檐口出挑。具体做法：首先由一根长栱和两根成交角的短栱交错排列，互相穿插，成为整体。由于长栱层层向外挑，并且承托着顶部的檐檩，所以在顶部檐下就形成密集而华丽的装饰（图4-3-3）。

（三）墙体

侗族民居墙体大多采用当地原生的生土、木板、石头、竹子等材料，主要是木板墙。墙体做法通常从下到上依次是：用石块筑台，圆木做构架，底层围护体多用木栅或竹材、楼层用板壁封墙，青瓦屋面。材料由粗而细，由重而轻（图4-3-4）。

（四）门窗

侗族建筑，尤其是公共建筑和一些富裕人家的民居中，十分注重对大门的装饰，以显示高雅的气派。通常在大门的上半部镂刻或是用木条拼接成各种方菱形、寿字形、工字形、米字形等几何形花纹图案，有的格棂间还镶有蝙蝠（寓意福）、鹤或吉花异草，构图巧妙，既美化了门庭，又达到了通风和采光的目的。

窗户是为了室内的通风和采光需要而设置的。工匠们在满足其实用功能需要的基础上，运用艺术的表现手法，对于窗棂、窗框进行刻意的设计加工，添加各种文化符号，赋予其丰富深刻的文化内涵与世俗观念，使窗户的形态千姿百

图4-3-1　屋顶（来源：全峰梅 摄）

图4-3-2　木楼檐部（来源：谢常喜 摄）

图4-3-3　鼓楼檐部（来源：谢常喜 摄）

图4-3-4 墙体（来源：徐洪涛 摄）

图4-3-5 侗族“亚”“田”等图案木窗（来源：《广西特色民居风格研究》）

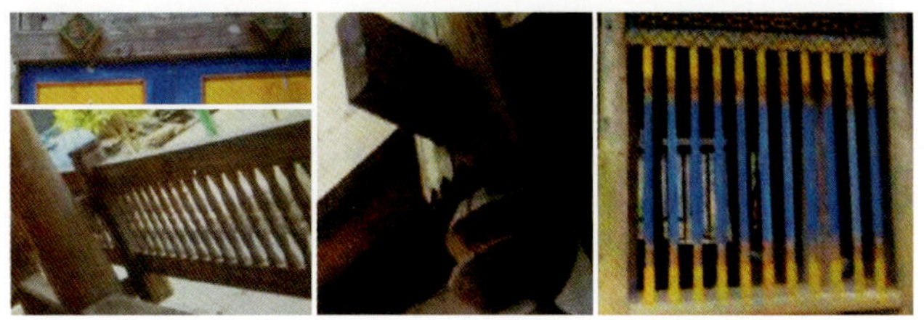

图4-3-6 其他细部特征（来源：《广西特色民居风格研究》）

态、精彩纷呈，承载着侗族人民美好的愿望和深远的历史记忆。侗族民居窗棂花心与栏板装饰，大都是以平直线条组成网格为主，排列时有所变化。以“亚”“田”字纹（图4-3-5）、冰裂纹、菱花纹等最为多见。也有的人家，采用雕花窗格与雕花栏板，但不多。

二、其他装饰手法

门头上的“门簪”上都刻有“八卦”等式样。廊道、阳台栏杆多为竖向木条设置，也有把栏杆顶端向外倾斜，或作弓形成美人靠，还有在栏杆顶部设一道挑檐，在栏杆下段设置坐板，酷似沙发，又能挡风遮雨。栏杆扶手常刻以花草，线脚丰满洗练，质地朴实无华。“吊柱头”装饰有金瓜（示意圣洁）等图案，表现手法富于变化（图4-3-6）

本章小结

侗族传统建筑无论是在聚落选址与布局、建筑形制与构造还是建筑元素与装饰上，都具有鲜明的地方性和民族性。这些传统建筑形式不仅适应当地的自然气候条件和民族生活习惯，还凸显出独特的侗民族特点。

侗族的3大特色建筑分别为鼓楼、风雨桥和吊脚楼。侗寨村落与其他民族村落相比，最显著的特点就是结合地形灵活布局，围绕寨中重檐叠阁、醒目精巧的鼓楼向心建设；村寨下游翘首拦江的风雨桥，村边古树、凉亭、古道、溪河、山林联合组成群体，构成别具一格的山寨奇景，体现了侗族人民团结亲和的精神内涵。尤其是建筑色彩的运用，溪流环绕郁郁葱葱的山区丛林、叠叠青瓦及其覆盖下的各种不同层次的杉木墙色，相互映衬，既富有变化又协调统一；而白色装饰的点缀，与青瓦一起形成整体环境中最亮色和最暗色的强烈对比。

第五章　山里的居舍：瑶族传统建筑

形制完善的干阑式木楼是瑶族的主要居住形式，瑶寨的组团和单体建筑在外观上均与壮族、侗族、苗族等少数民族村寨较为类似。广西山地瑶族干阑民居主要分布在金秀、巴马、都安、大化、富川、恭城等6个瑶族自治县，桂北龙胜、灵川等山区也有分布。而作为中原汉族移民聚居地的平地瑶，主要分布于广西的富川、恭城、平乐、钟山、灌阳、全州等地。其在发展的过程中逐步和当地瑶族人民进行着双向的文化交流和渗透。通过与瑶族联姻，当地居民在民族上逐步瑶化，但文化上仍受汉文化影响，如古代人居环境科学、汉族宗法制度等，从而产生了平地瑶村落富有汉族和瑶族双重特色的民居文化。广西平地瑶居住地一般位于山岭和平原之间，与汉族互为毗邻，来往密切，和睦相处，相互通婚，文化深度交融。

第一节 聚落规划与格局

一、山地瑶族聚落

（一）聚落成因

历史上，瑶族聚落多分布在高山地区，聚落为单一民族居住，且各支系聚族而居。山地民居聚落大多依山就势、分散式布局。早在商周时期，苗蛮被称为荆蛮，部分聚落人民逐渐向山区迁移。其中，居住于平地的荆蛮，逐渐形成楚族，居住于山区的荆蛮则成为信仰盘瓠的苗瑶等族先民。自东汉迄南北朝时期，长沙蛮和武陵蛮的反抗斗争在不断遭到统治者镇压后，其聚落也发展成后来的平地瑶族聚落，部分则被迫迁入山区，其聚落发展成山地瑶族聚落，山居的特点基本形成。之后瑶族不断向广东、广西迁移。宋代广东、广西大部分地区均有瑶族居住（图5-1-1）。

（二）空间特色

1. 聚落分布

山地瑶族聚落多集中在桂东北和桂西北山区，多为茶山瑶、盘瑶以及布努瑶。这类村寨坐落在崇山峻岭的山崖、山顶或者陡坡上。盘瑶居住较分散，多分布在山脊陡坡上，也有小部分居住在山冲和山腰上，他们为了向“山主”批租山地，均散居在茶山瑶等村落周围。

山地瑶族聚落为了防止异族入侵、便于狩猎和采集山货等，常常选择在山峦之巅建设村寨，背靠大山、依山就势、就地取材，建筑多采用干栏式，形成自然与人工建筑完美融合的风貌。如龙胜和平乡小寨村红瑶，村落南北向较长、东西向较短，整体错落有致、层次分明，同时结合坡地种植，形成美丽壮观的梯田景观。村寨整体布局自由灵活，随着等高线的起伏和走向，以“之”字形小路盘环。

图5-1-1 灵川老寨山地瑶族民居（来源：全峰梅 摄）

山地瑶族聚落空间形态分类表　表 5-1-1

空间形态类型	空间形态描述	空间形态示意图
散点分布村落	由多个小居民点组成，每个居民点仅五六户家庭，居民点和居民点之间通过小路来连接。	
带形发展的村落	沿着等高线方向延伸，民居顺应等高线布置。建筑多坐北朝南，背靠大山面向山坳，视野开阔，利于通风和日照。	
树枝状聚团发展的村落	主要采用由道路主导的布局方式。道路基本分成 3 个等级，主路是整个村落的骨架，也是对外联系的通道；次路是主路上的分支，是居民点和居民点之间的联系通道；次路上延伸出一些巷道，通往各家各户。一般来说，树枝状聚团发展的村寨规模较大。	

注：山地瑶族聚落空间形态示意图（来源：《广西特色民居风格研究》）

2. 空间形态

山地瑶族聚落的空间特征是大分散、小聚居，一般背靠大山建设村寨，整体上呈散点分布、带形发展和树枝状聚团发展三种空间形态（表 5-1-1）。

3. 聚落特征

山地瑶族聚落的布局体现了顺应自然、因地制宜的传统布局形制。聚落根据山地地形，尽可能地依山傍水，不仅利于防御外敌，还能获取生活所需的水源和开敞的视野。大部分村落沿着蜿蜒曲折的山体走势呈现出自然生长的态势，顺应等高线层次错落、层叠而上，没有明显的轴线，既尊重自然肌理又与环境相结合，形成随山地变化自由布局的聚落空间。村落道路布局犹如树干一般，主路上分出次路，进而衍生出巷道。山地瑶族聚落规模较小，分布较分散，多则几十户，少则三五户。由于背靠大山建设村寨，因此村寨之间的距离有远有近，近的二三里路，远的可以达到三五十里路。

（三）典型聚落

1. 金秀屯

金秀屯位于金秀河谷盆地，依山而建，避风向阳，坐西朝东，坐南向北，西面接县城，东面水田，村前有金秀河流过，村后紧靠陡峻的险峰，四周森林茂密，生态环境极佳。村落整体布局严谨，排列整齐，村内巷道交错复杂，整个村落形成一个封闭的结构。入口是一个石砌的门楼，下面可通人，上面可用于远眺，门楼上书写有“金秀屯”，左右书写有对联。金秀屯的民宅大多共用一面山墙，依次连接成排。每排少则六七户，多则十来户。排与排之间有宽约 2 ~ 3 米的巷道，巷道路面一般用石板铺成。巷道两头一般设有闸门，巷道与巷道相通。地势成阶梯形，前排与后排基础标高相差很大，各户采光和通风良好。房屋排与排之间有封闭的干阑式架空通道相连，户与户之间开设问门，通过这些架空通道和问门，可以走遍全村各户（图 5-1-2）。

图 5-1-2 金秀屯村落巷道环境（来源：陆如兰 摄）

图5-1-4 古占屯巷道（来源：宋献生 摄）

图 5-1-3 平道村古占屯村庄风貌图（来源：宋献生 摄）

2. 金秀古占屯

古占屯是一个山地瑶聚居的村落，位于金秀县城西南部，距离金秀县城 16 公里，始建于清朝乾隆年间，全屯 58 户 220 人。屯内民居依山势而建，成台阶形结构，形成鱼鳞状。村内巷道为一米宽的石阶步道，建筑多为夯土瓦房，古香古韵，气势雄伟壮观。村周围群山拥翠，郁郁葱葱，空气清新，环境幽雅怡人（图 5-1-3、图 5-1-4）。屯内桃红李白、蕉绿竹翠、八角飘香，家家建有生态型的旱厕，是典型的生态旅游村庄。村民保留有上刀山、下火海、民俗歌舞、吞筷子、踩犁头、踏竹筒火、翻云台、鼓子舞、状元舞、糍粑舞等民族舞蹈，还有抬新娘、抢新娘、跳竹杠舞等传统习俗，瑶族民俗风情十分浓郁。

3. 灵川老寨村

老寨地处桂林市灵川县的边远山区，生态环境优美，村庄民风淳朴，至今仍保留古老的瑶族风俗、服饰和生活习惯，具有浓厚的瑶族文化特色。其中，长鼓舞、敬龟舞、草龙舞、红棍舞等已被灵川县列为非物质文化遗产。整个村落布局严谨、规划合理，所有房子错落有致地分布在山坡上，与周边自然环境融为一体。建筑多为全木结构，二层为居住层，底层则是养猪和存放杂货的地方，极富民族特色（图5-1-5）。

图5-1-5　灵川县老寨村民居（来源：全峰梅 摄）

4. 南丹怀里村

南丹县里湖乡怀里村主要为白裤瑶聚居的村落。白裤瑶是瑶族大家庭中的一个特殊支系，世代居住在这里，其独特的原始社会习俗很好地保存了二千多年，被称为“人类文明的活化石”，被联合国教科文卫组织认定为民族文化保留最完整的民族之一。村寨呈东西走向，南北两侧为是山坡地，从外围看，村寨丛林密布，被许多古树古藤、竹林包围，村寨的民居与周围自然生态环境非常和谐，被誉为“自然生态博物馆”。该村在清乾隆年间修建的10里古道贯穿蛮降、化图、化桥三个自然屯，有古寨门、古井、古石、古庙、古树等特色景观。构造独特的粮仓和干阑式房屋是白裤瑶寨的一道风景线（图5-1-6、图5-1-7）。

图5-1-6　南丹怀里村村貌（来源：宋献生 摄）

图5-1-7　南丹怀里村谷仓（来源：宋献生 摄）

5. 龙胜红瑶大寨

大寨村位于龙胜和平乡，98%的人口是红瑶。大寨红瑶喜欢聚寨而居，村落大多选址在山坡较高处，整体自然形成若干小组团，村寨随着家族发展而发展，是典型的村寨分化、衍生模式（图5-1-8）。由于大家族的世代繁衍，其聚居规模不断扩大，村寨亦随着家族的兴旺越来越庞大，因此必须不断扩展、分化、衍生，形成新的村寨。由于是家族分列式发展形成，新旧村寨始终保持着密切的联系。木构干阑是山区瑶族常用的居住建筑，木楼排列整齐，多依山而建，空间布

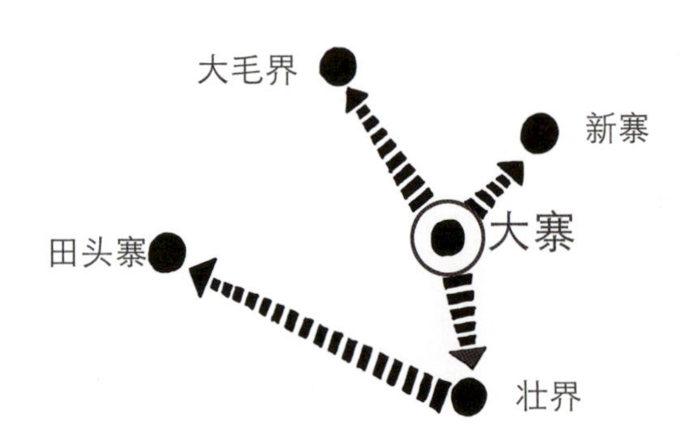

图 5-1-8 龙胜大寨的衍生轨迹示意图（来源：《广西民居》）

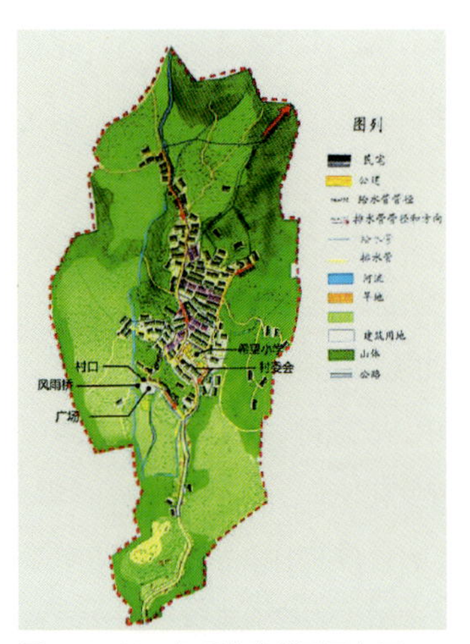

图 5-1-10 红瑶大寨总平面布局（来源：《龙胜小寨村聚落和居民形态的研究》）

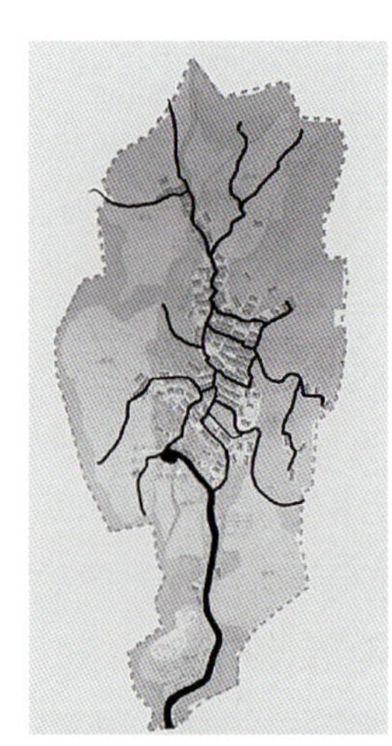

图 5-1-11 道路叶脉状扩散（来源：《龙胜小寨村聚落和居民形态的研究》）

图 5-1-9 龙胜红瑶大寨瑶族民居（来源：《广西民居》）

局和建筑风貌与梯田融为一体（图 5-1-9）。

红瑶大寨整体布局清晰紧凑、灵活自由。整个村落为亲近水源且沿溪流伸展，形成带状延伸、自然生长的聚落形态（图 5-1-10）。三条溪流从北面深山向南延伸，中间一条溪流贯穿整个村寨，将村寨一分为二；两侧溪流则呈收拢之势，将村寨包围起来，与山体一起形成村寨的空间边界。主干道沿着村寨中间的溪流而建，7 条次干道沿等高线向四周辐射，不同等高线间的民居又以垂直于等高线的阶梯相互联系。整个村寨以中间的溪流为命脉，如叶脉般向周围发散开来，最终发展为完整的聚落（图 5-1-11）。

二、 平地瑶族聚落

（一）聚落成因

平地瑶属于盘瑶的一个支系，主要是在瑶族人民不断向平原地带迁移过程中形成的。历史上，大部分瑶族先民选择定居在高山之上，由于阶级矛盾和民族矛盾尖锐、激烈，地方上的起义不断，瑶族人民生活更加艰难困苦，部分瑶民为了生存被迫受招抚，接受封建王朝编籍入户册管理而变成平地瑶。后来这部分平地瑶与周边汉、壮等民族文化融合，逐步发展出平地（院落式）民居聚落——平地瑶族聚落，有些则是山地瑶转移到平地居住而形成。但是瑶族顺应地势、寻求自然的居住理念却被一直传承下来，聚落没有明显的轴线和严格的尊卑等级秩序。

（二）空间特色

平地瑶族聚落多为单一的民族居住，且各支系聚族而居，原始村寨的规模较小，空间布局一般较集中。随着村寨规模逐渐扩大，形成大多以单个或者多个家族的聚居模式，通常是数十户有血缘关系的家庭组成一个村寨。村与村之间的距离较远，一般距离为三五十里。聚落多以戏台为中心，逐层向外分布，形成集中成片的聚落模式；也有些受宗教影响的村寨，以宗族祠堂为中心进行布局；除此之外，有些居民为了便于取水，顺着河流建造房子，逐步发展成顺应地势、与江面平行的带状村庄。

总体上看，村庄四周群山环绕，背山面水，顺应了中国传统建筑文化中追求“天人合一”、强调因地制宜、灵活多变的布局模式，体现了“以山水为血脉，以草木为毛发，以烟云为神采”的观念。

（三）典型聚落

1. 富川秀水村

秀水村，位于富川朝东镇秀峰山下，是宋代状元毛自知故里，故又称为“秀水状元村”。毛自知的祖先毛衷，是唐开元年间的进士，广西贺州刺史。毛自知途经富川，被其山水秀丽，风光宜人的自然景观所吸引，便留第三子毛傅于此定居繁衍生息。秀水村背靠青龙山，山脊呈西北、东南走向；西南面有秀峰山、灵山和东头山。秀水河流经秀峰山与灵山之间穿过村庄，形成山水环抱的格局，自然生态环境极佳。

整个村庄布局以秀峰为中心展开（图5-1-12），形成枕

图5-1-12 秀水村总体村貌（来源：杨玉迪 摄）

图 5-1-13　秀水村街巷图（来源：杨玉迪 摄）

山面水、溪水环村、村内巷道纵横交错的肌理形态。从整体上看，村庄布局十分紧凑，体现出瑶族民居内部的凝聚力；同时村路布局不完全围和，对外呈现出开放的空间布局形态，体现出对外的一种包容性。

秀水古村落格局是中原文化与岭南文化有机融合的产物，带有浓厚的儒家文化色彩。受村落形态和建筑布局的影响，村外围的巷道大多顺应溪流水系岸线走向，平面形态自由多变。村内街巷沿建筑之间的院墙铺设，曲折多变，折角多为90°，平面形态的基本类型有交汇、转折和发散等（图 5-1-13）。村内古民居建筑基本保持着传统风貌，各个历史时代的古民居风格各异，又互相协调，浑然一体，被誉为“历代民居建筑的天然博物馆”（图 5-1-14）。

2. 富川福溪村

富川朝东镇福溪村是镶嵌在富川西北部的一颗明珠，是一座历史悠久的村落，村中的历史街巷、历史民居、门楼、祠堂基本保持着传统建筑形式（图 5-1-15）。古寨原名叫沱溪，据说是因为湖南沱江人搬至此地安居而得名。寨周四面环山，寨内有一涌泉形成一条清澈的溪水，水的源头无法考证，后因村里人才辈出，认为是溪水赐予他们的福气，便改名为福溪村。

整个村庄呈带状布局，由福溪串联起村庄的 13 个门楼。明清时期的商业店铺、民居住宅、巷道和寺庙、戏台、广场，由一条一里多长的光亮的“三石街”相连，造就了一座恢宏的、典雅古朴的千年古瑶寨。石板街中间或旁边多处有天然石，当地人称之为生根石，石头保存完好，没有被凿痕，

图 5-1-14　秀水村建筑风貌（来源：杨玉迪 摄）

图 5-1-15　福溪村街巷（来源：杨玉迪 摄）

图 5-1-16　朗山村民居清水砖墙（来源：全峰梅 摄）

显示了人与自然的和谐。而今天的石板街已变得很光滑，部分被磨损，有的地方局部有明显下陷，上面仍可以看到耕牛行走所留下的印记。

这里的文化底蕴十分丰厚，有宋代理学鼻祖周敦颐的讲学堂及其后裔居住的民居；有雕梁画栋的宗族门楼13座；有古香古色的古宅一批；有以“功德石”、“焚纸炉”、“风雨桥”、“百柱庙”为彰显文明的建筑石雕；同时还有古戏台、古书堂、青石街、古碑刻等古代遗物一批。这些与周边自然环境统一协调，形成“一溪、二庙、三桥、四祠、十三门楼、十五街巷”的空间结构，是田、园、山、水、村相互交融、辉映的完美体现。

3. 恭城朗山村

朗山村位于恭城瑶族自治县莲花镇，因背倚朗山而得名。整个村落坐西朝东，面朝坪江河。全村地势平坦，居民聚集而居，风光秀丽，拥有良好的自然生态环境。朗山古居民与村落其他民居界限分明，规划布局上体现了较强的防御性。内部村庄巷道空间层次丰富，横向主巷道曲折多变。建筑均为独门独院，以多进院落的形式横向排列，户与户之间为纵向支弄，形成横向主巷道——纵向支弄——单体建筑内部空间的层次关系。这种规划形式使户与户之间可分可合，联系紧密，防御性强，既可联防御敌，又有自己的单独院落空间，形成从私密空间到公共空间的丰富层次。

朗山古民居为广西壮族自治区内现存的一处规模最大、建筑最精美、平面布局规划最科学的古建筑群，保存基本完好，具有极高的艺术价值和研究价值。古民居为清一色的清水砖墙（图5-1-16），砌筑工整细致，硬山风火山墙高低错落有致，艺术构件花饰繁多，显示了往昔主人家的富贵、儒雅。

朗山民居的水循环系统颇为精妙。在各家厨房后面有一条自东向西流淌的溪流，小溪出自东端的龙眼泉，各户从溪流分出一条小支流引入户内，饮水在溪流中提取，其他用水则在分出的小支流进行，方便而卫生。如此科学利用溪流是朗山古民居设计的特色之一（图5-1-17）。

图 5-1-17 朗山村街巷（来源：全峰梅 摄）

第二节 建筑群体与单体

一、山地瑶族建筑群体与单体

（一）传统民居

山地瑶族最主要的居住形式便是干阑民居。建筑风格上瑶族的干阑建筑受侗族和壮族影响较大，呈现“近壮则壮”、“近侗则侗”的特点。

1. 建筑形式

瑶族民居建筑多为干阑式，以金秀县金秀村茶山瑶最为典型。金秀瑶居是典型的单开间狭长式，装饰精细，石阶、门厅、门墩、匾、檐、槛各部件雕龙画凤，正面有雕饰的吊楼，栏杆造型考究，适合“爬楼”。堂屋是建筑的中心，神位设在堂屋迎门墙壁的正中，神龛雕刻精致，神秘而庄重；神位背后的房间由家中的长者居住。与壮族、侗族等少数民族一样，火塘在瑶族人的家庭生活中占有极其重要的地位，是家庭休闲活动的中心。建筑正面设距地面 2 米左右的吊楼，吊楼房间为少女的闺阁，也是瑶族青年男女恋爱幽会时的“爬楼”（图 5-2-1）。

穿斗与抬梁混合式的全木建筑结构也是瑶族的一种主要建筑形式，如灵川县兰田乡上板垒界瑶族民居，它建于山坡之上，单栋建筑歇山顶铺青瓦，面宽 15 米，进深 9 米，底层高约 2 米，二、三层高约 4~5 米。木色墙面完全由木条拼装而成，搭配青灰色屋顶，简洁纯粹。房屋下层多为牲口房与仓库，楼上为厅堂和卧室，设有挑廊（图 5-2-2）。

2. 形制

山地瑶族建筑形制有明间多进式、单开间狭长式和横排自由式 3 种。明间多进式的前厅占据建筑的整个前半部，相当宽敞，堂屋仅占中央开间的后半部，只有尊贵之人才能座席于堂屋中。神位也设于堂屋正中，紧靠神位背面，安排居室。卧室父辈居中，右侧为女儿房，左侧为子媳房。火塘建在堂屋右侧土筑地台上以利防火。单开间狭长式建筑房屋进深在 20 米以上，建筑之间常用过廊穿越连通。民居善于因地制宜，因而有“半边楼”“全楼”之分。

半边楼（图 5-2-3~ 图 5-2-6）：一般为五柱三间，两头附建偏厦，或一头偏厦，或一头偏厦前伸建厢房。

全楼：一般建于沿河一带或半山较平坦的一层地基上，规模及附属建筑与“半边楼”相同。花瑶、盘瑶多居“全楼”。居住在高山的盘瑶、山子瑶的房屋为曲线长廊式，通常是盘山建房。盘瑶以横排自由式建筑为主，这种建筑形式较古老，木桩将房子分为 4 部分，中间是大厅，厅后是全家的卧室；卧室分成若干小间，按辈分分居。右侧进住宅便是矩形大厅，大厅前是卧室，卧室前是碓房和澡堂，出左门便是谷仓和猪栏。房屋基本为一进三大间或两进五大间，富裕人家多为两进五大间。房屋的结构呈曲折的长廊形，背山面坡，地板向山外伸出，上铺竹木，下由若干横木柱支撑。

3. 构造

竹、土木、砖木结构：吊脚楼形式的瑶居一半平整土地，另一半根据山势用长短不一的杉木桩头支撑，架木铺板，上盖青瓦（或杉皮），下围木板，周围以小杂木或竹片围壁（图

图 5-2-1　金秀瑶族自治县金秀屯瑶族民居爬楼（来源：全峰梅 摄）

图 5-2-2　灵川县兰田乡上板垒界瑶族民居（来源：全峰梅 摄）

图 5-2-3　龙胜瑶族干阑民居透视（来源：《广西民居分类研究》）

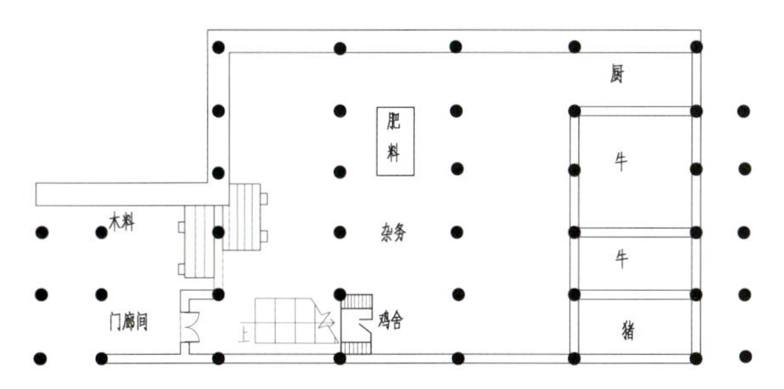

图 5-2-4　龙胜红瑶大寨某民居底层平面（来源：《广西民居分类研究》）

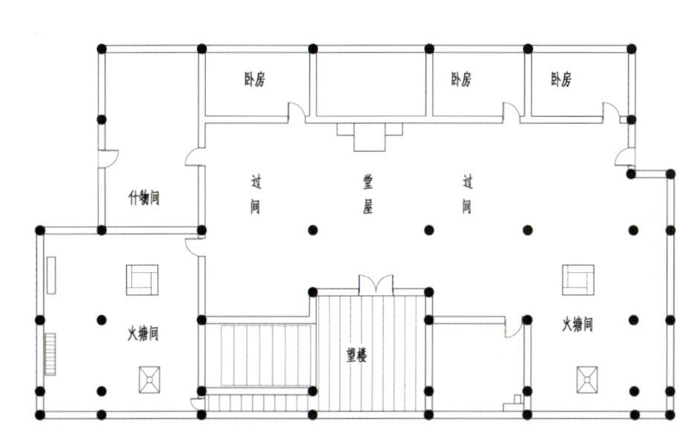

图 5-2-5　龙胜红瑶大寨某民居二层平面（来源：《广西民居分类研究》）

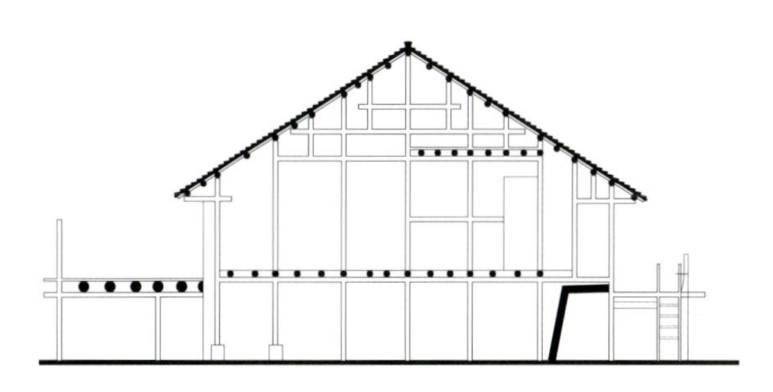

图 5-2-6　龙胜红瑶大寨民居剖面（来源：《广西民居分类研究》）

5-2-7）。建筑中堂开大门，两侧有侧门。部分房舍是用木板代替瓦盖房顶，瑶族人把这种房屋称为“木瓦房”。房舍一般不设正门和后门，但有精制美观的楼梯供上下。侧门前有用竹条拼搭而成的晒台。民居墙面多呈现建筑木材的原色，墙头覆以青瓦，浅色竹台，整体呈现了简洁而大方素雅的色彩特点（图 5-2-8、图 5-2-9）。

图 5-2-7 灵川老寨吊脚楼形式的瑶居（来源：全峰梅 摄）

图 5-2-8 灵川老寨瑶族民居 1（来源：全峰梅 摄）

图 5-2-9 灵川老寨瑶族民居 2（来源：全峰梅 摄）

竹竿绑扎支撑结构：瑶居的竹楼也极具特色，梁柱常取材楠木，篙竹做楼板，墙壁为水楠竹破开压制的板铺成，屋面盖破开的楠竹，考究雅致。

木构架结构：由于瑶寨所处地区大多雨水较多，空气湿度比较大，建筑多采用木构架结构体系。一般由柱、梁、檩、枋、椽以及斗栱等构件组成，这些构件按位置、大小和要求等合理排列布置，构成所要营造的建筑的整体支撑框架，它起到稳固建筑整体与承托屋顶等部分重量的作用，是建筑中重要的部分。木构架结构的突出优点有：一是木构架承重，使得外围墙体的设置可以自由变化；二是木构架具有伸缩性，节点属于柔性连接，之间有一定的退让余地，可以增强对部分自然灾害的抵抗力。

穿斗式构造法：用穿枋把柱子串联起来，形成一排排的房架；檩条直接搁置在柱头沿檩条方向，再用斗枋把柱子串联起来，由此形成一个整体框架。这种传统建筑木构架的结构体系，使建筑物的墙体不用承重，只起面护和分隔空间的作用，因此平面和空间的划分具有很大的自由性。木构架上的每一个檩子称为一架，各檩之间的距离基本相等，这样可以使各檩子之上的椽条均匀承受屋面重量。

（二）公共建筑

山地瑶族重要的公共建筑主要有戏台、寨门等。

1. 戏台

戏台是展示瑶族人民丰富业余生活、节庆喧闹气氛的娱乐性场所。在祭礼和过节时，热情的瑶族人民齐聚一堂，载歌载舞，展现对节日的喜爱和对生活的热情。

戏台是随着乐舞、戏曲艺术和生活水平的提高而进一步兴起发展起来的。起初，只是一块具有演出功能的场地，随着表演艺术发展和瑶族人民对表演的喜爱，慢慢形成称之为“露台”的高台建筑。之后，为了装饰美化和遮风避雨，在露台上加建屋顶；发展到后期，露台两侧又加建了侧墙，既加强了演唱的音响效果，也排除了视线干扰。总之，戏台是每个瑶寨必不可少的公共建筑（图 5-2-10），其中，山地瑶族的戏台一般位于地势较为平坦的中心地段。

2. 寨门

在传统的民族村落中，寨门是必不可少的公建，它是聚落生活区与其他区域的边界标志。山地瑶族的寨门一般为“井干式”木构建筑，根据村庄规模的不同，其寨门大小与形式也各不相同，寨门一般比较庄严气派（图 5-2-11），它没有任何的防御功能，只是一个村寨的标识，也是瑶族人民迎宾送客的重要场所之一。

图 5-2-10　灵川老寨戏台（来源：全峰梅 摄）

图 5-2-11　平道村古占屯寨门（来源：宋献生 摄）

二、平地瑶族建筑群体与单体

（一）传统民居

相对于山地瑶干阑民居，平地瑶民居更多地吸取了汉族民居文化的精髓，在与当地自然生态、社会环境协调发展中形成独具特色的地居文化，是一种富有地方特色的文化遗存。

1. 建筑形式

平地瑶民居建筑的样式，大致可分为围篱式、砖瓦式、泥瓦式、砖木结构式 4 种类型，屋顶均为“人”字形。砖瓦式是上为瓦下为砖，并有有飞檐和无飞檐之别（图 5-2-12）；泥瓦式则是下为泥墙，上为瓦；砖木结构式是以木结构为主构架，用砖头围合成墙体。房屋的坐向，根据地理位置的不同而异，一般以坐西向东或坐北向南的居多，少数坐东向西或坐南向北。

2. 形制

平地瑶族建筑平面形制为三间平列，称为三间堂，底层中间为厅堂，两侧两间做卧室。另一种建筑平面为三合院形式，屋前设天井，门楼式结构的天井房屋开门通透，

图 5-2-12　瑶族砖瓦式飞檐结构民居（来源：杨玉迪 摄）

图5-2-13　富川县瑶族平地式故居（来源：《广西民居分类研究》）

进大门见照壁，直通天井，左右厢房形成回廊，达正厅；左右厢房各开侧门连接外部街道，通达性强。民居多为两进或三进的建筑，大天井之后附属小天井，大厢房中还分小厢房，大小结合，层次多样。因地形或经济限制，多采用两间并列样式，一间作厅堂，厅堂正中设神龛；另一间作卧室和厨房，楼上存放谷物。人口较多的人家，底层设谷库，楼上为青年子女住房。平地瑶族区的民歌中就有“九步楼梯十步上，步步上到姐绣楼”的歌词，显示出建筑与民俗的呼应（图 5-2-13）。例如贺州市富川县新华乡虎马岭三间堂四合院，该建筑始建于明代，为一层砖木结构民居，砌体墙承重。总建筑面积 300 平方米，是典型的三间堂式民居。主要建筑材料为青砖、青瓦、木材。屋顶为硬山顶，檐角起翘，并饰以飞禽走兽。中堂是祭祀祖先的地方，也可作为客厅。左右居室根据进深大小，或为单间或分隔为 2 个小间。正房正面立大门、后壁设后门，左右居室安小门。中堂和厢房楼梁高度 6~8 尺，楼上铺以楼板、可铺床或堆

图 5-2-14　富川县莲山镇莲塘三间堂四合院（来源：《广西民居分类研究》）

放粮食及杂物。

同样，富川莲塘村某三间堂四合院也较为典型，该建筑布局为三开二进一天井。其建筑形式为三间堂民居，砖瓦结构，建筑整体方正大气，有翘起的挑檐马头墙，再配上素瓦灰墙斜山顶、万字窗纹，整体和谐美观。厅堂位于建筑正中央，正厅靠后墙设有天地及祖先神位，两侧各两间房间，对称于中轴，故此名为三间堂。建筑采用古朴的瑶式装修，多为木头阁楼顶，加上石灰墙，十分简单，也十分自然。建筑是以石块砌础，墙体用土砖或青砖砌筑，门窗的木雕十分精致（图 5-2-14）。

3. 构造

瑶族平地式民居楼梁为九、十一或十三根，设单不设双。杉木板铺设楼面，住人和仓储皆可。楼上防潮效果佳，用于储藏农户的谷黍瓜豆。屋墙，或粉刷，或石灰沙浆勾缝，清洁和顺，平整美观。前屋檐外挑，石条、石墩做凉台供人纳凉，或作挂竹笠蓑衣和农具所用。屋顶砌高 2 块厚砖，用以固脊压瓦，绘制龙凤呈祥花纹。木制门框，青石阶槛，大门头上设具有特色的两截圆木，木面上阳刻有八卦中“乾坤”图形。

（二）公共建筑

戏台是平地瑶族村寨中较为重要的公共建筑，是瑶族人民的主要活动场所，在节庆期间场所内热闹非凡。同时还有庙宇、风雨桥、凉亭、宗祠等。

1. 风雨桥和凉亭

瑶寨依山傍水，在溪流上架设着各式各样的桥，这些桥供瑶族人民做农活时往返歇息、遮风避雨，因此称之为风雨桥。大部分风雨桥由巨大的桥墩、木结构的桥身和凉亭组成。风雨桥中部或有供人躲雨与纳凉的亭子，称之为“凉亭”。凉亭内设置有长凳，供人歇息。如富川福溪村的钟灵风雨桥，其跨于福溪村中部的小溪上，为木梁桥形式，桥墩（台）使用料石砌筑，木梁上铺木板为桥面，桥面上架设进深三间、穿斗式木构架、小青瓦屋面的桥廊和桥亭（图 5-2-15、图 5-2-16）。

图 5-2-15　富川福溪钟灵风雨桥（来源：杨玉迪 摄）

图 5-2-16　恭城石头村凉亭（来源：全峰梅 摄）

2. 宗祠

平地瑶寨的宗祠，它是供设祖先的神主牌位、举行祭祖活动的场所，又是从事家族宣传、执行族规家法、议事宴饮的地方。

图 5-2-17 恭城杨溪村王氏宗祠（来源：全峰梅 摄）

与山地瑶族宗祠一样，它也是家庭地位的象征和维持血缘关系的纽带，是家族活动的主要活动场地（图 5-2-17）。

建筑布局上，宗祠一般为一层，层高比一般建筑高，外部形态简单朴素但彰显庄严，内部装饰较丰富。

3. 庙宇

平地瑶寨的庙宇是祭祀神灵的地方，最具代表性的有富川福溪村的马殷庙。马殷庙有马楚大王庙、马楚都督庙和钟灵风雨桥 3 个文物本体，由主殿、副殿、戏台组成，用于祭祀五代十国时期楚国国王马殷。庙内的各种构件加工精细，装饰考究，极富艺术价值，是南方古代建筑中不可多得的民间建筑工艺精品，也是南方瑶族地区保存最完整、年代最早、规模最大、构件带有较多宋式风格的木结构古建筑（图 5-2-18）。

4. 戏台

与山地瑶族一样，戏台在平地瑶寨里也是展示人民丰富的业余生活、节庆喧闹气氛的娱乐性场所。在节庆日人们欢聚一堂，村寨中大大小小的活动均在这里举行，非常热闹（图 5-2-19）。

图 5-2-18 富川福溪马殷庙（来源：杨玉迪 摄）

图5-2-19　富川秀水村戏台（来源：杨玉迪 摄）

戏台多为木结构，多在四根角柱上设雀替大斗，大斗上施四根横陈的大额枋，形成一个巨大的方框，方框下面是空间较大的表演区，上面则承受整个屋顶的重量。这种额坊的建筑形制，对需要开间较大的舞台是十分有利的。

第三节　建筑元素与装饰

一、主要建筑元素

（一）墙体

瑶族民居墙体大多采用当地原生的生土、木板、砖头、竹子等材料，主要是木板墙与砖墙。木墙体做法通常从下到上依次是：用石块筑台，比较粗大的圆木做柱子，底层多用木栅或竹材围护，楼层用一块块木板拼接成整个楼层的楼板，青瓦屋面。材料由粗而细，由重而轻。一些土墙和砖墙由下而上砌筑，屋顶盖上瓦片。墙体的详细分类见下表（表5-3-1）。

（二）屋檐

瑶族房屋的瓦脊和飞檐都绘有花纹图案，题材丰富，地

瑶族民居墙体类别　　表5-3-1

类别	特点	照片
土墙	图为金秀古占瑶寨某民居的墙体。土墙具有冬暖夏凉、保温性能好、经济耐用等特点，但经不起洪水。	
木板墙	图为灵川老寨某民居的木板墙体。木板墙经久耐用、轻巧、防潮，木板做的房子冬暖夏凉，抗震能力强，但防火性能差。	

续表

类别	特点	照片
石墙	图为恭城石头村某民居的石墙立面。石墙经济稳固，造价低，经久耐用。	
砖墙	图为恭城门等村某民居的砖墙立面。砖墙是现在大多数民居的墙体，防火性能强，经久耐用，但造价高，易潮湿。	

注：瑶族民居墙体图片（来源：全峰梅 摄）

方特色明显。如果大门或正门前另有人家，还需砌一堵照壁，并绘制龙凤呈祥图案与对照诗文以示吉祥。天井面积约二丈五尺见方，青石条镶边、鹅卵石铺面且大都镶嵌成金钱图案(图5-3-1、图5-3-2）。

图5-3-1 石头村民居屋檐（来源：全峰梅 摄）

图5-3-2 杨溪村民居屋檐（来源：全峰梅 摄）

（三）门窗

1. 门

门在瑶族民居中占有很重要的地位，从构成形态上分有牌楼门和墙门。门除了有供出入的使用功能外，还可以表现家庭的权势、社会地位和经济实力。在明代，瑶族民居在门的装饰还比较简朴，一般只是加一些门环铁钉作为装饰。到了清代，门的装饰多种多样。有的在门板上镶各式各样的花纹图案，有的则在门上进行大量的镂空雕花。瑶族房屋的大门是建筑物的主要出入口，安装在院墙门洞或大型建筑的门口之下。大门取坚实木板，用料厚重，内外不通透，

图 5-3-3　金秀屯民居大门图（来源：陆如兰 摄）

图 5-3-4　石头村民居大门图（来源：全峰梅 摄）

图 5-3-5　秀水村民居大门（来源：杨玉迪 摄）

具有更好地遮挡与防卫性能。有的瑶民为了房屋的采光通气，防止小孩乱跑和鸡狗等动物入内，则会在大门外加一对齐腰高的栅栏门（图 5-3-3~ 图 5-3-5）。进入正门后，厅或者左右两边的房间会设隔扇门或者房门。

2. 窗

瑶族民居的窗从形式上分，可以分为直棂窗、花窗、隔扇窗等。修建房屋中，窗是整体砌筑的，所以在构造和形式上不受结构的限制。在瑶族民居中，大部分采用的是直棂窗。直棂窗一般以几根横料和数根直横拼成，非常简单，造价也比较低廉，坚固耐用，所以被瑶族人民建造住房时广泛使用。除了简单轻巧的直棂窗以外，瑶族民居中还有较多花窗。花窗造型多样，结构复杂，窗格充分利用棂条间相互榫卯拼组成各种造型精美的图案。瑶族民居门上一般设有花格窗，花格窗不仅起采光的作用，而且在造型上也做得非常美观，具有装饰功能。瑶族民居常见窗棂除了直棂外，还有回纹、步步锦、灯笼框、冰裂纹、万字纹等，下表中列举了瑶族的部分花样窗式（表 5-3-2）。

（四）柱础

瑶族民居大量使用柱础，由于瑶寨所处地区雨水多，湿气重，柱础作为木柱的基础，使木柱不与地面接触，很好地解决了防潮的问题。柱础的造型及图案丰富多彩（图 5-3-6、图 5-3-7）。柱础形状有圆形、方形、六边形、八边形，由于建筑物的不同，柱础直径和石材的厚度也有所区别。石柱础一般分为上下 2 个部分，上端的石鼓和下端的基座。石鼓和基座又细分成很多层。鼓面是放置柱子的位置，一般只凿平，有的还凿有槽，使柱子放置得更加稳固。鼓身一般雕有卷草纹、莲花纹，鼓周围雕成莲花座、覆盆的形式。基座的各面均雕有龙、虎、鹿、鸟、花草等图案，有的面还刻有字，记录雕刻时的事件和时间。基座最下端一个部分通常为四边形，高约 5~10 厘米，为了保持稳固，有一部分会埋入地下，所以不作任何雕饰。

（五）门槛

大门一般用石制门槛，底部一般还有一两层石台阶，石门槛的高度一般都较高，具有防雨防潮的作用，同时高门槛被瑶民认为可以守住运气和财气。门槛作为进出的主要通道，上部容易受到踩踏，因此不雕刻图案。门槛的雕刻主要集中于正面，多以浅浮雕和阴雕为主，主要为了防止出入时的磕碰（图 5-3-8）。

瑶族窗户分类表　表5-3-2

类型	特点	照片
直棂窗	图为恭城朗山村某民居的窗户。直棂窗外形简单大方，做法简单，是古代民居常用的一种窗户形式。	
回纹窗	图为恭城杨溪村某民居的窗户。回纹是被民间称为“富贵不断头”的一种纹样，有着“财源滚滚、好运连连”的寓意。	
灯笼框窗	图为富川古明城某民居的窗户。灯笼框窗是中国传统建筑里的一种窗棂，它简洁美观，有着喜庆的寓意。	
冰裂纹窗	图为金秀龙腾古宅某民居的窗户。冰裂纹窗裂纹不规则，富有艺术创新的美感，它向人们转达出一种“自然”的讯息，使建筑更加美观。	

注：瑶族民居窗户图片（来源：全峰梅 摄）

图 5-3-6　恭城石头村柱础石雕（来源：全峰梅 摄）

图 5-3-7　富川福溪村柱础石雕（来源：杨玉迪 摄）

图 5-3-8　富川县深坡村门槛（来源：全峰梅 摄）

二、其他装饰手法

瑶族传统民居，基本以砖木结构为主，装饰艺术形式多以木雕、石刻和灰塑彩绘为主。

（一）雕刻

木雕和石雕的题材非常丰富，有吉祥动物、植物、山水风光、人物传说等，体现瑶族人希望富贵吉祥、平安健康的思想以及对美好生活的向往。瑶族的木雕一般多分布在门坊、天井、窗、串梁、柱础等位置，相对于木雕的文化意味来说，民间石雕作品更加富有人情味，题材多为山水、花鸟及书法等。

1. 木雕

木雕是瑶族民居装饰中用得最多的一种雕饰。从雕刻工艺上看，有线雕、浮雕、透雕、圆雕，雕刻的部位有梁架、门窗、格扇、栏杆、家具等。线雕也就是阴刻，是一种将刻痕低于木材表面的雕刻方法，一般用于箱柜类家具的表面。浮雕是留底，将图案外的木材都挖掉，使图案具有立体感的雕刻方法。透雕又被称之为镂空雕，是将浮雕图案以外的木料“锼”走的。圆雕指雕刻不带背景、具有立体、适合多角度观赏图案的雕刻方法。不同时期的木雕又有所不同。明代的木雕，风格粗犷简朴、刻工流畅，概括力强；清代初期的木雕，比明代的要细腻复杂、立体感更强；晚清时的木雕呈现出更多的图案。瑶族民居装饰的木雕很少打磨，装饰木雕也会根据作用的不同涂上不同颜色的漆料，但以深色的居多（图5-3-9、图5-3-10）。

2. 石雕

一般以石灰岩和花岗岩为主，由于其颜色较深，又被称之为“青石”。表层的青石质地较疏松，多成条状或片状，抗压较差，易断裂，所以一般用作铺路砖和建筑物的辅助材料。深层青石紧实，硬度较大，多用于建筑物防潮、承重和较易磨损的部位。

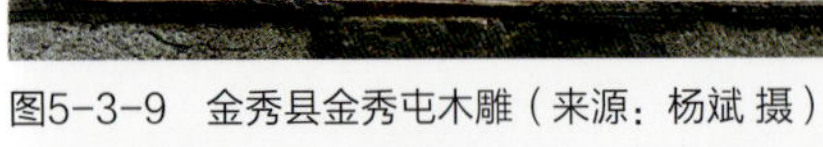

图5-3-9 金秀县金秀屯木雕（来源：杨斌 摄）

图5-3-10 恭城朗山村木雕（来源：全峰梅 摄）

石雕是指用凿、锤等工具雕琢的石制作品。一般瑶族民居的石雕装饰主要用于门框、门槛、柱础、泰山石和踏步等（图 5-3-11、图 5-3-12）。一般来说，瑶族民居的石雕构件和装饰主要采取以下雕刻手法：

圆雕：圆雕是从不同的方向对石头进行全方位的雕刻，柱础、石立兽等大多采用圆雕手法。石立兽题材多为石狮、石虎类，造型生动形象。

浮雕：在石料上面雕刻，使物像凸起的简略雕刻方法。门槛石、门边石、泰山石、柱础边上的图案等大多采用浮雕手法。

（二）灰塑和彩绘

瑶族民居多采用灰塑，通常材料以石灰、桐油、糯米粉混合而成。一般灰塑的部位多在山墙或屋脊处，除了防火、防风之外，它还可以丰富建筑的房顶装饰，使建筑的立体感更强。

广西瑶族平地式民居色彩较统一，多为青砖或红砖筑墙，仅在檐口、山墙轮廓处和门窗套处采用白色粉饰，色彩对比鲜明。采用檐下装饰或“卷栩”的构造，通过考究的细部装饰弱化和细化强硬的立面轮廓（图 5-3-13、图 5-3-14）。

图5-3-11　恭城县朗山村石雕（来源：全峰梅 摄）

图5-3-12　富川福溪村石雕（来源：杨玉迪 摄）

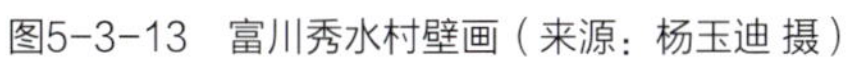

图5-3-13　富川秀水村壁画（来源：杨玉迪 摄）

图5-3-14 恭城朗山村檐口壁画（来源：全峰梅 摄）

本章小结

总体上看，瑶族聚落多是瑶族人民为了满足生存需求而形成的村寨，原始村寨的规模较小。从瑶族建筑选址、布局、功能和大门的装饰设计等可以看出，瑶族建筑受侗族和壮族影响较大，呈现“近壮则壮”、“近侗则侗”的特点。山地（干阑式）民居聚落大多依山就势、分散式布局，有“吊楼”式建筑，即房屋的一半建在坡地上，另一半则依山势坡度的大小建筑吊楼。平地（院落式）民居聚落大多规整统一、集中式布局，住房多为土木或泥木结构。广西瑶族民居中，形制完善的干阑木楼则是瑶族成熟的居住形式。

第六章　自然的织嵌：苗族传统建筑

苗族是我国历史悠久的古老民族之一，是我国少数民族人口中较多的一个民族。据统计全国苗族人口有900多万人，其中居住在广西的苗族人口有43万，主要分布在融水、隆林、三江、龙胜4个自治县，其余则散居于资源、西林、融安、都安，环江、田林、来宾、那坡等县（自治县）境内。广西苗族自称“木”、“蒙”、“达吉”，他称有偏苗、白苗、红苗、花苗、清水苗、栽羌苗、草苗等。广西苗族多聚居于深山大岭之中，如百色隆林县德峨乡张家寨。在融水苗族自治县，苗族村寨多建在山脚或平地近水处。再如柳州三江县，这里的苗族与壮侗民族杂居，山区盛产木材，因此很多房屋都是木质结构。

第一节 聚落规划与格局

一、聚落成因

在森林密布的相对低海拔地区，苗寨选址往往在地势较高、向阳的山面上，这样对于风能、光能、气流的利用，显然比在山谷深处狭窄、潮湿之地要优越得多。虽然与传统人居环境科学理论所强调的“藏风闭气”不太相符，但更有利于生产生活。同样的道理，在土地贫瘠的喀斯特高海拔山区，如麻山、乌蒙山腹地，苗寨在山谷深处选址，在抗旱、防寒、利用雨水和土壤等方面，更具有主动适应环境的积极性和可行性。

苗族人民在聚落选址之时，基于自身安全的考虑，首先选择地形上易守难攻的区域。一般位于深山险境之中，背山面水，视线开阔，不刻意追求方正（图6-1-1）。同时，苗族人民强调人类是天地万物中的一部分，人与自然是息息相通的，人与自然是要和谐共处的。在山区特定的环境中，建筑与环境相映成趣。这是因为苗族人民在修建建筑时，不会刻意改变现有环境，而是顺应环境来组织安排建筑与其他自然环境的关系，形成聚落整体与自然环境相融合的景观。

二、空间特色

苗寨的显著特点是“聚族而居，自成一体”，寨子不论大小，不但鲜少和异族相杂相居，而且一个寨子中几乎均为同姓宗族。寨落之间相互独立，仅在必要时才联合起来一致抵御外敌。苗寨布局一般遵循“环山抱水、取势纳气”的理念。蜿蜒起伏的山脉，可被选作“龙脉”，是聚落的最佳庇护地和福祉；“龙脉”有相应的护山在旁边衬托。村寨之中有溪水河流，汇集在一处为水口，水口收则财源守。在条件允许的情况下，苗寨往往在河流溪水之上建设风雨桥，以求为村寨积蓄财源。村寨中，房屋、道路、地物相互结合自然，安排有致。一排排的“半边楼”民居，形式相似，色调统一；同时借势取向，建筑或抬，或挑，或借，或转，或附，呈现出非中规中矩的

图6-1-1 融水洞头乡芭朵寨（来源：《广西民居》）

自由形态，充分演绎了苗族村寨的完整性与自由性。

苗寨的绿化方式多种多样，最突出的莫过于风景树的培植，风景树又称“风水树”。苗族对风水树非常重视，自古即有新婚夫妇在婚典之日种树8~10棵的风俗，不仅为环境增色，还有利于水土保持、改善小气候，形成宜人的居住环境。

广西苗寨的空间聚落模式主要分为以下几种（表6-1-1）：

三、典型聚落

（一）融水元宝村

元宝村是元宝山腰的一个村落，建于明代，为贾氏先人从小桑村自然迁徙而来，先后有马、黄、陈、戈等4个姓氏的加入，逐渐形成如今的大村屯。

元宝村为山地型村落，其整体空间成片式布局（图6-1-2），整个村落修建在两条山脊上，与山坡地形连成一片，周围环以群山和梯田，错落别致、自上而下。远远望去，这些苗寨古楼就像无数亮闪的龙鳞片覆盖在两条巨大的龙脉上，格外壮观奇特。

村落有两条主要街道和9条小巷，串联着村落内的各户居民。街道宽3米左右，小巷宽1.5米左右。街道为小块青石铺设，旁边设流水沟。民居沿着街道布局，呈放射树枝状，可以看出村落为自由生长形。现存苗族吊脚楼建筑二百多座，

苗寨布局形态分类一览表　　表 6-1-1

聚落模式	主要特征描述	照片
山顶型	位于海拔 1800 米之上。一般远离河流，生活在高山上的苗族居民需要下山打水，生活较为艰苦，因此聚落规模较小，呈零散分布。随着社会发展，这种聚落正在慢慢消失。	
山腰型	主要分布在较高的山脉及其两侧，在桂北地区较为多见。选址的高度正好满足部分苗族人民的民族文化及心理需求，而且聚落点内居民取水也比较方便，因此聚落规模一般较大。	
中低山河边型	位于海拔 800~1200 米的中低山，一般临江近水，形成水—聚落—山体的整体聚落空间。临近河流更便于居民的生产生活，因此聚落规模较大。	

注：苗族村落布局形态图片（来源：全峰梅 摄）

旧大礼堂一座，芦笙坪一处，古凉亭 3 处，建筑类型主要为吊脚楼，穿斗式木结构歇山式屋顶。芦笙坪是苗寨中重要的公共活动场所，通常位于村寨中心（图 6-1-3）。

图 6-1-2　元宝村村貌远景（来源：全峰梅 摄）

图 6-1-3　元宝屯内芦笙坪（来源：全峰梅 摄）

（二）融水培秀村下屯

培秀下屯建于四百多年前，聚居 130 户 636 人，共有 3 个村民小组，全系苗族。培秀村下屯为山地型村落，村落整体坐西朝东，依山势走向面向培秀河，周围是开阔农田，村旁有老树（图 6-1-4）。村落现存民居建筑 125 座，建筑类型主要为吊脚楼，穿斗式木结构歇山式屋顶。

图 6-1-4 广西融水县培秀村风貌（来源：陆如兰 摄）

图 6-1-5 张家寨屯全貌（来源：全峰梅 摄）

村落后面、南面是倚山，前面、北面是田地、河流。东边对面是元宝山，培秀河从村前绕村而过。元宝山水源林、景观林在村落前面护佑着村落的生态安全。一条从村子西北面高山流下的山泉又把村庄一分为二。西面和北面环绕着层层梯田，东北面为培秀下屯，四面山峦叠翠，起伏连绵环绕，山林连成一片，到处郁郁葱葱。

（三）隆林张家寨屯

张家寨屯位于隆林各族自治县德峨乡西南部的田坝村，乡级公路沿村前通过，交通较为便利。村寨具有浓郁的民族建筑特色，是隆林苗族居住文化的典型代表，也是隆林县目前保存较好的苗族建筑工艺传统村落。寨子主要为偏苗，背靠青山石壁，依山就势而建，房屋坐落依自然环境条件自由布局，形成相对集中、适当分散、错落有致地依山排列的格局（图 6-1-5）。寨内房屋全为竹木结构的平房与吊脚楼，古朴典雅（图 6-1-6）。道路以青石铺设的传统路面为主，房屋较为密集。站在村子两侧的对歌台上，远望对面绿树青山、层层梯田，近看全寨炊烟袅袅、鸡犬相闻，让人体验到山寨的野趣和原始，体现了人与自然的和谐相处。

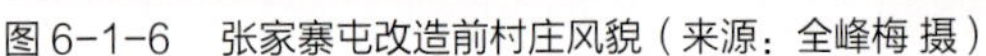

图 6-1-6 张家寨屯改造前村庄风貌（来源：全峰梅 摄）

第二节　建筑群体与单体

一、传统民居

干阑式苗族民居建筑作为传统民居的一个重要组成部分，新中国成立前，苗族人民生活比较贫困，大多数人住杉木皮房、草房以及竹篾捆扎的“人”字形叉房，新中国成立后，则以竹木干阑民居为主（图6-2-1）。

图6-2-1　隆林张家寨苗族民居（来源：全峰梅 摄）

（一）建筑形式

苗族民居因地制宜，建筑形式丰富多样，在尺度、比例、构图和造型上都独具一格，别有特色（图6-2-2）。

苗族民居一般尺度较小，但视觉效果亲切和谐。通常的三间五柱体型小巧，尺度宜人。体型较大的三间二磨角房屋，正面加强横向划分，逐层出挑，减小了体积庞大的感觉；从侧面透视，半楼半地的外观，也有削弱体量的作用。轻盈活泼的建筑造型是苗居一大特色。本来木结构的房屋就具有轻的特点，而苗族民居在处理上又注重轻的效果，所以，在特定的环境下，苗族民居的地方特色更加鲜明（图6-2-3）。

另外，不对称构图手法在苗族民居中也较常见。从平面布局到立面构图并不严格地遵循对称原则，尤其入口曲廊退

图6-2-2　融水培秀苗族民居（来源：陆如兰 摄）

堂的处理手法可谓独创。虽然体型简单，但并不给人以单调的感觉，反而，在复杂的地形中呈现出错落有致、构图的不拘一格，使建筑形象更加多样活泼。

总之，苗族民居亲切的尺度、和谐的比例、轻盈的造型、活泼的构图使建筑艺术形象丰富多彩、格调鲜明，具有强烈的地方特色和浓郁的民族风格。

（二）形制

典型的苗族干栏为硬山式三开间，有些房屋两边封山各有一个披厦，形成两端下削的五开间。平面形式有“前廊式”、“内廊式”和“侧廊式”，以“前廊式”较为多见。由于地形地势以及住户人口数量等因素，也常见一些苗族民居在住屋的一端向前或向后加建，使整个平面呈“L”形（图6-2-4、图6-2-5）。

图6-2-3　融水县安太乡培秀村民居（来源：全峰梅 摄）

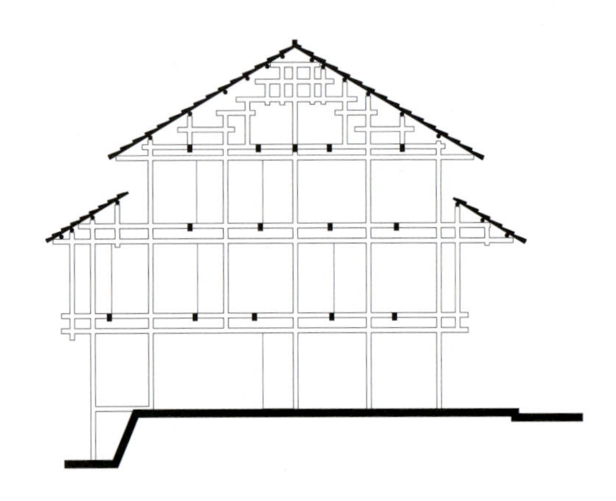
图6-2-4　龙胜伟江乡苗族银宅剖面（来源：《广西民居分类研究》）

苗族干阑也分为3层，底层架空用于饲养牲畜、堆放杂物及农具等。房屋一般设开敞的半室外楼梯上楼，并在二层设有敞开前廊，前廊较宽敞，宽约1m，进深在2m以上。堂屋是迎客间，内设火塘，两侧则隔为卧室或厨房。房间宽敞明亮，门窗左右对称。大多数吊脚楼在二楼地基外架悬空走廊，作为进大门的通道。悬空走廊常布置独特的S形曲栏靠椅，姑娘们常在此纺纱织布、挑花刺绣，一家人劳作后也可在此休闲小憩、纳凉观景（图6-2-6）。

苗族建筑功能布局形式主要有3种：

1. 以“住”为中心的居住层

苗族民居的居住功能主要分布在中间层，包括堂屋、退堂、卧室、火塘间、厨房等主要部分，以及蓄藏、杂务、副业间、挑廊、过间等辅助部分。平面布置基本格局与全干阑不同，它打破了“前堂后室”的传统方法，根据实际需要和变化后的建筑形式更合理地组织平面。这是一个“前室后堂”的中心式平面（图6-2-7）。

（1）堂屋

堂屋为整栋民居的重心所在，其他部分都以堂屋为中心进行布置。首先，堂屋具有象征意义，是家庭最神圣的地方，有表达家族延续和家庭得以存在的精神功能作用。堂屋正中后壁设神龛，上立牌坊，前置供桌，摆设祭品。其次，堂屋

图6-2-5　苗族民居单体（来源：《广西民居分类研究》）

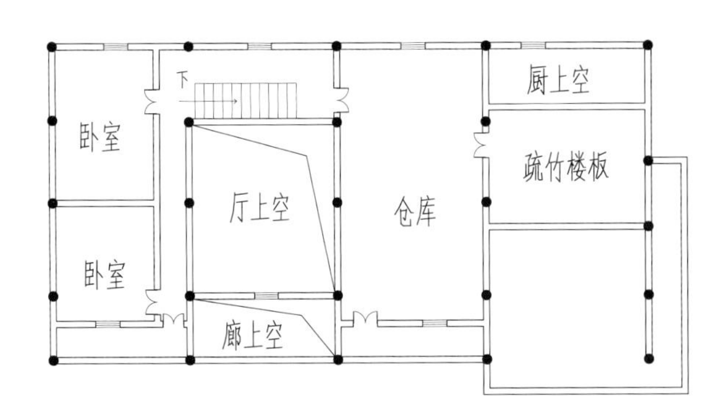

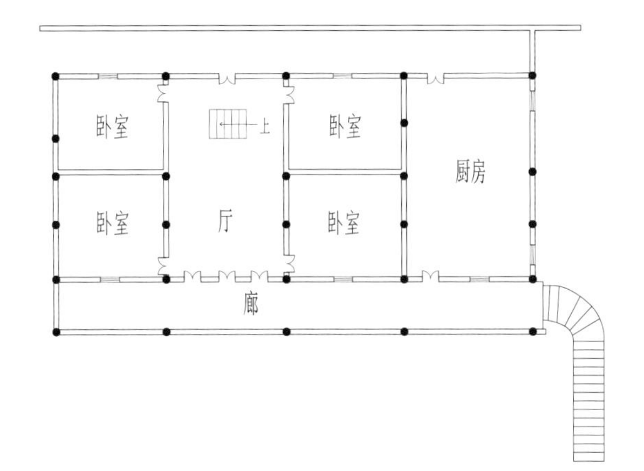

图6-2-6　融水潭村宋宅图（来源：广西民居分类研究）

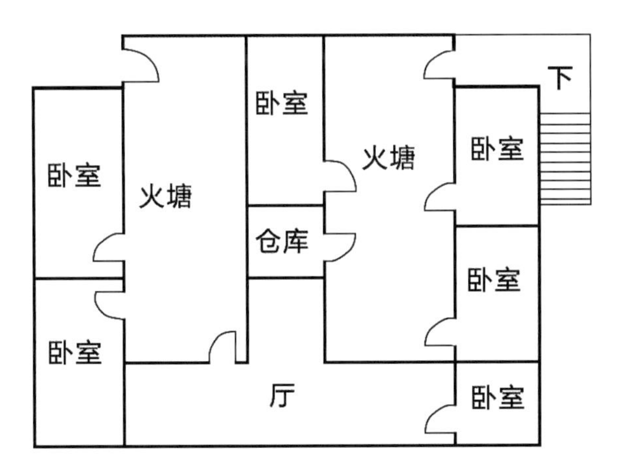

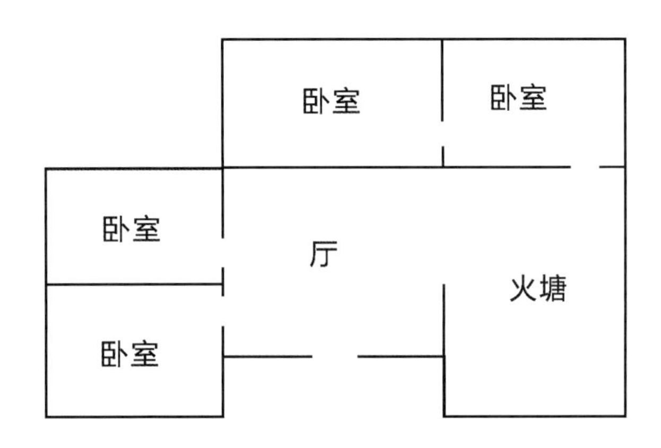

图6-2-7　苗族建筑二层平面图（来源：《广西特色民居风格研究》）

还有生活实用功能。除平时兼部分起居作用外，更主要的是一个家庭对外社交活动场所，特别是逢年过节、婚丧娶嫁、接人待客、设宴办礼，以及对歌跳芦笙等都在此处进行。第三，堂屋是兼作家务及部分生产活动的场所。第四，堂屋是全宅的交通枢纽，是联系室内外和内部上下左右的交通中心。

（2）退堂

退堂是由堂屋退进一步或两步，并与挑廊的一部分共同组成的一个半户外空间。它既是堂屋前的缓冲地带，又是从室内导至曲廊入口的过渡区域，室内外空间在这里相互渗透融合，因此在居住功能上退堂表现出特殊的作用。退堂边常设置美人靠，并加以简单的装饰，有的在前部增加披檐，扩大空间，成为一方正的敞厅。这里光线充足，空气清新，冬则阳光温暖，夏则通风凉快，居民多在此休息、晾衣、娱乐、做家务等，尤为舒适。

（3）卧室

苗族卧室不大，仅供夜间休息之用，室内置床榻和少量家具，白天在内活动以妇女为多。半边楼卧室布置与全楼居不同，多在半楼前部。木地板楼面干燥舒适，同时位置高敞，朝向较好，无论采光通风均佳，无疑是全宅中最适合居住的位置。

（4）火塘间与厨房

由于山区山高地寒，云雾弥漫，雨水丰富，空气相对湿度甚大，苗族故有终年围火塘“向火”的习惯。常以熊熊的火塘为中心（图6-2-8），四周摆设坐凳矮椅，全家人在这里围火取暖、聚谈家常、休息娱乐、家务会客，尤以设宴就餐时最为热闹，热气腾腾、畅怀豪饮、酒歌互答，极富苗家乡土生活气息。

2. 以生产为中心的底层

苗家生产和家务活动内容繁多，包括晒晾粮食作物、饲养家禽牲畜、纺染织缝刺绣、食用加工等，具有“杂、乱、脏”的特点，如若安排不当，对居住环境质量有很大影响。“半边楼”继承了全干阑底层作杂务院的优点，避免了经由底层上楼不便居住联系的缺点，利用吊脚的坡面空间作底层（图6-2-9、图6-2-10），以它为主安排生产活动，从而与居住层既有严格区分，又有密切联系，既互不干扰又相为补充。

3. 以贮存为中心的阁楼层

苗居贮藏空间主要是阁楼层，常布置在次间上部，堂屋上空也辟出阁层，只不过高度稍低，因此阁楼层贮藏面积很大，几乎与整栋楼平面相近。宅边山体与阁楼横向不设间隔，且阁楼多不封闭，有的四周墙壁亦为半开敞或全开敞，设板壁围护者也多前后开窗，因此整个阁层空气对流良好，对风干粮食十分有利。除了楼面散堆外，构架间多设水平横木或增加纵向拉杭，吊挂苞谷、辣椒之类作物，阁楼从平面到空间利用充分无余。所以阁楼的使用功能是贮藏和风干两者兼得的，这是苗居适应气候条件的一种合理的建筑处理，也是贮藏面积较大的重要原因。

（三）构造

苗居传统干阑式房屋均为穿斗式构架体系，这是南方民居普遍采用的结构形式（图6-2-11）。构架独立性强，它

图6-2-8　龙洞大寨某民居中心火塘（来源：全峰梅 摄）

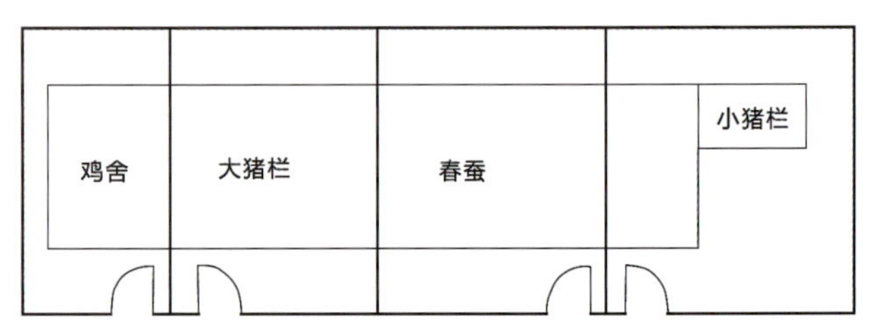

图6-2-9　苗族建筑底层平面图（来源：《广西特色民居风格研究》）

图6-2-10　融水苗族建筑底层（来源：杨斌 摄）

图6-2-11　三江县富禄乡滚迪住宅木构架（来源：《广西民居分类研究》）

的构造特点是以柱和瓜（短柱）承檩，檩上承椽，柱子直接落地，瓜则承于双步穿上，各层穿枋既起联结作用，又起承重作用。每排构架在纵向由檩和拉枋连结，柱脚以纵横方向的地脚枋联系，上下左右联为整体，组成房屋的骨架。半边楼穿斗架唯一不同的是前半部柱子落脚长，后半部柱子落脚短，呈不等高之势。半边楼的种种优越性是以独特的构架为基础和保证来实现的。

苗居构造的基本形式为五柱四瓜或五柱四瓜带夹柱。夹柱即是前瓜伸长落地的柱子，伸长不落地而支承于楼面穿枋上的则称长瓜或跑马瓜。长瓜的应用很灵活，可穿通一道枋，也可穿通数道，根据需要确定。夹柱的作用主要是形成退堂空间。上述的基本形式可产生若干变化，改变柱子数量可以变为三柱四瓜、七柱六瓜等，增加步架可以变为五柱六瓜，其中以五柱最为普遍。

这种穿斗式构架以步架为模，既具规律性，又具灵活性。半边楼一般进深不大，为了做法统一，单户建筑多采用五柱四瓜，虽然各自的地基不同，进深不一，但只需将步架的几何形式加以调整，或增加瓜与柱的数量，而不需要改变形式，具有一定的规律性。而灵活性表现为步架数量可视需要增减，每步架的步长和架高都能自由地按比例伸缩，所以，无论进深上的变化和平面划分、高度上的变化和空间分隔，还是房屋体型的变化无不体现出自由灵活、增减方便的特点。

这种结构对高度方向的变化也有较强的适应性。半边楼之所以具有适应地形变化的灵活性，无不关乎于其构架善于应变。构架的每根柱子独立承重，相互不发生受力上的关联，所以十分灵活自由。由于构架受力的独立性和分散性，它的任何一部分存在与否都不会打乱构架简洁明确的几何规律及其受力特征，故房屋的改建、修补、建造的分期施工都很方便。

苗族民居之所以在“一”字形的体形上既保持韵律感统一，又可以演变出种种生动活泼的形式，正是因为它善于应变的构架起了重要的作用。

二、公共建筑

1. 寨门

寨子的边界一般分为开放和封闭两种情况。前者道路系统可以伸出寨外，联系较为方便；后者外封闭、内自由，寨的边界砌以寨墙，或隔以灌丛绿篱，仅有主干道可以通入，并设有寨门。

寨门是一种具有防御功能的建筑类型，与围墙一起起到防御匪患的作用。村寨建立之初一般都设有多座寨门，随着岁月的流逝，寨门的防御意义逐渐消退，原有的或毁或拆，现今存留者成为村寨的标志，对地域的界定作用取代防御成为其主要功能（图 6-2-12）。

2. 芦笙柱

芦笙柱是立在芦笙坪中央的一根柱子，为苗族村寨的标志，每逢节日，苗族群众围绕着芦笙柱载歌载舞，相互庆祝（图 6-2-13）。芦笙柱是用杉木制成，高 10~20 米，顶部雕立一只凤鸟，约离顶部 2 米处，装一对木制水牛角，一条龙经水牛角缠绕柱身头朝下。地面以柱为中心在横杆的垂直阴影外铺塑圆圈，内饰十二芒。

一个村或一堂芦笙只竖一根芦笙柱，不能任意多立。在某一特定的芦笙堂中，属主寨才能立柱，非主村寨一般只能参加活动而不能固定位置，所以也不能立柱。从老寨分离出

图 6-2-12　融水小桑村青山屯寨门（来源：全峰梅 摄）

图 6-2-13 芦笙坪上举办节庆活动（来源：http://lslgz2006.blog.163.com/blog/static/353091182010112023041189/）

来的新辟村寨，不论大小，在传统的芦笙坡上仍从属于原来的老村寨，参加原属的芦笙堂，没有立柱的资格。

第三节 建筑元素与装饰

苗族干阑大多质朴简单，少有装饰，且纹样也为几何图案，重点集中在入口、退堂、门窗、美人靠栏凳、吊柱吊瓜、屋檐口及屋脊等处。苗族民居以其简洁的装饰效果和重点处理的装饰手法，形成与环境和谐的装饰效果，体现了人们的审美爱好和传统的手工艺水平，具有较强的艺术表现力。

一、主要建筑元素

（一）墙体

墙身部分采用对比手法也强调了“轻”的特点。干阑式民居本身是“悬虚构屋”，底层吊脚架空，运用虚实对比，突出其“虚”（图 6-3-1）。房屋造型更加轻巧，别具一番山居风味。又运用明暗对比，加强其“暗”，达到“轻”的效果，如退堂、挑廊、敞棚等半户外空间，里面凹凸起伏，产生大片阴影与墙面形成强烈对比，形象变化多端，明快而轻巧，活泼而舒展。同样，多种多样的悬挑处理（图 6-3-2），既使建筑形象活泼而轻巧，又扩大和利用了空间。

图 6-3-1 隆林张家寨建筑墙面图（来源：全峰梅 摄）

图 6-3-2 隆林龙洞大寨竹批墙（来源：全峰梅 摄）

（二）屋檐

苗族民居多喜欢采用歇山式或悬山式屋顶，屋坡不大，出檐深远，屋面与屋脊的反凹曲线柔和洒脱，流畅自然，相互呼应，使屋顶成为建筑造型最为生动而富有表现力的部分。尤其是歇山式屋顶活泼多样，不拘形式，独具特色。这种屋顶样式，常被当作是高贵吉利的象征，所以使用得比较多。

屋脊两端常有起翘或者装饰，中部为瓦塔，屋脊两端具升起之势，与屋面曲线相呼应（图 6-3-3）。屋面盖小青瓦或杉皮。

（三）门窗

苗族民居大门一般安装木门，通常紧挨着木门安装两

图 6-3-3　苗族建筑屋檐（来源：隆林各族自治县建设局 摄）

扇牛角门。门楣上安有两个雕花木方柁和木牛角，并在门两侧安装方形雕花窗。大门两侧安装方形花窗，堂屋前门槛高40~50 厘米，以求财源进家而不外流。

苗族窗户朴实简洁，只在重点部位加以修饰，窗宽一般为 70 厘米，高为 80 厘米。苗族窗饰图案很多，可分为几何图形类、花草类和动物类。一般人家窗饰图案并不复杂，字形中以“回”字形与“喜”字形为多，“回”字形表示团结，“喜”字表示吉祥（表 6-3-1）。

苗族花窗一览表　　表 6-3-1

类型	特征	照片
镂空圆形雕刻花窗	图为广西百色隆林张家寨的某民居建筑苗族窗户。呈正方形，花纹呈圆形镂空的几何图案，木雕民间艺人往往采用象征、谐音等手法，象征家庭和睦、社会团结友好的美好生活。	
镂空方形花窗	图为广西百色隆林张家寨的某民居建筑花窗。整体雕刻呈正方形，其中有花色雕刻的点缀显得很喜庆，体现苗族生活中对喜事连连的向往。	
镂空米字形花窗	图为广西百色隆林张家寨的某民居建筑花窗。由木条相交镶嵌形成无数个米字，呈现出苗族人民对芒种收获的向往，有五谷丰登、风调雨顺的寓意。	
镂空“X”形花窗	图为广西百色隆林龙洞大寨的某民居建筑花窗。整体雕刻呈无数个小正方形，中间镂空四块呈“X”状，有辟邪的寓意，代表苗族人民对幸福美好生活的向往。	
镂空正方形花窗	图为广西百色隆林龙洞大寨的某民居建筑花窗。整体雕刻呈无数个小正方形，其中有 4 个“十字”古战争时期的枪眼形状，象征人们渴望世界和平、生活安康。	

注：苗族民居窗户图片（来源：全峰梅 摄）

图 6-3-4 广西苗族民居吊柱垂瓜（来源：全峰梅 摄）

二、其他细部特征

苗族建筑细部装饰丰富多样，主要有半边架空、吞口（虎口）、屋檐口、美人靠、吊柱垂瓜等。半边架空是底层半边架空，前吊后坐，是全干阑在山地的一种创造性的发展，其功能与其他吊脚楼相类似，房屋正房一般是面阔三开间，正中一间内向退进，在入口处形成凹口，称为“吞口”或“虎口”，在吊脚楼二楼通常有宽敞明亮的走廊山，一般安装有用于休憩、交流的美人靠，其民居的屋檐口做工精细，不仅有装饰作用，还能起到滴水、防风、防火的作用；除此之外，苗族建筑在外挑吊柱也有做法，雕刻手法简洁，在立面上形成韵律感，主要有八棱形、四方形，下垂底部常雕有绣球、金瓜等，是苗族建筑装饰的重要装饰细部（图 6-3-4）。

本章小结

苗族聚落往往选择隐蔽性较高的区域，强调利用大山逃生的便利性、凭险抵抗的自然优势。同时，还因地制宜地在山上开辟了富有生态智慧的梯田，顺应环境来组织安排建筑与自然环境的关系，形成聚落整体与自然环境相融合的景观。

苗族聚落空间特色以宗族聚落为主，其主要特点是“聚族而居，自成一体。”寨落之间相互独立，仅在必要时才联合起来一致抵御外敌。聚落中主要构成要素有寨门、道路、绿化和水体。聚落建设融合自然、渗透自然、契合自然，并且苗寨房屋、道路、地物相互结合自然，安排有致，和谐统一，相映成趣。苗族建筑形式为木质干阑式吊脚楼，是充分适应当地资源、自然条件而采取的民居建筑形式，其建筑尺度比例协调，非常适合人居住。

第七章　共生的文化：其他少数民族传统建筑

广西壮族自治区其他少数民族建筑主要有仫佬族建筑、毛南族建筑和京族建筑。仫佬族、毛南族和京族是广西的土著民族。仫佬族世居广西、贵州，其民居在借鉴汉族建筑的基础上，结合自身民族文化、地域特点和生活习俗发展，主要特点表现为独门独院、内隔天井、砖墙瓦房等。毛南族人祖祖辈辈居住在溶岩遍布、青山绵绵的茅南山、九万大山、凤凰山等亚热带气候区，其村落依山而建，其民居注重防洪防潮。京族建筑主要是石条屋民居建筑，是京族地区民居建筑主要特色。

第一节 仫佬族传统建筑

一、聚落规划与格局

（一）聚落成因

仫佬族是在漫长的历史长河中逐渐形成的，元代以前，史书往往将仫佬族与“伶”或“僚”并称，仫佬族的先民被归属于当时泛称的少数民族僚族之中。战国末年，居住在岭南西部一带的仫佬族先民，属于西瓯骆越民族一支。仫佬族的祖先同岭南其他族群一道进入祖国民族大家庭，被统称为僚。汉代，大批汉族人进入岭南地区，带来了先进生产技术，加速了岭南地区政治、经济的发展，这一时期，仫佬族先民岭南“僚”的社会经济得到进一步发展，牛耕开始出现，稻作技术有了提高。

根据历史记载与传说，仫佬族至晚在元代或明初已居住在罗城一带地区。在聚落选址上，仫佬族聚居区内，山岭绵延起伏，武阳江、龙江流贯其间。在大石山与土山丘陵的交错中，有纵横不等的峡谷平坝（图7-1-1）。每个仫佬族村寨在村口都会建门楼，周遭则建有围墙，门楼除了统一全村人畜的进出外，兼具有防盗的功能。

（二）空间特色

与其他少数民族一样，仫佬族聚族而居，同一宗族的人往往居住在同一村落内。仫佬族多居住在丘陵地带，村落既要依山傍水，又要林木环绕，以负阴抱阳的原则来确定朝向。仫佬族所居之地既要方便上山野猎采集，又要方便下河临渊捕鱼，还要方便农耕生产，这3种生产方式都必须兼而顾之。因此，在民居建筑上自然是因山就势，一方面可以节约土地，另一方面可以充分利用林业资源。生活产生的污水从高处往下排放，在农耕体系里分解，以保持环境干净，也间接保护了生态，从而构成了局部的生态平衡。因为居住地处大石山区，他们的民居建筑当中用石材、砖瓦的比重大于其他山区的少数民族。

（三）典型聚落

罗城石围村：石围古村地理位置优越，山坡、田野、河流三面环绕，自然景观开阔秀丽，优美神奇。石围村距罗城县城约4公里。据史料记载，围石村始祖于明朝洪武二年

图7-1-1 广西仫佬族聚落（来源：全峰梅 摄）

（1369 年）迁居至此，至今已有六百四十多年历史。村中古民居现存古屋七十多间，多数建于清代和民国时期，均为砖木结构，悬山式或硬山顶式；屋檐与内墙壁画精细，花窗格式图案丰富，雕工精巧，是罗城传统仫佬族木雕工艺的精品代表。屯后有一条长七十多米、部分用三合土拌浆砌筑的石墙，墙中设有枪眼和哨口，是罗城目前发现的规模最大、最完整的防御墙。屯边小河畔竖有一座 2.4 米高的方塔功德碑，是古代仫佬族地区民族团结和谐的历史见证。

二、建筑群体与单体

结合自身民族文化、地域特点和生活习俗，仫佬族创造了具有浓郁民族特色的民居形式，主要为上瓦下砖的平房，主要特点表现为独门独院、内隔天井等。

（一）建筑形式

传统的仫佬族民居，一般都是独家独院，房屋的建筑形式多为一排三间，屋内有楼一层，但不住人，而是作为谷仓或杂物房使用。在正屋前面建扎门，扎门由两扇牢固的门和五根竖木做的立柱组成。门框上下钻有 5 个立柱孔，门框上方还设有机关，关上立柱，再把上方的机关关上，这样在门外便无法打开，起到防盗、防侵略的功能。扎门侧面建有围墙，中间有天井，与正屋形成一个整体。但各家各户的扎门与正屋、朝向不一致，但多数扎门是朝着村巷开设，方便进出（图 7-1-2）。

除了扎门和正屋不正南正北外，仫佬族民居的另一个特点就是“户户相连”。虽是独家独院，但户与户之间都有侧门相通，出正屋后门，就是邻家天井，除有巷道相隔或独立建房外，数十户的村落，几乎可以畅通无阻。这一方面是为了方便邻里平日交往，另一方面则是因为旧社会兵灾匪祸频繁，打家劫舍的事时有发生，家家有门相通，便于避走和互相救援，这从一个侧面反映了仫佬族人民团结互助、邻里和睦的民族品性。

（二）形制

仫佬族民居的布置特点可用“三间四房七门六窗”8 个字概括，即三开间平面，四间居室，主体建筑七个门（正门、后门、居室门和堂屋与后厅之间的门），六个窗（一层四个，

图 7-1-2　罗城三艾屯里江村民居图（来源：全峰梅 摄）

二层两个）。仫佬族三个开间的民居，正中的开间一般较两边凹进去60厘米（也有部分三开间齐平的）。厅分堂屋和背厅，前厅比后厅大很多，分隔前后厅的泥墙称为“朝阳壁”，正中设有神台，左边开有小门通向后厅。左右两个开间为卧室，分前后两进，房门分别开向前后厅。厅东西两侧各有两个居室，居室的使用者严格按辈分划分：前厅的卧室采光好，较宽敞，给长辈居住；东边为祖辈卧室；西边为父辈卧室；后厅的卧室为子女居住。如果房屋有两层，则在朝阳壁后设有木楼梯上到二层，二层不住人，一般放置谷物和杂物（图7-1-3、图7-1-4）。

民居平面布置在遵循传统形制的基础上，院落和厨房又结合现有村庄巷道的走向做了灵活布局，有些民宅前后院皆有。前院较宽敞，主要由正屋、牲畜栏、厨房、农具房、院落大门围合而成。后院通往厕所，较狭窄（图7-1-5～图7-1-7）。

传统的仫佬族民居还会在前厅大门左边设有地灶，但现在大多废弃不用或不复存在。厨房设在前院东侧或西侧。仫佬族民居中最令人称奇的是地炉，地炉以仫佬族地区生产的无烟煤炭为燃料，多建在堂屋大门两侧或是厨房中。建地炉，先要在地上挖一个长方形，深约1米的炉坑，用砖砌底，再在坑中用砖砌好方形的炉灶，炉旁则埋放一个陶制的大水坛，仫佬族人民称之为瓮坛。瓮坛口要略高于地面，以避污水流进坛里。在接近炉坑底部的炉灶中间安3根粗铁枝作为炉桥，炉底则要连通1个四方形的煤渣坑，方便从坑中挖出燃烧过后的煤渣、煤灰，平时煤渣坑用木板盖着。瓮坛和炉灶的四周，全都用泥土填平，表面上再打上三合土，一个功能完备的地炉就建成了。

（三）构造

仫佬族民居大都为平房，下有一两尺高的地台，火砖砌基，泥砖砌墙，栋梁、桁椽等用木料制作，屋顶盖瓦片。带阁楼，坐北朝南，独门独院。平面布置有前院式、后院式，或前后院皆有。

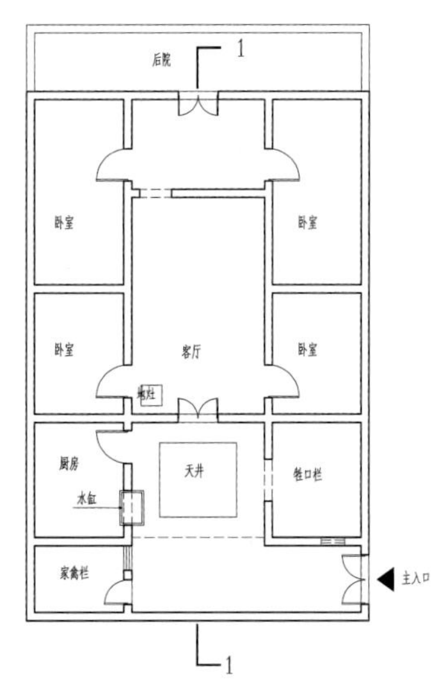

图7-1-3 罗城长安乡大勒洞屯某宅平面（来源：何晓丽 绘制）

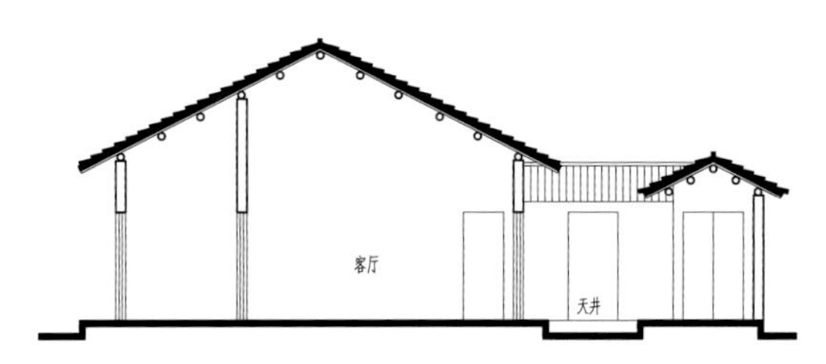

图7-1-4 罗城长安乡大勒洞屯某宅剖面（来源：何晓丽 绘制）

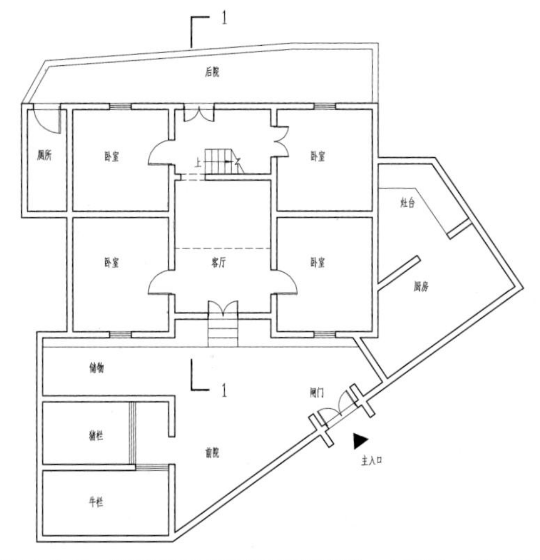

图7-1-5 罗城里江村三艾屯某宅平面一（来源：何晓丽 绘制）

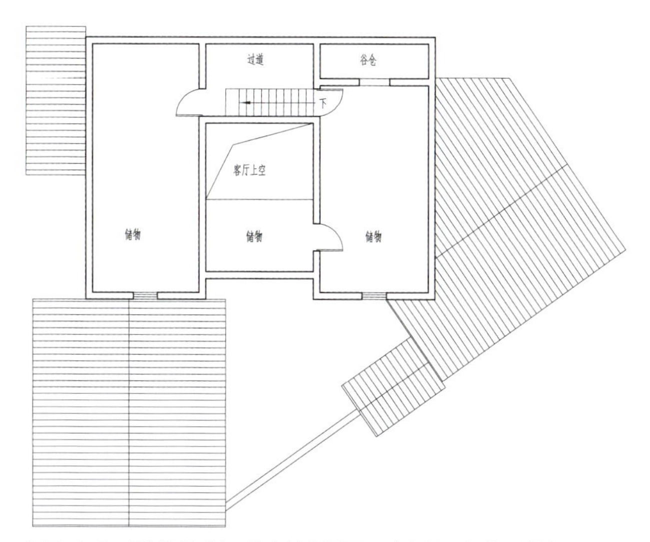

图 7-1-6　罗城里江村三艾屯某宅平面二（来源：何晓丽 绘）

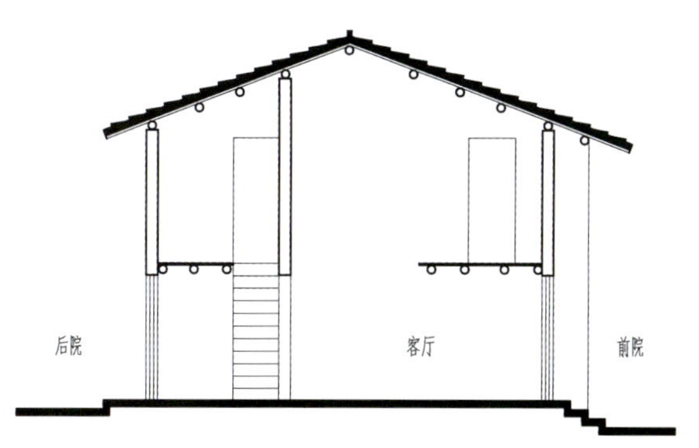

图 7-1-7　罗城里江村三艾屯某宅剖面（来源：何晓丽 绘）

图7-1-8　罗城里江村三艾屯某宅葫芦挑手(来源：全峰梅 摄)

图7-1-9　罗城长安乡大勒洞屯某宅壁画带(来源：全峰梅 摄)

三、建筑元素与装饰

（一）窗户

仫佬族民居门窗的高度、宽度均有一定尺码，称为“鲁班尺码”。窗门不安窗扇，而用立式木质窗栅，双层，可以开启，以采光或遮光。

（二）批墙

传统的仫佬族房屋做工讲究，室内四周粉刷得油光滑亮，同时堂屋四周 1.5 米以下的墙脚以及堂屋顶端的墙壁上，都会有各种精美的花纹图案，美观大方，极富民族特色。

（三）装饰

仫佬族建筑外墙一般不抹石灰，但室内装饰华丽美观，绘有各种花纹图案。仫佬族居住的四合院，讲求对称和舒适，特别是堂屋四周的墙壁上，绘画各种精美的花纹图案，堂屋对面大门上的墙壁往往画着芙蓉、牡丹等花卉，两边山墙上画着龙凤麒麟，栩栩如生，山墙下面（离地约 2 米），多用烟墨和蓝靛等分层彩绘，显得美观大方，赏心悦目。

仫佬族民居的装饰颇具民族色彩。部分民居正立面墙檐口下方和山墙面檩条下方分别有 40 厘米宽和 30 厘米宽的壁画带，以风云、花卉、龙凤等图案为主。正屋的挑手上雕刻有蝙蝠、葫芦、金钱等图案，造型质朴生动（图 7-1-8、图 7-1-9）。

第二节 毛南族传统建筑

一、聚落规划与格局

（一）聚落成因

毛南族是由岭南百越支系发展而来。唐以后的辽，宋、元、明的伶，是毛南族的祖先。毛南族是广西壮族自治区独有的少数民族之一，其中83%的人口居住在环江毛南族自治县境内，主要分布于上南、中南、下南等山区，以及川山、思恩、大安等乡镇。毛南族以姓氏聚族而居，以血缘为纽带聚居是原始氏族公社的一种风俗，毛南族至今基本上仍以同姓氏族构成村落，谭、覃、卢、蒙等大姓村民很少杂居。这些村落多为十多户人家的小村庄，最大的也不超过百户（图7-2-1）。

（二）空间特色

毛南族的村落多依山而立，少占耕地。组成干阑群落是毛南族村庄的一种布局，但形式不拘一格，根据地形特点而富有变化：有的从山腰往下建成辐射式群落，即几座房子前后用“天桥”串联起来，组成串联式干阑群，这是同一宗族兄弟常采用的一种方式；有的则建立并联式群落，即由若干间干阑房子排成两行，中间留一条通道，两端置围墙与院门，围成长形院落；也有从实际地形出发，把房屋排成梯级式干阑群或摆成一字长蛇形的。此外，还有的在几座并排的房子中间开通方便门，以便叔伯兄弟及邻里串门联系，相互关照，形成一种向心力，从而形成错落有致的村落。村中巷道皆用石板铺就，村边兴种竹木挡风，绿化美化环境（图7-2-2）。

（三）典型聚落

环江南昌屯：南昌屯是中国毛南族发祥地，其民族文化和历史遗迹特色显著，至今还保留有极少数具有民族传统建筑风格的民居。每年以南昌屯为中心的毛南分龙节都在此举行，各种民族工艺制作（花竹帽编织、傩面雕刻等）、体育竞技（同顶、同背）以及祭祀等活动内容丰富，民族节庆氛围浓厚。2014年，南昌屯被国家民委列为首批“中国少数民族特色村寨”。

二、建筑群体与单体

毛南族人祖祖辈辈居住在溶岩遍布、青山绵绵的茅南山、九万大山、凤凰山等亚热带气候区，其民居注重防洪防潮，经济适用，保留时间长久。

（一）建筑形式

毛南族人民住的干阑楼，底层的干阑柱下半截是石柱，由院子进入楼内的台阶是石条，干阑楼的房基和山墙是整齐的石块，甚至门槛、晒台、牛栏、猪栏、桌子、凳子、水缸、

图7-2-1 环江县下南乡景阳屯民居(来源：全峰梅 摄)

图7-2-2 环江县上南乡高岭屯民居（来源：全峰梅 摄）

水盆都是石料垒砌或雕琢的。住房一般是瓦顶泥墙，分上下两层，上层住人，并于前面建有晒台，下层关养牲畜和堆放杂物，保持“干阑”建筑的特点。

（二）形制

建筑布局多呈长方形，建筑特点可概括为“等开间，深前廊，模数五，木楼梯，四柱屋，梁架房”。其中，“等开间”指每个开间尺寸都一样，无宽窄之分，寓意一家大小人人平等；“深前廊”指前廊较深，既满足前廊作为交通枢纽的要求，又有利于保护木楼梯；“模数五”指开间、进深及柱距尺寸等都能被 5 整除；“四柱屋，梁架房”指不管进深多大，一律采用四根柱，中间两根是母柱，两边各设一根子柱，柱上置梁架。这种四柱梁架式房屋，在广西民居中也是独有的（图 7-2-3~ 图 7-2-5）。

毛南族传统民居以两层居多，三层较少。有些是三个开间，中间的开间向内凹进形成能容纳楼梯的入口空间，楼梯两侧由二层楼板挑出 60cm 宽的挑台，木质楼梯直接上至二层的正厅。正厅由木墙隔成前后两部分。前厅正中设置神台，两个卧室分别设在西南角和东南角。后厅西北角设火塘，烹饪饮食皆在此。底层柱子下半截是石柱，由院子进入楼内的台阶或是石条，或是木质楼梯。木楼梯的第一级和第二级用粗料石砌成，防止牛羊碰撞，也利于防潮（图 7-2-6、图 7-2-7）。

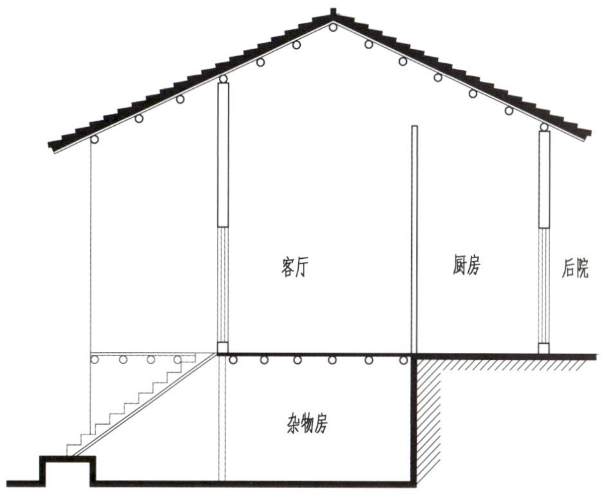

图7-2-4　环江县下南乡景阳屯民居剖面（来源：何晓丽 绘）

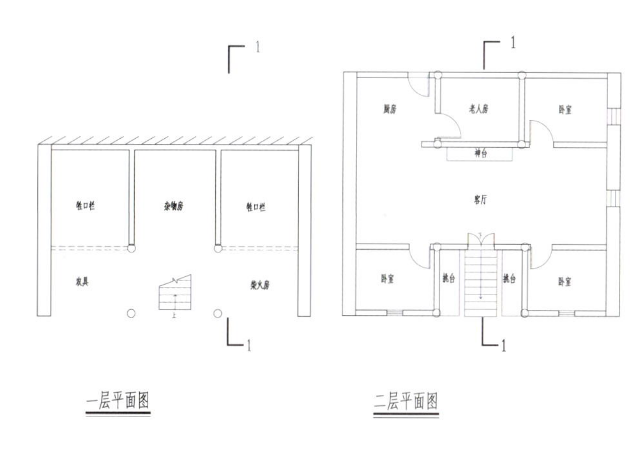

图7-2-5　环江县下南乡景阳屯某宅底层、二层平面（来源：何晓丽 绘）

图7-2-3　环江县下南乡景阳屯民居(来源：全峰梅 摄)

图7-2-6　环江下南乡毛南族某民居(来源：全峰梅 摄)

图7-2-7　环江县下南乡景阳屯民居（来源：全峰梅 摄）

图7-2-8　环江县仪凤村某民居(来源：全峰梅 摄)

有些民居建筑分五个开间，面前带有院，沿用了“干阑石楼”的形式，采用青砖砌筑山墙和背墙，山墙面装饰精美，表现出青砖青瓦清水墙的建筑特色（图7-2-8）。建筑采用砖木结构，外围为砖墙承重，内部空间采用木柱支撑楼板和屋顶。底层架空，局部以砖墙围合。除西侧梢间为砖墙砌筑外，其余四个开间采用木板作为围护结构。根据现存建筑基础，推测东部原有二层厢房以廊道与主屋相连。

（三）构造

毛南族民居用房间或桁条的数量（毛南话叫“轰”）来区分住房的大小。房间有三间、五间、七间、九间等。从屋顶到前后两边屋檐，用13根桁条的叫“檐十三”，用15根的叫“檐十五”，用17根的叫“檐十七”，用19根的叫“檐十九”。修建“檐十七”的较多，这样的房子，屋里既宽敞，通风采光也良好。“檐十九”屋檐低矮，光线不足，比较阴暗，所以修建得不多。

毛南族建筑正面镶木板、开窗，其余三面泥墙。木柱、枦梁合成的排架，毛南族语称“排檐”。每排用母柱、子柱各两根，以厚板为枦梁，把母柱、子柱连结起来。每根柱底垫以70~80厘米的圆台形石墩，以防母柱受潮腐烂。“排檐”多少，以间数来定，如做三间的要做2个“排檐”，五间的做4个“排檐”，七间的做6个“排檐”，以此类推。

图7-2-9　环江县下南乡景阳屯民居(来源：全峰梅 摄)

间数一般都是单数，因为大门要安在房屋正中，这样两头才匀称。每“排檐”竖后，中间横放檩条，钉上栓皮（椽子），盖瓦。屋顶有用瓦片做成的屋脊，很少用砖（图7-2-9~图7-2-11）。

三、建筑元素与装饰

毛南族民居注重经济、适用，整体装饰朴素，简洁大方。民居正中间设有大门，门楣宽厚，遇上过年过节或其他喜庆日就会贴上对联，装饰房屋，以表喜庆。一些人家也会在正门贴上门神，作镇邪之用。在正门中槛之上有门簪，多用两枚，

图7-2-10　毛南族干阑民居吊（来源：全峰梅 摄）

图7-2-11　毛南族干阑民居梁架模型（来源：全峰梅 摄）

图7-3-1　京州三岛不同时期民居交错而立1（来源：东兴市住建局 提供）

门簪上面雕刻有福寿、吉祥、平安等吉词颂语。

毛南族民居的门扇贴门神，有铁制或铜制的门环。这里的门槛也很讲究，用一块长条料石精制而成，早踩晚踏，也不怕损坏，年代越久，门槛越亮。大门两侧设卧室，均有窗户，以厚板为窗框、窗台，喜庆日也贴上对联。窗扇也用 2 块厚板制成，结构和大门一样。屋顶是用瓦片做成的屋脊，中间用 14 块瓦片装潢成金钱图案，屋檐用 3 根竹篾和栓皮交叉结成檐角，防止瓦片跌落。整个房屋结构严谨，牢固美观。

图7-3-2　京州三岛不同时期民居交错而立2（来源：东兴市住建局 提供）

第三节　京族传统建筑

一、聚落规划与格局

（一）聚落成因

京族，是中国南方人口最少的少数民族之一，历史上曾被称为“越族”，自称“京族”。广西的京族系 15 世纪末 16 世纪初从越南涂山迁徙而来，主要分布在东兴市江平镇的“京族三岛”——巫头岛、山心岛和万尾岛，一部分分布在恒望、潭吉、红坎、竹山等地区，其余一小部分散布在北部湾陆地上，广东省的茂名市、湛江市也有分布。京族是中国少有的整体以海为生的海洋民族，同时也是跨国民族。

京族民居由栅栏屋发展而来，现以石条屋为主，特点为石条作砖墙、独立成座、屋顶以砖石相压。受近代殖民文化的影响，许多京族民居与法式建筑风格相结合。现在的京族聚居地，3 种不同时期、不同材料、不同文化属性的民居建筑相互交错而立（图 7-3-1、图 7-3-2）。

（二）空间特色

京族村落的基本格局，因受地形地势、腹地、宗族观念及宗教信仰的影响，呈现出些许差异，从村落的空间形态和布局肌理上看，一般会形成带状式、围合式、混合式 3 种空间布局形态。带状式往往以过境道路或海岸线为轴线，两侧分布居民点；围合式通常以公共开敞空间为向心点，周边散布着居民，一般规模较小。混合式由线性和空间性布局结合而成，这种村落形态既体现了人的聚合心理，又体现村落建设的因地制宜。

二、建筑群体与单体

（一）建筑形式

古代京族百姓的居室是低矮简陋的栏栅屋，属草庐茅舍一类。现在京族建筑大多为石条屋，抗风耐湿，联排或独立成座，单座三开间并带有院子。厨房大多另建成间，紧靠正屋的外墙，并与屋内的过道相通。屋顶采用传统的硬山式双坡屋顶。这种别具一格的石条屋民居建筑，构成京族地区民居建筑的一大特色（图 7-3-3）。

京族还有特有的民族建筑——哈亭。哈亭，意为专司唱哈的亭子，传说是专为祭拜“镇海大王”而修建的。今天哈亭是京族过哈节祀祖先、祭神灵和民间娱乐、议事的公共场所，是京族三岛的标志性建筑。哈亭的建筑形式一般为圆圆红柱，弯弯亭角，屋顶双龙戏珠，亭内雕梁画栋，既古朴典雅，又别具特色（图 7-3-4）。每到哈节，欢喜若狂的京族人民在亭内载歌载舞，喜庆的气氛使整个海岛都热闹起来。

（二）形制

传统京族建筑的墙壁有两种：一种以粗糙的木条和竹片编织，有的再糊上一层泥巴；一种则以竹篾夹茅草、稻草等作墙壁。屋顶盖以茅草、树枝叶或稻草（也有极少数人家盖瓦片的），为了防风吹塌，屋顶还压以砖块或石块。屋垛四角以六寸至一尺高的木墩（多是苦楝木）或竹作柱（也有直接以石头作柱墩的），再在柱墩上横直交叉地架以木条和粗竹片，上面又铺以粗制的竹席或草垫，这就是草庐的“地板”了。屋内以竹片或木皮间隔成三个小间。老人住正间，后生住左侧间和右侧间。这种“草庐芭舍”，京家称之为“栏栅屋”。

图7-3-3　京州三岛石条屋民居（来源：东兴市住建局 提供）

图7-3-4　东兴市山心村京族哈亭（来源：东兴市住建局 提供）

“地板”上面住人，“地板”下是家禽栖息的地方。

随着生产的不断发展，京族的起居条件发生了根本的改善和变化，如今的石条瓦房室内以条石或竹片木板分隔成左、中、右三间，正中的一间是堂屋，其正壁上安置神龛，称“祖公棚”。堂屋除节日用于祭神外，也是接待客人以及吃饭、饮茶、聊天的地方，相当于现代居室的客厅。左右两间作卧室，每间前面均设很宽的过道，并横贯全屋。家私杂物如凳桌以及工具等，都置放在过道的墙脚边。

越南法式新民居是京族民居与法式建筑风格相结合的新别墅式民居。建筑通常高 2~4 层，独立成栋、不连排，外观多变，色彩丰富，但整体颜色以淡黄、粉红为主（图 7-3-5、图 7-3-6）。该民居共 3 层，内部空间宽敞明亮，外

图7-3-5　京州三岛越南法式新民居1（来源：东兴市住建局 提供）

图7-3-6　京州三岛越南法式新民居2（来源：东兴市住建局 提供）

图7-3-7　京州三岛越南法式新民居3（来源：东兴市住建局 提供）

部由圆形拱顶、精致光滑的廊柱和开放式阳台构成，带有精致窗棂，每层都有漂亮的法式阳台正对着道路。建筑外墙面贴多彩瓷砖，门窗装饰为法式浮雕纹样，窗形为方形（图7-3-7）。也有部分越南法式新民居窗形为圆形、拱形等。大户型民居还装饰有罗马柱式，三角形山花等，具有简约巴洛克建筑特点。

京族哈亭的建筑形制较为独特。其顶部呈现“八”字形两面坡，先用钢筋水泥铺平，然后在盖上土红色琉璃瓦，四角建成飞檐。屋脊正中立有“双龙戏珠”雕塑，大门口门楣上放置书写有“哈亭”两字的大牌匾（图7-3-8）。哈亭正门前有一敞开式的小亭，作为哈亭的辅助装饰部分，可用于哈节期间接待来宾休息。

（三）构造

京族过去的居屋多带“干阑”式建筑遗风，但现在大多建造方石砖瓦房屋。屋顶采用传统的双坡硬山式，材料以琉璃泥瓦为主，瓦片铺贴多为红色或褐色。屋脊为连续石条，以木条为檩，屋脊与瓦行间压小石条以抵御海风。石条瓦房的檐部出挑于外墙，以便于排水。石条瓦房的墙体做法较为特殊，墙体全部以淡褐色的石条砌成，每块石条约长0.75米，宽0.25米，高0.20米。其组合形式非常有规律：从地面到

图7-3-8　澫尾村传统建筑哈亭(来源：东兴市住建局 提供)

檐首之间，所砌的石条都是23块；从檐首向上至封山顶之间，所砌的石条又都是10块，因此，房高约7米。一般石条瓦房只有一层，开间一般为三开间，宽约11米，也有少数为五开间，进深约7米（图7-3-9）。

三、建筑元素与装饰

以石条瓦房为代表的京族民居纯粹为解决居有定所而建，不追求和讲究建筑造型与外观的美观奢华。其门窗样式较为简单，一般采用小方格或者简单的花窗图案。屋顶、檐部、外墙等建筑元素更是少有装饰，简洁朴素，体现了京族人民

图7-3-9 京州三岛石条屋民居（来源：东兴市住建局 提供）

的质朴与大方。近年还出现了不少钢筋水泥楼房，带有阳台和装饰性栏杆，摆放着鲜花盆景。

本章小结

仫佬族与汉族、壮族交往密切，因此他们的生活、居住方式既受到汉族和其他民族的影响，也保留着本民族的特点。住房一般是泥墙瓦顶、三间并列的平房，茅屋较少。其屋宅建筑形式大都一个格式，一户住宅 7 个门，大门、中门、后门和 4 个房门。堂屋中间墙壁置“香火”。左侧门边挖地砌地炉，地炉烧煤，是仫佬族特有的取暖、烧火的生活设施。与其他干阑民居不同的是，仫佬族的牲畜圈栏一般与住房分开，因而室内比较干净整洁。

毛南族民居主要经历了 3 个发展阶段：最初住的是草木结构，上层住人，下层圈养牲口；之后是土木结构，分三开间或五、七开间，皆取单数；第三阶段是石木或砖木结构，俗谓石楼。也正因为毛南族地处大石山区，毛南族民居也表现出与其他民族不一样的材料和形式，如楼柱是石柱，楼内的台阶是石条，房基和山墙也多由石块制成，相关建筑构件也都是由石头垒砌或雕琢而成。

京族栏栅屋民居带“干阑”式建筑遗风。古代生活条件较差使京族民居主要为栏栅屋，随着生活条件的不断改善，慢慢地出现了石条屋，两者的建筑形式与布局是一样的，只是材料不同而已。目前，京族建筑与现代建筑结合，形成三层或多层新别墅式民居。

第八章　广西传统建筑特征总结

自古以来，汉族、壮族、侗族、苗族、瑶族等12个民族在广西和睦相处，共同创造了独具特色的地域建筑文化。从广义建筑学的角度来看，广西因地理、自然、交通、民族等因素形成依山傍水、有机生长、道法自然的山水聚落格局。从狭义建筑学的角度来看，竹木、土石、砖瓦等地域建筑材料，架空、出挑、晒台、天井等独特的建筑语言，通风、遮阳隔热、防水防潮等生态的建筑技术以及蕴藏骆越民族文化基因的装饰艺术，共同彰显了广西传统建筑的民族和地域特征。这些聚落格局、建筑语言、建造技术手段等智慧具有时代的借鉴性与启发性，是营造广西新时代地域建筑的宝贵资源库。

第一节　聚落的空间美学

聚落是一种综合性的社会实体，是镇或城市形成的最初状态，是在一定地域内发生的社会活动与生活方式的总和，同时它又是一种空间环境系统，其包括自然环境与人文环境等子系统。在这个空间序列和综合系统中，广西因为自然地理、文化背景、现实需求等因素，通过一系列的功能与空间组织，形成不同的聚落特色，展示了各民族的生活图式和集体智慧。

图8-1-1　临水而居的富川秀水村（来源：《广西民居》）

一、选址特色：依山傍水

广西传统村寨的形成与发展离不开客观的地理环境，有利的地形、方便的水源、充足的阳光、秀美的环境、便利的交通等都是广西传统聚落选址的基本要素。

（一）自然因素

水因素：水资源是建村立寨的必备条件，广西地处我国南疆，属降雨量较大的亚热带气候，水资源相当丰富，接近水源是广西传统聚落选址的普遍现象，多选址于靠近河湖、溪川或有丰富的地下水可资利用的地段（图8-1-1）。

地形貌因素：广西山岭连绵，山地中的聚落选址普遍都在高山阳坡或依傍河谷的平坦地带，易排水而不易内涝，同时也可以争取到良好的朝向与通风（图8-1-2）。

根据自然环境与聚落选址位置关系，可以将其分为高山河谷类和丘陵平地类两种类型。

高山河谷类：主要分布在广西西北部的龙胜、三江、融水、都安、大化、东兰、天峨、南丹、巴马；东北部的贺县、富川、恭城；西部的西林、田林、隆林、那坡、德保、靖西以

图8-1-2　依山而建的龙胜瑶族村落（来源：全峰梅 摄）

及南部的防城、上思、灵山等少数民族分布地区，以瑶族最为普遍，素有“南岭无山不有瑶”之说，如龙胜各族自治县的龙脊壮族十三寨。这类村寨的自然环境特点是山势巍峨，群山绵延；沟谷绵长，泉水淙淙；开门见山，平地稀少。

丘陵平地类：一种是分布在山脚下的缓坡上，或依着群山，或卧于河谷，村寨的环境特征是依山、傍水、临田。建筑多为南、西南或东南朝向。这类村寨在广西数量最多、分布最广，其中汉族、壮族、侗族等地区最常见。另一种是平地类型的村寨，分布在山岭的小盆地之中，地势比周围的田地略高，临水源，常以远山近水作为相地之基础。这类村寨主要是分布在东南部、中部和南部的汉族或壮族聚落，特点是水源丰富，土地肥沃，交通便利。

（二）人文因素

村寨选址除了自然地理因素外，生产条件、交通条件、民族迁徙等社会因素也是影响传统聚落选址的重要因素。

生产因素：农耕是传统聚落的最初生产状态，任何一个传统聚落形成都离不开耕地。因此，为了生产、生存，在广西传统聚落选址时，传统聚落四周往往都会有足够的田地以供开垦耕种。

交通因素：良好的交通区位为居民与外界交流提供了便利，因此传统聚落的选址尽量靠近水陆交通设施，通过“赶圩”(赶集、赶场)交换剩余农产品或参加民俗活动。如南宁西郊的杨美古镇，原是越族聚居村寨，择址濒临邕江水运航道，后因水运交通便利而日渐兴盛。

民族因素：历史上的民族迁徙也是影响广西少数民族聚落分布特征的重要原因之一。汉族自秦始皇统一岭南后，出于屯兵与巩固政权的需要，以汉族耕种平原地带肥沃良田为主。壮族是广西的土著民族，也是广西人口最多的少数民族，历史上曾经实行土司制度，他们也大多耕种山下肥沃的良田。而苗族、瑶族、侗族等其他少数民族受到压迫，只能迁至桂西北的大山区。民间素有“汉族、壮族住平地，侗族住山脚，苗族住山腰，瑶族住山顶”的说法（图8-1-3）。

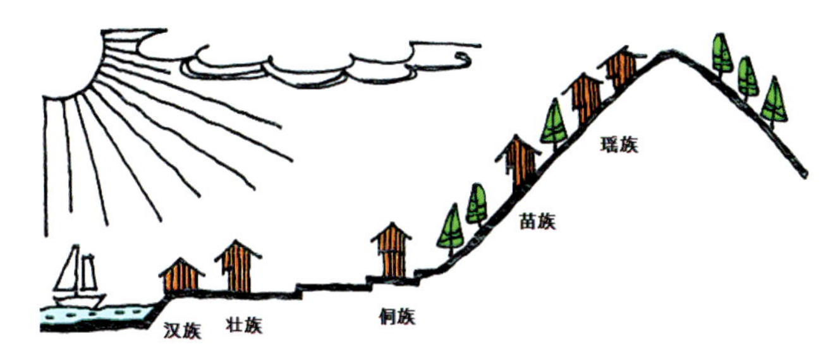

图8-1-3 广西各民族村寨选址特征示意（来源：《广西民居》）

图8-1-4 村落的四种外部空间形态示意图（来源：杨玉迪根据资料 改绘）

二、结构形态：有机生长

在不同的自然环境、民族特征以及人文要素背景下，不同的聚落表现出不同的布局形式。从规模和形态上来看，广西传统聚落的布局结构形态可分为散点型、单线型、复线型和网络型4种类型（图8-1-4）。

（一）散点型聚落

散点型村寨一般规模较小，单体建筑稀疏散落地分布，没有形成街或巷。整体上呈自由散落的状态，不讲究布局朝向和形式，不受传统礼制的约束。这种聚落内部联系较弱，居民之间没有共同的民族信仰和生活习俗。他们的共同特点就是居住在同一个区域内，共同享有该区域的生产场所。这是聚落最低级的一种形态，多见于高山区村寨（图8-1-5）。

（二）单线型聚落

单线型聚落一般是以一条主要街道为轴线，公共活动以及居民生活都集中在这条主要轴线上。这种聚落布局形式简单，建筑沿主街两侧分布，建筑与街道直接连接，局部形成开敞的公共空间，如井台、街巷交叉口等，贯穿聚落的街道两端是全村的主要出入口。如灵川县熊村具有较明显的单线型特征（图8-1-6）。

（三）复线型聚落

随着聚落规模的扩大，单线型道路骨架就会将聚落拉得很长，不便于居民的交往和联系。因而，很多聚落的主要

图8-1-5 散点型村寨：兰田乡上板垒界村（来源：全峰梅 摄）

图8-1-6 单线型村落：灵川县熊村（来源：全峰梅 摄）

道路相互交叉，呈“十”字、“T”字或“人”字形，以此衍生出众多的巷道和住宅，形成丰富多变的聚落平面布局，此所谓“复线型聚落”。街道的交叉处往往是聚落的中心，布置公共建筑或开放性空间，成为居民公共交往的场所。因受到地形、水系等自然环境的影响，从聚落整体布局形态来看，有的聚落道路交叉方式比较自由，有的则平直规整。建筑布局有的受传统礼制影响，讲究坐北朝南，有的因地制宜比较自由松散。就民族特性而言，汉族或受儒家思想影响较重的民族聚落一般平面布局较规整，而大多数少数民族聚落较自由；就地势而言，平地聚落多规整布局，而山地聚落多自由布局（图8-1-7）。

（四）网络型聚落

随着聚落规模的进一步扩大，复线型聚落逐步发展，由原来简单的“十”字或“T”形的形式发展成为纵横交错的网格形式。

汉族聚落因受传统封建礼制的影响，布局规整形态方正。如灌阳县月岭村，聚落布局形态特点是其室外空间形态丰富，村中道路及建筑集中布置，形态规整，以中部的唐家大院最为突出。街巷空间依地势高低错落，组合形式多样，随机自如，以远山为背景，以山墙为对景，营造出变幻多端、步移景易的空间景观（图8-1-8）。

其他少数民族村寨，如壮族、瑶族、侗族、苗族等多建于山地丘陵地带，依山就势，布局较自由，形态丰富多变，道路随地势起伏而变化，形成自由的网络结构。这种自由网格形式又可分为树枝状、交织状、放射状等形式（图8-1-9）。

三、空间特色：道法自然

广西传统民居从其施工工艺与细部来看，往往不及徽州、山西等地。但由于自然地形的复杂多样、民族文化的多元融

图8-1-7　复线型村落：黄姚古镇（来源：《广西民居》）

图8-1-8 网络型村落：灌阳县月岭村（来源：全峰梅 摄）

（a）树枝状

（b）交织状

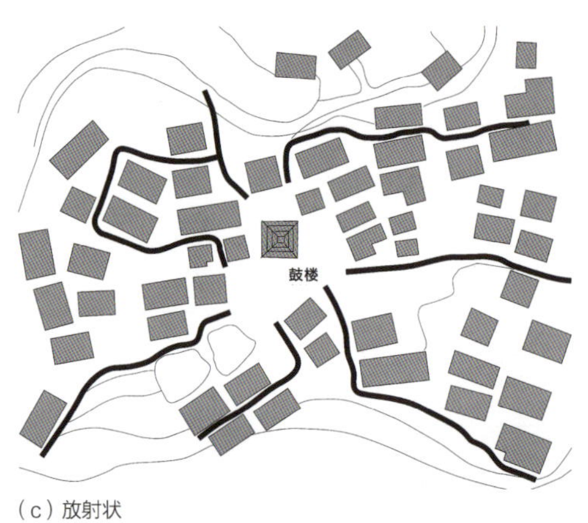

（c）放射状

图8-1-9 少数民族的各种自由式路网（来源：杨玉迪根据资料改绘）

合，在漫长的历史发展中，从聚落层面来看其形成丰富多样的空间特色，给人以美的感受。同时，这样的美又提供给了我们许多建设样本，这些样本和从中提取的空间意象值得我们在城乡建设中加以借鉴。下面将借用凯文·林奇(Kevin Lynch)空间意象的分析方法，解读广西传统聚落的空间特色。

（一）路径

广西传统聚落空间意象中路径指的是以观察者的习惯、偶然或是潜在的移动通道，它可能是主要街道、巷道等。在观察和识别传统聚落路径时，常常有两种截然不同的感受。一种是路径空间比较规整的聚落，通过其路径很容易了解聚落的基本规模、形态与内容。而另一种则完全相反，往往感受到的是支离破碎的空间片断。无论曲折的或简洁的道路，都可以给探访者带来鲜明的印象。通过对路径网络的辨别，可以整体把握聚落的空间形态（图8-1-10）。

（二）边界

广西传统聚落的边界，一般为天际线、河流边线等。传统聚落的边界往往比城市中的边界更丰富。例如富川县秀水村，河道与山体构成的天际线所体现出的边界作用，使人对其过目不忘。又如在三江平安寨的边界，可以看到入口的风雨桥，看到作为道路的线性空间穿越了作为村寨

（a）龙胜大寨

（b）兴安水源头村

（c）兴安榜上村

图8-1-10　自然而有序的道路网络（来源：全峰梅 摄）

图8-1-11　以水为边界的民居聚落（来源：全峰梅 摄）

边界的河流，然后进入村寨。风雨桥与河流、道路交织在一起，使探访者产生空间认知。汉族村寨除开多数形制规整的因素外，形成明显边界的原因，还与它们的周边环境有关。稻田、水面是主要的环境要素，这样的环境要素是平面展开的，于是边界水平与竖直向对比，意象效果就强烈起来。山地村寨往往没有明显的边界，相对的，山地村寨多是处于变化较大的地形里，这样的地形变化自身就有竖向的感觉，加上树木的映衬，其边界相对模糊（图8-1-11、图8-1-12）。

通过对传统聚落边界的分析，在处理设计对象时，若希

图8-1-12 山地模糊化的聚落边界（来源：全峰梅 摄）

望其融入环境，可以弱化其边界。主要手段有：缩小体量、模糊边缘、减少对比。若需要强化设计对象，则可以通过强化边界来实现。

（三）区域

依据功能的不同可以将传统聚落的区域分为：生产区域、居住区域、交往区域等（图8-1-13）。

生产区域：以农耕为主的传统聚落，生产场所多布置于村寨的外缘，与村寨之间的关系类型主要有：村寨前为水田、后为旱地；重重梯田包围村寨；村寨处于全旱作，耕作半径很大的大石山区。

居住区域：聚落的基本功能区域，是人们居住的空间，与日常生活最为密切的空间要素。构筑物作为居住场所的主要表现形式，其布局与组织模式反映了各民族的居住习惯与宗教信仰，是居住文化的重要物质载体之一。

交往区域：多为开放性的公共活动空间。在如汉族村落，其形式多表现为宗祠、谷场、庙宇或大树底下等。而一些少数民族村寨，则表现为鼓楼、圩场、歌台等，是体现村寨凝聚力的场所。

（四）节点

传统聚落中的空间节点，往往受到自然环境的影响，路径自然转折，节点富有韵味。如黄姚古镇，节点表现为村头古树、桥边古亭和戏台等；再如一些村寨，寨门成为进入村落的第一个重要节点。进入村落内部后，节点表现为一些或大或小的颇具情趣的空间场所（图8-1-14）。

图8-1-13　生产、居住、交往区域（来源：全峰梅 摄）

图8-1-14　黄姚古镇空间节点（来源：熊元鑫 摄）

（五）标志物

标志物具有统领聚落空间全局的作用。其关键的物质特征表现为单一性与唯一性。少数民族村寨以人工标志物为主，这些标志物往往有实在的生活使用功能，如风雨桥、鼓楼等。其中也有一些是纯象征意义的标志物，如图腾柱等。汉族传统村寨的自然标志物一般表现为山、水、树等，人工标志物一般有塔、阁、牌坊等，其通常建造在与村寨有一定距离又十分重要的场所。这些标志物多有象征意义，其精神寄托功能多于使用功能。这些标志物具有较强的美学价值，极大地增加了聚落的整体景观效果（图8-1-15）。

（六）环境

村寨与自然环境结合紧密并融为一体，共同构成村寨意象。自然环境是村寨空间形态的重要影响因素之一，聚落与自然环境两者互相交融，互为重要组成部分。从聚落意象元素的形成来看，环境本身具有强烈的“可读性”与“可识别性”，并且能够根据其不同个性与形态结构，给观察者以不同的印象。因此，环境作为传统村寨意象中的一项重要元素，在广西村寨空间意象分析中得以重视。如：壮族和瑶族村寨的空间布局和建筑风貌往往与梯田融为一体，给人们留下与众不同的印象。而灵川县海洋乡，其繁盛的银杏植被每到金秋季节，便使乡村沐浴在一片金黄色之中，给人以深刻的色彩印象。可见，自然环境也创造了富有趣味的聚落空间环境意象（图8-1-16）。

(a) 鼓楼

(b) 风雨桥

(c) 魁星楼

图8-1-15 各类标志物（来源：全峰梅 摄）

图8-1-16 灵川县海洋乡大桐木村（来源：《广西民居》）

第二节 建筑的地域特征

一、天然的建筑材料

建筑作为社会－自然－人居环境复合生态系统的有机部分，其生存与发展必须要有一定的物质来支撑建筑的搭建，因此需要依托建筑的地域建材资源背景，明确建筑的具体表现形式、构造做法、营建方式等。挖掘建筑的生存环境与建筑模式之间的因果关系。

材料是建筑营造的基本物质要素，就地取材是传统建筑营造的基本原则。同时中国传统观念认为人与建筑也是自然的一部分，是不可分的，这一观念决定了人们从自然中获取必要的建筑材料是天经地义的，但在获取的同时也对自然有一种敬畏之心。

广西传统建筑是与生态自然紧密联系在一起的，取材于天然竹木、岩石、泥土而建筑的生态家园，构成广西地域性乡土建筑的主要特征。

（一）竹、木

广西山多林密，盛产竹木，气温高，湿热，雨量充沛，毒蛇猛兽经常出没，广西少数民族在生活实践中创造了用竹木架立梁柱而成的干阑建筑。桂北山区竹子资源丰富，因此，早期建房可以就地取材，建筑竹楼。竹楼的柱子、屋架、楼板、楼梯、墙壁等都是用竹子做成的，屋顶也用竹子做成的檩条支撑，上铺草排。

由于竹子的防火、防腐、防蛀等性能较差，结构上也不够结实耐久，因此，后来竹楼的各种构件，包括柱、梁、屋架、楼梯、楼板、墙壁等主要承重构件和围合构件都逐渐由木料所代替。在木材资源丰富的桂北、桂西、桂中等地区，木材成为主要的建筑材料，木楼也就随处可见。木结构的耐久性首先取决于木材本身，但传统民族建房经验也十分重要。第一，当地居民在建房时讲究用材树种的选择，通常选用耐腐、防蛀、树干直、易加工、变形小的树木作建筑材料，如杉木；第二，木材使用前放入水塘浸泡数月，进行微生物处理改性，然后取出洗净晒干使用，对于防止蛀虫也非常有效；第三，在楼下架空层饲养家禽，特别是鸡鸭喜食白蚁虫卵，利用生物手段灭虫，亦可减少虫害。第四，火塘长期烟熏，产生的烟雾化学作用，对防蛀、防腐有明显功效（图8-2-1）。

（二）土、石

广西地处亚热带，降雨量大，空气湿度大，对建筑的防雨、防腐蚀提出了很高的要求。因此，部分干阑建筑又以石

图8-2-1 广西少数民族的竹木家园（来源：全峰梅 摄）

（a）罗城仫佬族村落

（b）恭城石头村

（c）罗城里江村三艾屯

（d）上林鼓鸣寨

图8-2-2　广西少数民族土、石结合的特色建筑（来源：全峰梅 摄）

木结构为主，石材具有密度大、分析率小、吸水率低、硬度强度高、耐腐蚀等特点，因此在干阑建筑的基础中扮演着重要的角色。如广西黑衣壮、仫佬族、毛南族居住区域属于大石山区，石材资源丰富，结合干阑建筑特点，墙基柱角及建筑周边的排水沟渠等部位容易受雨水溅湿和腐蚀，因此石材在该类部位具有广泛的应用。由于部分石材的颜色属于黑色系，因此采用石材作为建筑基础不但丰富了建筑形式，还增加了建筑特色，更主要的是使建筑本身与黑衣壮文化融合在一起，秉承黑衣壮的以黑为美的民风民俗，使黑衣壮传统古村落充满独特风情。

泥土由于极易获得且具有保温、隔热、黏性等特点，因此作为建筑材料在广西地区使用也有很长的历史。壮族等少数民族主要使用泥土来烧制瓦片和建造泥墙。泥墙的制作工序繁杂，首先需要把泥土捣黏切片，然后将切片往木骨架上捅，在上捅的过程中还要进行转捅、上水、抹泥等工序。典型的如南宁市上林县鼓鸣壮寨（图8-2-2）。

（三）砖、瓦

受中原及岭南文化影响，广西汉族传统建筑材料多采用青砖灰瓦。砖材料的表面肌理相对单调，砖的表面并没有多样的纹理，砖墙肌理的表达更是通过砖块的砌筑来呈现。在传统建筑中，砖的砌筑是一种重要的建筑语言，传统的砌筑方式有平砖顺砌、平砖丁砌以及席纹砖等，给人以亲切而质朴的感觉。而砖不仅是作为建筑材料而存在，还是一种很好的装饰材料，如在园林中，青砖创造出淡雅的文化气息，砖作为一种装饰材料主要表现是砖雕，它作为一种独特艺术形式出现建筑中，形成的独特的艺术特色，反映独特的地域文化，蕴含着独特的审美观念和民俗文化。

图8-2-3 桂林朗梓村砖瓦艺术（来源：全峰梅 摄）

图8-2-4 黄姚古镇的砖瓦艺术（来源：熊元鑫 摄）

瓦这种古老的建筑材料，几乎有着和砖一样的历史，正所谓"秦砖汉瓦"。瓦这种材料一般用于屋面，它不仅会起到原始的遮蔽功能，还有着重要的装饰功能，在广西传统建筑中一般使用青瓦，呈现出质朴的趣味（图8-2-3、图8-2-4）。

二、地域的建筑语言

（一）架：吊脚楼、架空层、过街楼

"架"是利用结构柱或者自然元素界定领域和空间的手法。广西干阑建筑的底层架空层非常实用，它巧妙地利用地

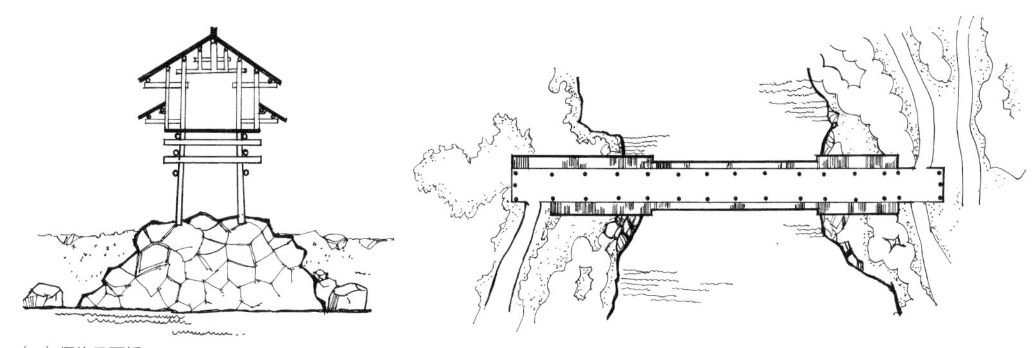

（a）侗族风雨桥
风雨桥是纵向延伸的廊道空间，不仅方便行人穿越河道，且桥上重叠的屋檐也能为路人遮阳避雨。

（b）过街楼
过街楼架在街道上方，也是交通走道中的一个间歇空间，供路人稍作停留

（c）干阑民居底层架空
干阑民居底层架空饲养家禽、堆放杂物，同时也是建筑适应山地地形的必然结果。

图8-2-5 广西传统建筑架空类型图示（来源：《广西民居》）

形架空以用于饲养家禽，满足农务生产的需要。这种方法推广到人口稍密集的村寨中，便形成了灵巧的过街楼。过街楼通常被架在村寨通道的上方。楼上，它是住宅的局部延续；楼下，则形成供人通行的通道。在一个狭小的巷道里，行人不经意会发现，头上两间房的屋山墙被架在空中的廊道联系起来，就像一个“空中之楼”，这就是过街楼。此外，建筑还能驾驭山水之间，而同时山水不被建筑完全遮蔽。如侗族风雨桥就可以认为是“架”的一种形式，只不过被架在了水面之上（图8-2-5）。

（二）挑：出檐、挑台

出挑是广西传统建筑常用的造型方法。建筑通过层层出挑提高空间的利用率，而且常常在进退凹凸、平座出檐、屋顶形式、廊房门墙等方面追求变化，创造出富于表现力的形体。一般来说，出挑的方式大概有：披檐出挑、出挑卧台、层层出挑、卧台4种方式。不仅如此，为扩大房屋空间、避免风雨对山墙的冲刷、便于采光通风，工匠们在山墙处通过枋木的出挑，增设山墙的小屋檐，形成披檐。披檐的运用不仅增加了房屋的面积，还增强了房屋的造型变化和美观效果（图8-2-6）。

（三）台：凉台、平台

在壮族等少数民族村落里，晾晒谷物、辣椒、熏肉等都是农民日常生活重要的一部分，而由于受到山地的限制，宽阔的晒场是少有的，“晒台”便解决了这一问题。室外晒台既增加了内外空间的连通，而且也延续了房屋的服务空间。

（a）融水杨宅（苗）
披檐出挑：妙句屋顶山坪面时一般歇山做法。且歇山顶横腰加建一披檐，披檐上也可晾晒谷物和衣服。

（b）龙胜平等乡蒙宅（壮）
出挑卧台：大多数干阑民居建筑通过大屋顶、挑廊形成半遮蔽的室外空间。有利于通风透气。如图，民居在挑廊上安装栏板，有些栏板上还特意凿一圆形孔洞供家犬伸头瞭望。

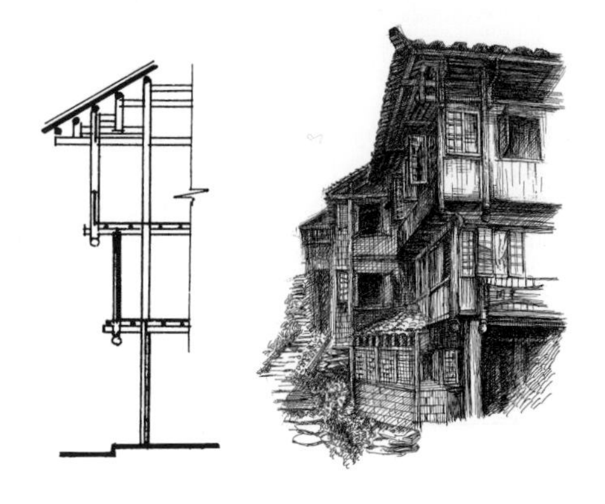

（c）龙胜平安寨（壮）
层层出挑：干阑建筑外沿常层层出挑，下小而上大，占天不占地。由于占地面积不大，建筑层层出挑，檐水抛得很远，有利于保护墙脚。

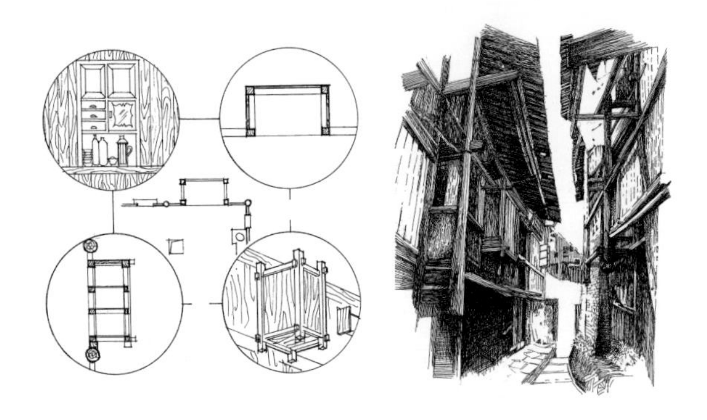

（d）三江侗族民居
侗族吊柜：民居山墙上出挑形成一个凸起的立柜，可以利用空中挑柜内空间。

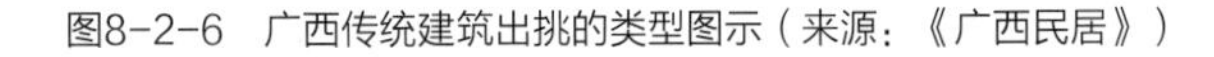

图8-2-6 广西传统建筑出挑的类型图示（来源：《广西民居》）

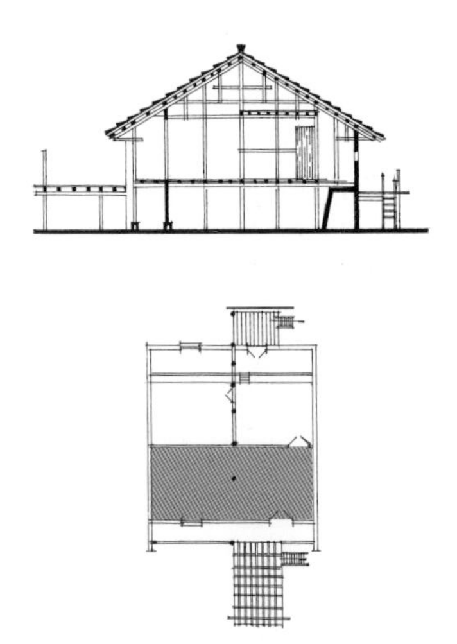

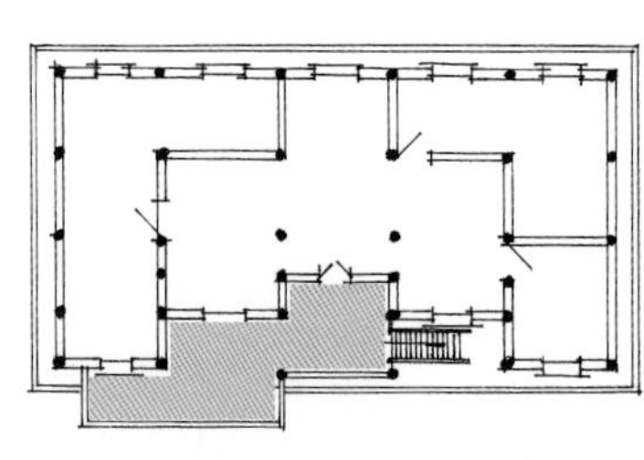

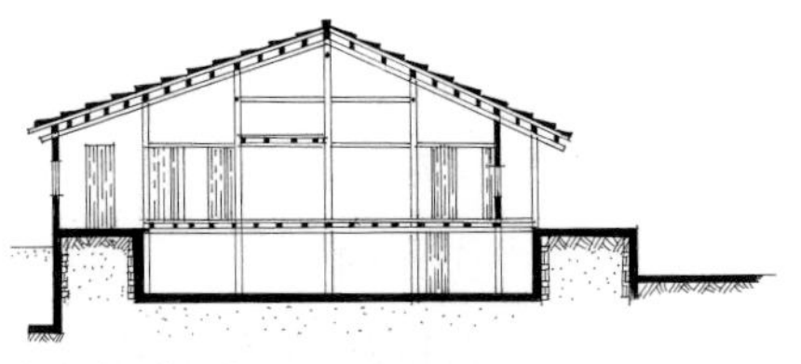

（c）房屋前面的夯土平台做晒

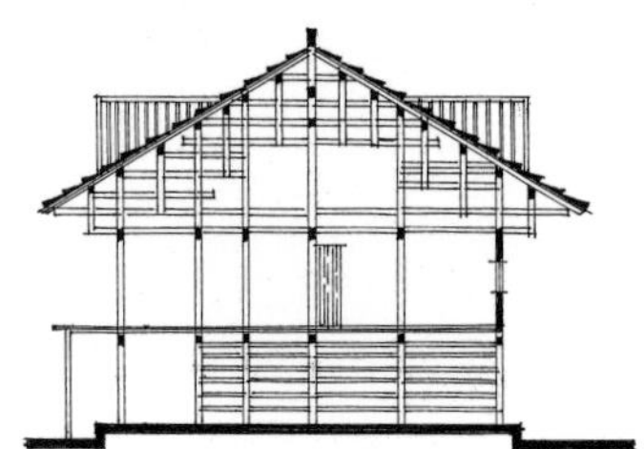

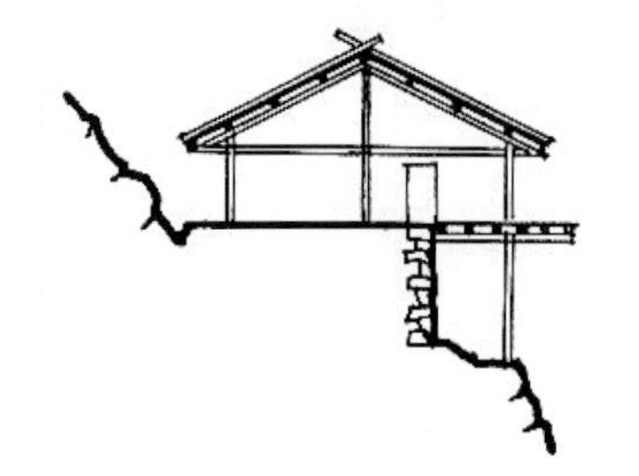

（a）部分房屋前后均有晒台（或竹晾），一晒台与厅堂、入口廊道结合，另一个与厨房、火塘等辅助空间结合

（b）晒台是扩大的廊道空间

（d）晒台并不局限与地型，以悬挑的方式架在山坡上

图8-2-7 广西传统建筑：台——晒台、禾晾、平台图示（来源：《广西民居》）

广西传统干阑民居晒台有4种形式（图8-2-7）。在龙胜泗水乡，壮族同胞把晒台缩小布置于房屋一侧，利用竹竿搭建梯形禾晾来晾晒衣物、谷物等（图8-2-8）。而在平原与盆地地区，采用平地作为晾晒空间就很普遍，如在黄姚古镇利用街道或者阳光充足的空地晾晒谷物。

（四）井：天井、楼井

中心天井是汉族传统院落建筑的一个重要建筑语素。它连接合院建筑中每个居住实体，强化了空间的存在性和“天人合一”的精神。天井四壁围合，空间特意拔高，最主要的光源直接都来自上方的天空，对外突出建筑的物质性，对内则强化了空间的凝聚性。从建筑功能上看，天井也为一家人团聚、闲聊、晚餐、玩耍、家务活提供了必不可少的场所，可以说是仅次于堂屋的家庭生活的中心。在干阑民居堂屋里，通常把供奉神位空间做高，从而形成一个通高两层的楼井。居室二层处设置回廊，可眺望神位牌。楼井空间光线透过屋顶直射下来，室内空间层高较低使得光线黯淡，形成鲜明对比，从而营造了神圣的空间氛围（图8-2-9）。

图8-2-8 西林马蚌乡浪吉村那岩屯民居晒台（来源：全峰梅 摄）

（a）恭城朗山村

（b）灵山大芦村

（c）兴业庞村

图8-2-9 传统民居的天井空间（来源：全峰梅 摄）

三、生态的营建智慧

广西属亚热带季风气候区，主要特征是夏天时间长、气温较高、降水多，冬天时间短、天气干暖，因此对建筑提出了一系列功能要求和相应的设计原则。通过广西各民族的不断探索和积累，广西形成一整套既具有科学性，又富有地方性和民族性的建筑经验，这些建筑经验一直沿用至今，甚至影响着广西地域性现代建筑的潮流。

（一）通风

1. 通风与低密度布局

广西传统建筑主要靠大量的自然通风来迅速排除室内的闷热而降低室内温度，其有效措施就是使建筑朝南北向设置，以争取常年主导风向，并组织好畅通而简洁的气流流向。

从建筑与建筑之间的布局来看，为争取自然通风，传统建筑大多分散式布局。在区域范围内，为了有效通风，建筑密度很低，即使是在紧密聚居的村落中，建筑与建筑之间的间距也最大，以便室外活动和阴凉通风。这与气候干热地区、气候寒冷地区的建筑形式及应对气候的方法是完全不一样的（图8-2-10）。

2. 简洁的平面与立面布局

从建筑平面布局来看，民居建筑的平面布局一般较为简洁，房间一般不重叠曲折、前后错搭、高低错落处理，因为这样会影响房屋的自然通风。在平面布局上通常还保留着中部开敞的大开间，并与前后廊连接畅通，形成良好的室内穿堂风，从而降低室内温度。从建筑立面来看，为保持良好的通风，民居建筑的立面多保持着简朴的立面，一般不作凹凸、曲折处理（图8-2-11）。

3. 架空与通透性处理

房屋的架空与四处开敞通透的处理，是房屋通风的关键。利用前后开窗、设置宽大的栅栏、山墙通透处理等手法，不仅增强了房屋的通透性，还加大了房屋的横向与竖向通风，加快了室内外的空气对流和交换（图8-2-12、图8-2-13）。

（二）遮阳隔热

由于湿热地区的气候炎热、日照强烈，为了减少日辐射热量透入室内，建筑的遮阳处理便显得必不可少。最常用的做法是增设宽大且出挑的披檐或是前廊。出挑披檐和前廊除了前后通风、防止日晒雨淋外，还可以有效遮挡眩光（图8-2-14）。

图8-2-10 通风与低密度散点布局（来源：全峰梅 摄、绘）

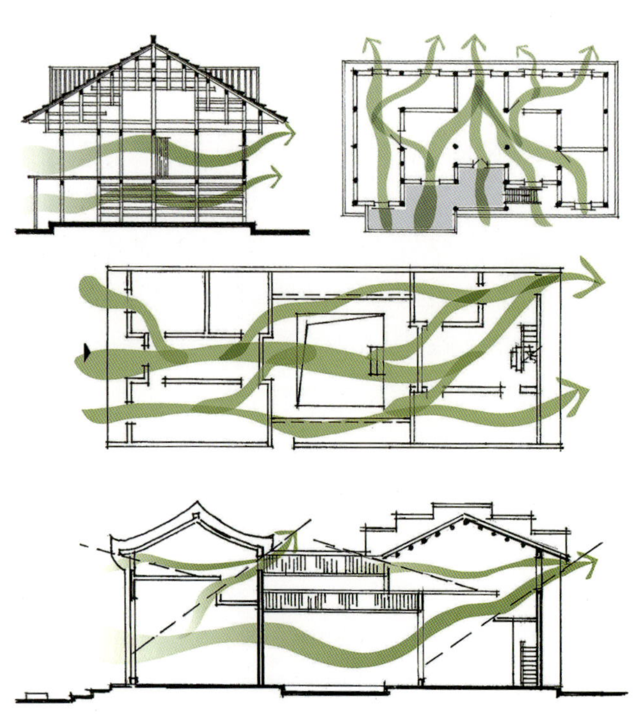

图8-2-11 天井院落式民居及干阑民居的通风分析（来源：何晓丽 绘）

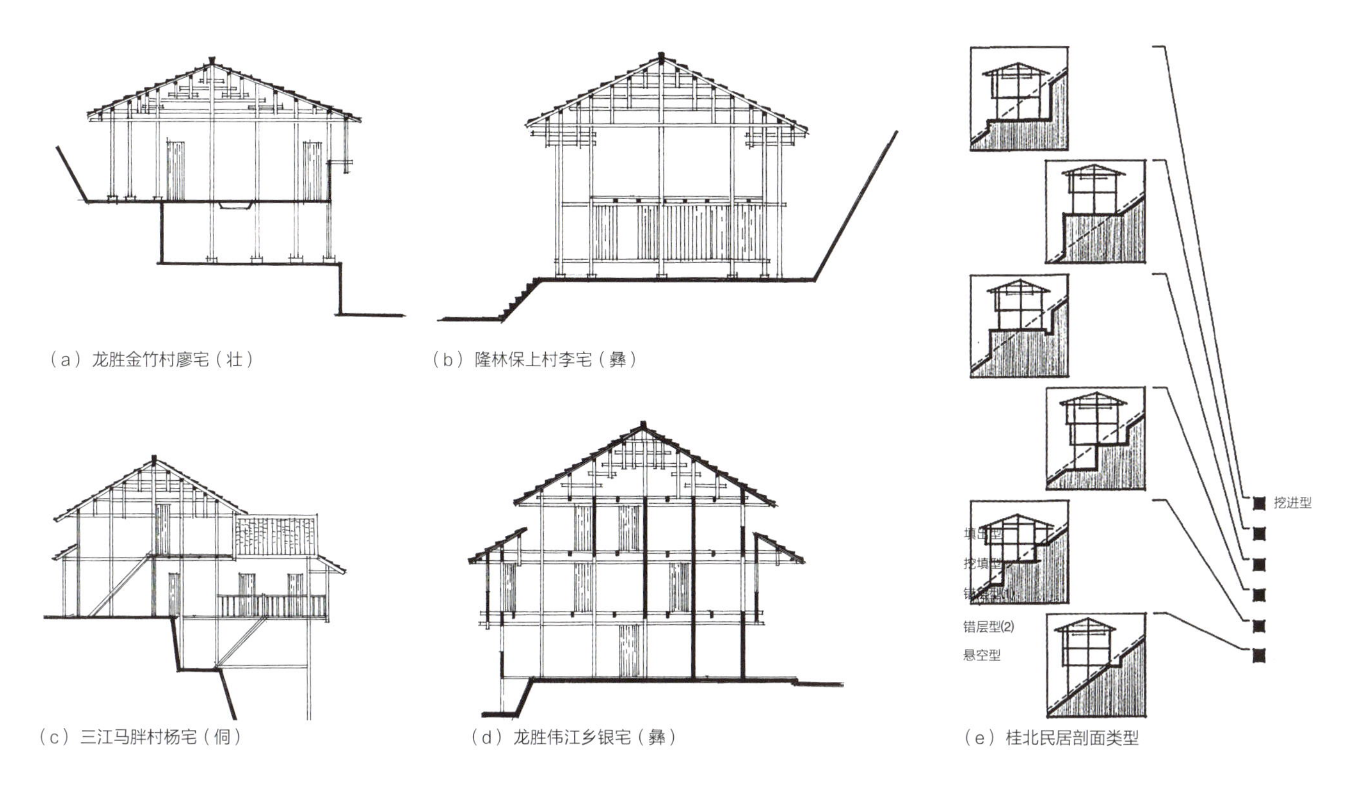

（a）龙胜金竹村廖宅（壮）（b）隆林保上村李宅（彝）

（c）三江马胖村杨宅（侗）（d）龙胜伟江乡银宅（彝）（e）桂北民居剖面类型

图8-2-12 架空与通透性处理图示（来源：《广西民居》）

图8-2-13 桂林兰田老寨干阑建筑的架空与通透性处理（来源：全峰梅摄）

图8-2-14 披檐和前廊的处理（来源：《广西民居》）

另一个重要热源来自地面辐射，因此，人们会在房屋周围栽种花草树木或是瓜果藤植，这些植物可以通过蒸腾、蒸发、遮阳和反射作用给房屋带来清凉，简单的建筑形体也在阳光下减少了眩目的反射（图8-2-15）。

（三）防水防潮

防水、防潮往往和通风、遮阳的功用是相通的，比如房屋的架空处理既是满足通风的需求，又是满足防水、防潮的需要；披檐有遮阳的效果，又能有效防止狂风暴雨来临时雨水向房屋的侵入和对屋身的侵蚀。其中，房屋的架空处理是防水、防潮的最佳办法，干阑建筑的“吊脚”从1米抬高到2~3米甚至更高（图8-2-16）。

第三节　民族的装饰艺术

一、屋顶艺术

林林总总的屋顶形式赋予建筑多姿多彩的外观和立面，同时它也成为广西传统建筑中最突出的形象，是地方性和民族特性的标志。沿山而筑的壮族、侗族、瑶族民居，集中展现了群体建筑的体量和优美的轮廓线。一间间的民居隐藏在山林之间，只露出上半截墙身和屋顶，建筑沿山势升起，而墙身和屋顶不断重复，形成重复的韵律感；与此同时，一间间大屋顶檐口起翘一个接着一个，从山顶向下俯视，似乎给群体建筑描上连续的轮廓线，与广阔的天空融合一起形成优美的天际线，给人以宏伟的群体观感（图8-3-1）。

广西传统建筑的屋顶类型以硬山、歇山为主，形式各异，丰富多彩。不同的屋顶造型常常反映建筑不同的自然和人文背景，南方建筑通常要求通风透气，屋顶普遍比北方薄。一般来说，屋顶在单座建筑中占的比例很大，可达到立

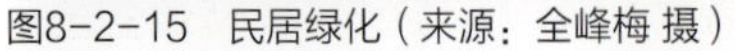
图8-2-15　民居绿化（来源：全峰梅 摄）

图8-2-16　高低不同、材料不同的吊脚防潮处理（来源：全峰梅 摄）

图8-3-1　富有韵律的屋面处理（来源：《广西民居》）

面高度的一半左右。建筑的等级、个性和风格，很大程度上就通过屋顶的体量、形式、色彩、装饰、质地体现出来。传统木结构的梁架组合形式，可以很自然地使坡顶形成斜线、曲线，而正脊和檐端也可以是曲线，在屋檐转折的角上，还可以做出翘起的飞檐。例如屋脊可以增加华丽的吻兽和雕饰，屋瓦可以用灰色陶土瓦、彩色琉璃瓦以至鎏金铜瓦；线条可以有陡有缓，出檐可以有短有长，更可以做出二层檐、三层檐；也可以运用穿插、勾连和披搭方式组合出许多种式样，还可以增加天窗、封火山墙，上下、左右、前后形式也可以不同。

广西传统建筑屋顶艺术中运用凿刻、雕塑、叠砌等多种表现手法，构成各式各样的装饰艺术，不仅增添建筑的艺术美感，又表达了人们对美好生活的向往。凿（雕）刻技术是广西民居建筑的常用装饰手法。雕塑手法还大量运用在修饰建筑外部体形上，如屋脊。一般硬山搁檩式民居屋脊的正脊和垂脊皆为砖砌和灰砂筑成的清水脊，则将正脊两端各塑一条鲤鱼，重脊两端各塑一只凤鸟，正脊和垂脊皆施灰黑和朱红（上黑下红）相间的颜色（图8-3-2）。

二、墙体艺术

墙体材料确定了民居建筑总体的质感和色调。一般来说，广西民居建筑是土木混合结构和砖木混合结构并存，而砖木结构以汉族民居居多，大量分布于广西东南部地势较平

图8-3-2 屋脊处理（来源：《广西民族传统建筑实录》）

的丘陵地区。汉族民居使用大面积的清水砖墙，除了安全防卫的实质功能外，还使宅内自成一个与外界隔绝的空间，形成一种外实内虚的神韵。从建筑整体看，勒脚、墙身、屋檐有明显水平划分，使房屋显得舒展流畅。建筑山墙上多砌有防火砖墙，是房屋外部形象重要装饰点之一。贺州地区黄姚古镇80%以上属明清年代的建筑，房屋一律青砖包墙到顶，房宇高大宽敞，山墙造型多样，木石雕刻更是精致巧妙，建筑工艺堪称瑰宝。其中，郭家大院里的清水砖墙建筑显得尤为精致：墙体的青砖经人工磨制，显得光滑规整。还有不少民居建筑在墙体上使用透空的效果，称为漏明墙。漏明墙运用在建筑外墙或合院内部形成空透效果，既可减轻自重，也能突破大面积墙面的单调感觉，还能起到通风采光的作用。

在一些偏远的少数民族聚居山区，其民居建筑大多采用当地原生的生土、木板、石头、竹子等，墙体材料以自然的原材料和色调为主，色调接近自然，使得民居更为亲切近人。民居建筑的墙体大约有如下几种：砖墙体、木板墙体、竹编墙体、石墙体、泥墙体、编条夹泥筋墙；一般在表面做装饰得不多，通常暴露墙的原材料，材料之间有砖缝、木板纹、石头缝、竹编缝。两堂式以上的民居有青砖墙和生土墙2种，其中青砖墙较少，大多是局部的，如山墙或裙肩以下以及门窗等部位用砖，其余为生土粉墙。有的山墙底部用石头，中部用木板，上部用竹子；或者底部用石头，中部用泥土，上部用竹子、秸秆、茅草之类，既经济实惠，又美观大方。

彩画也是传统建筑中的一个常见而重要的装饰手法。宫廷建筑常常使用沥粉、贴金、扫青绿等手法，而一般民居、寺院等建筑上装饰的彩画均不能按官式做法的样式，但可以自由选题材绘画，富于地方特色。一般民居大多与白墙、灰瓦和栗色的门窗相搭配，采用蓝、绿、红、粉等素静的色调，模拟自然植物、动物的纹样，如一些带有神话色彩和代表吉祥幸福的白鹤青松、老鹰菊花、孔雀玉兰等图案，或者一些抽象的“福、禄、寿”等中国书法字样。例如，茶山瑶居檐墙上方绘有彩画，画面是梅兰花鸟图或人物山水图（图8-3-3、图8-3-4）。

图8-3-3　封山墙及彩绘装饰（来源：全峰梅　拍摄、整理）

图8-3-4 阳朔渔村墙体艺术（来源：韦纲 摄）

三、门窗艺术

装饰是传统建筑艺术的重要组成部分，它同时也是增强主体建筑的形式美和意境美的重要手段。在广西传统建筑中，门、窗总是人们费心装饰的部分，并且追求简洁雅致之美。从地域的分布来看，桂林地区灵田迪塘一带的传统民居门窗，木雕纹饰简练清晰；阳朔旧县村一带的传统民居门窗花纹虽不复杂，但雕刻精巧。木雕门窗、挂落神龛的精致之美，浮塑灰批的灵动之美，体现了少数民族工匠的精湛技艺，给予现代人美的熏陶和享受。

广西传统建筑中以“漏”为门窗构造的主题，通透灵巧以利于视线穿越、建筑通风和室内外空间的联系。雕刻精美的隔扇窗门，把室外景色分割成许多美丽的画面，同时又把室外景色引入室内，变成剪纸一样的黑白效果。除此之外，漏窗、门扇也可以引申运用作为各式各样的隔断。大多数民居内部的门窗、隔板等木构件，有的装以木格或花格窗门，有的用木条于外壁镶几何图案，其上的各种动植物均是精雕细琢，美轮美奂。窗扇是重点装饰对象，上面通常用木雕刻成各式各样的花纹，有横竖棂子、回字纹、万字纹、寿字雕花、福字雕花和动物花纹。除木质花窗外，漏花窗也有陶瓷雕花、石雕花、砖雕花等，它们的雕花图案也大多是动植物花纹。在木雕技艺发达地区，有些民居门隔扇心全为透雕的木刻制品，花鸟树石跃于门上，完全成为一组画屏。

广西传统建筑中门的装饰略为简单，主要包括门扇、门槛石，以及在门上方放置雕刻的门匾。门窗的雕刻通常被施予彩绘，门槛石的两侧面一般均施予雕刻，通常为动植物花纹。形式简单的便在门额上做点方框或小装饰，复杂的则做仿木构牌楼式样，如宗祠大门或独立大院，往往作四柱五楼，仿木构件更加精工，并有抱鼓石。在三江侗族地区，有些民居里时常看到用简单的圆形的门簪作装饰，门簪上有乾坤卦符的雕刻图案。此外，除了用木作门框外，也有用石作门框的，整个石门框被施予雕刻，上刻有排沟、框纹、对联。一般从大门装饰的精良奢华程度上，便能看出民居主人的权势或财力（图8-3-5~图8-3-7）。

图8-3-5 广西民居特色窗棂图案（来源：李艺根据资料绘制）

图8-3-6 玉林高山村民居漏明门窗图（来源：《广西民居》）

图8-3-7 阳朔渔村民居漏明门窗（来源：《广西民居》）

四、结构细部

建筑结构构件主要包括立柱、大梁、挑手、脊顶、斜撑、柱础、栏杆等，其结构细部的做法集中体现了工匠精湛的技艺和简朴大方的建筑风格。广西传统民居建筑以木结构为主，是一个内外统一的有机结构体。穿斗木构架的承重方式使得实墙体从整体结构中解放出来，同时建筑内部空间的分隔、门窗的开启更为自由。采取这种结构形式不仅可以组成一间、三间、五间乃至若干间的房屋，还可以形成三角、正方、八角、圆形及其他特殊的平面布局形式。

穿斗木构架除了承担房屋的墙体、楼板、屋顶的重量，其结构细部构件如梁、柱、穿枋、斗枋也常常成为建筑装饰的载体，具有丰富的艺术价值。有些大户人家、宗祠、寺庙的室内，直接在梁上施彩绘、彩画，或者雕刻，在三架梁和五架梁以下部分增设镂空的木雕，正所谓雕梁画栋。支撑梁架在端头承檩的部分更是彩画和雕刻的重点对象，有的把梁架上下两条梁雕刻成一个整体来承檩，或者把梁架上的瓜柱底端雕刻成连头形状，使瓜柱更富有装饰性。卷棚下承檩的弯曲的梁架也是整块木雕刻出来的，既富有装饰性又是一个应力传力构件。

除了梁和柱的装饰外，插栱、挑手、斗栱也是梁架中极富装饰性的构件，它们的端部常被雕刻成动、植物的花纹样。干阑式建筑房屋四周的檐柱到楼层处均伸出“挑手”，有单挑、双挑、三挑；栏杆有石栏杆、木栏杆，以木栏杆的造型最为丰富。这些装饰手法蕴涵着雕刻、绘画、楹联、匾额等为一体的综合艺术，而这种艺术又与古代的风雅如历史、诗歌、文学等诸方面有着历史渊源，和房屋的总体风格形成完美的结合。一般民居用凿（雕）刻进行装饰的部位是檐口、挑手，这些装饰的造型朴实，刀法简练，且一般不施色彩。相比之下，一些大户人家家宅及大型庙宇、祠堂、衙门、戏台、鼓楼等公共建筑的对建筑细部如檐板、雀替、卷棚墙和挑手等则雕梁画栋，描金画彩，极尽奢华。这些装饰手法不仅构图匠心独具、工艺细腻，纹饰更是千奇百态、寓意丰富，具有强烈的装饰效果。

总之，广西传统建筑的一砖一瓦、一梁一柱、一窗一棂，都富有浓郁的生活气息。大多数的彩绘、木雕、石刻都与民间传统故事、风俗习惯相关联，如龙凤戏珠、麒麟游宫、五谷丰登、八仙过海，而精美的雕、镂、镌、刻无处不在，传承了历史文化上著名的诗、词、曲、艺。民族

图8-3-8　传统挑手、檐部等装饰艺术（来源：全峰梅拍摄、整理）

村落里一些原始的生殖崇拜信仰及其物化形式，至今仍然可以找到明显的痕迹。例如，以鱼作为女性生殖器的象征并实行生殖崇拜，并运用各种手段给予写实式的再现或者抽象化的表现。在贺州地区黄姚古镇的汉族民居群中，建筑山墙上的“悬鱼”就是以鱼作为象征物实行生殖崇拜留存于建筑上的一种抽象化表达。墙面上垂有连体鱼形象更丰富了山墙的立面构图，使建筑显得生动活泼（图8-3-8、图8-3-9）。

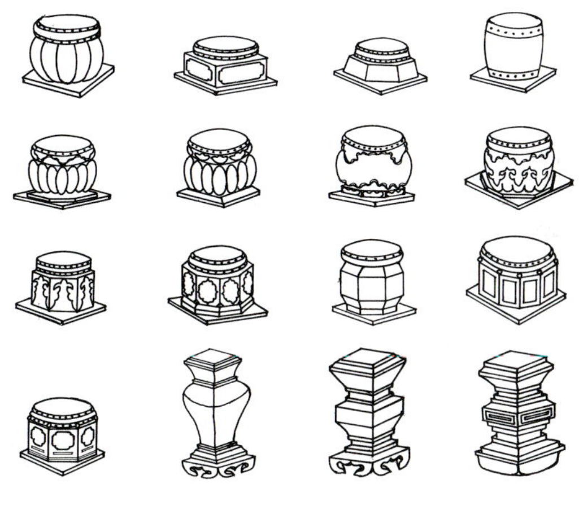

图8-3-9　传统柱础样式（来源：《广西民居》）

下篇：广西近现代建筑的传承发展

第九章　广西近代建筑与传统建筑的碰撞融合

根据现行中国近代建筑的普遍分期法，中国近代建筑所指的时间范围是从1840年鸦片战争开始，到1949年中华人民共和国建立为止。这个时期处于承上启下、中西交汇、新旧接替的历史过渡时期，也是中国建筑发展史上的一个剧烈变化时期。在特殊的政治、经济、社会背景下，建筑的发展也打上了东西方文化以及本土新旧文化的碰撞与磨合、交锋与融汇的烙印。古与今、新与旧、中与西等矛盾通过频繁的战争、动荡的政治、异质的文化之间的剧烈冲突、正面交锋与复杂交织，广西近代建筑呈现出西方近现代建筑体系的传播与中国传统建筑文化的延续、古今新旧两大建筑体系并存的局面，构成广西近代建筑西化文化风格的特殊面貌图。

第一节　广西近代建筑概况

一、近代建筑的发展分期

广西近代建筑类型与创作脉络如图 9-1-1 所示，从主要形式的变化中我们可以将广西近代建筑发展变化的基本轨迹（1840 年～ 1949 年）大体分为三个阶段：

兴起阶段。在 20 世纪之前，广西近代建筑主要以教会建筑、“外廊样式”西方列强建筑为主，这些建筑形式以东兴、北海等广西沿边沿海教会建筑以及各通商口岸西方列强建筑为代表。

发展阶段。从 20 世纪初至 20 世纪二三十年代，西方建筑文化开始较为全面的影响着广西建筑的发展，建筑形式从早期的单一式形式转向多样化，一些西方古典与折中主义风格的建筑逐渐取代了较为单调的暂时性“外廊样式”建筑，民间开始广泛受“外廊样式”建筑风格的影响，中西结合的形式逐步成为一种“时尚”，在 20 世纪 20 年代，骑楼商住建筑作为一种城市建设制度，在广西的西江流域、沿海近海地区得以推广。

成熟阶段。到了 20 世纪 30 ～ 40 年代，随着近代广西建筑教育的开创以及抗战时期沦陷区大批文人建筑师云集桂林，一种兴起于 20 世纪二三十年代的近代民族建筑新形式此时也开始更多地传入广西，并成为近代广西省府桂林较具代表性的建筑，这种建筑形式以民国时期广西省政府旧址“宫殿式”折中主义风格建筑较为典型。

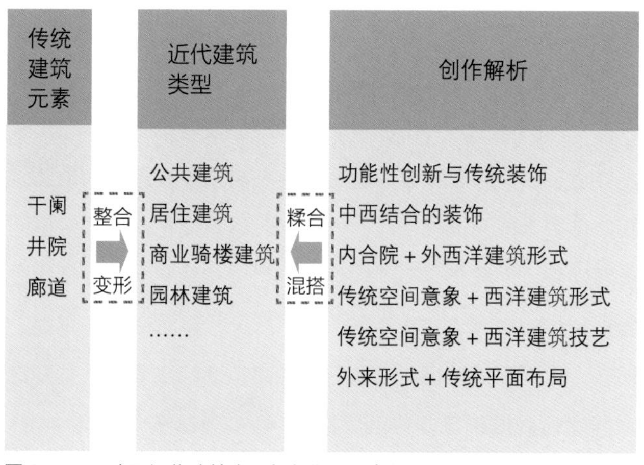

图 9-1-1　广西近代建筑类型与创作解析（来源：许建和 绘）

二、近代建筑的分布特点

广西近代建筑处于广西建筑史中承上启下的中介环节，是中西交叉汇合的一个重要组成部分。近代建筑遍布广西，根据国家文物局“关于核定广西壮族自治区第三次全国文物普查登记不可移动文物的函”（文物普查函〔2011〕1294 号），目前广西调查登记的“近现代重要史迹及代表性建筑”达2824处。这些建筑相对集中分布在北海、玉林、梧州、桂林、防城、柳州、南宁等地，它们分别是广西的沿海近海地区、沿江地区及一些地区的政治文化中心。这些近代建筑在广西各地的分布是不均匀的，每个地方有其主导的建筑类型。

作为近代通商口岸的北海、梧州以西方列强建筑为代表，既有西方列强领事馆、西方宗教及其附属建筑等典型建筑，又有至今保存较为完整且典型的随近代城市街道同步建设、反映其商业发展的骑楼商住建筑。北海作为较早开辟的通商口岸，其“外廊样式”建筑较为典型；梧州作为清末民国时期广西经济网络体系的中心城市，其商住建筑与西式折中主义基调的建筑较具代表性，辖区内的民国军政要人故居以及民居建筑也较为丰富；作为新桂系起家的玉林地区，以民国军政要人相关的民国建筑较为典型，其建筑形式受“外廊样式”建筑影响较为明显；防城、钦州等地主要以陈济棠、陈铭枢等民国军政要人相关的建筑为代表，同时，受地域因素影响，毗邻法属殖民地越南的防城与东兴，一些民居建筑还有法式建筑影响的痕迹，处在中越边境交界附近的防城港防城区那良镇人民路被当地人习惯称为“法式街”，“法式街”上的近代民居就较具代表性；桂林，作为广西传统重要府城与民国时期广西的省会，近代建筑的规模与体量较大、数量较多、建筑类型也较丰富，其中行政文化类建筑受近代民族建筑新形式影响较大，建在靖江王府（明）遗址里的民国时期广西省政府旧址等建筑较具代表性；南宁作为清朝自行开埠通商的城市及民国初期广西的省会，其公共、行政、商住建筑如

广西现存主要近代建筑分布情况一览表 表 9-1-1

区域	地市	数量（处）	合计（处）
桂南	北海	50	86
	钦州	15	
	防城港	21	
桂东南	玉林	51	66
	贵港	15	
桂东	梧州	43	55
	贺州	12	
桂东北	桂林	41	41
桂西南	南宁	27	38
	崇左	11	
桂中	柳州	19	30
	来宾	11	
桂西	百色	16	16
桂西北	河池	6	6

骑楼、邕宁电报局旧址、广西高等法院办公楼旧址及南宁商会旧址等建筑较具代表性；来宾市武宣县的庄园建筑规模之大数量之多给人留下较为深刻的印象；其他各市如百色、贺州等地也各散布有一些较为典型的现代建筑；而处于桂西的河池现存近代建筑则相对较少，但处于桂黔交通要塞的南丹县六寨圩却与众不同，其西式风格建筑之密集，又让人眼前一亮，深切地感受到交通发展之力量。

从上述及表 9-1-1 中我们可以看出，广西毗邻近代化启动最早、商品经济较发达的广东及香港、澳门，在工商贸易与西方文化的影响下，广西近代建筑的分布呈现出从桂南、桂东南，逐渐向桂东北、桂西南、桂中，再向桂西、桂西北逐渐铺开的态势，反映了西方建筑对广西的影响从沿海、沿边、沿江开始，逐渐向内陆渗透、扩散与发展的历史。

三、近代建筑的发展背景

在中国漫长的古代社会里，虽然历经不停地朝代更替以及多次的对外交流，但是，中国文化基本上是多元延续性的，其建筑虽不同时代有不同的时代特征，但土木结构的基本建筑模式数千年以来一脉相承，建筑的基本方法与原则始终一贯，形成独特、完整、成熟与较为稳定的建筑体系。在鸦片战争后一百年的时间里，中西文化的交流在激烈的冲击、碰撞、交锋中以侵略与被侵略的方式进行，近代中国的开放是被动的，诱发中国启动现代文明的是外来的侵略，西方建筑体系随着西方列强的入侵也传入了中国，传统城市与建筑逐渐向近代建筑嬗变，中国近代建筑史也由此被动地在西方建筑文化的冲击与推动下开始了。在这个过程中，近代中国建筑形成两条发展主线，一条是中国传统建筑文化的继续与传承，一条是西方外来建筑文化的植入与传播，这两种建筑活动在碰撞与交锋、冲击与交叉、磨合与融合的相互作用下，构成中国近代建筑史的主体内容，广西近代建筑亦然。

（一）西方建筑随着西方列强势力的入侵渗透而“嵌入”广西

教堂及其附属建筑是在广西出现较早的西方建筑类型，它是西方列强打开中国门户后，随着西方宗教文化渗透而兴起的。作为一种文化渗透，宗教比经济、军事入侵在时间上还要早，广西境内的南部、西南部在鸦片战争前就有外国传教士的活动，东兴罗浮恒望天主教堂就是由法国传教士于 1832 年建造的。鸦片战争后，西方列强获得在通商口岸及内地传教的自由，今广西境内北海涠洲盛塘天主堂、龙州天主教堂、梧州天主教堂等就是在这种背景下建造的。由此，西方传教士成为近代一段时间内西方建筑文化在广西传播的重要媒介，而教堂及其附属建筑则是这种建筑文化传播的重要途径，如果将 1900 年前作为广西近代建筑兴起的早期，那么，早期在广西境内建造的西式建筑大都是西方教堂及其附属建筑。据统计，广西早期 24 处主要建筑中就有 14 处为教堂及其附属建筑，占 58.3%，其他有 7 处为西方列强行政办公等建筑，3 处为其他受西方建筑影响的民间建筑。同时，西方教堂及其附属建筑在广西的建设时间跨度较大，从 19 世纪 30 年代至民国时期，上下跨越一百多年的历史。可以说，教堂首开了西方建筑文化对广西建筑影响的先河，并且这些西方建筑及其影响，在近代相当长的一段时间内从通商口岸、沿边沿海开始，随着西方宗教文化的渗透逐渐向内地城镇、偏远乡村扩散。

随着西方列强在通商口岸势力的扩大，部分外国人居留地形成了新城区、出现了新建筑，如各国领事馆、海关、教堂、教会医院、教会学校、洋行、洋房住宅等（图 9-1-2）。这些通商口岸西式建筑的出现，成为广西较早出现的具有真正意义的外来近代建筑，不仅给北海、梧州等通商口岸带来了西式的建筑风格与技术方式，而且对周边及广西境内新建筑形式的兴建起到辐射影响的作用，从而也影响着近代广西建筑的发展。可以说，通商口岸的外来西式建筑构成近代广西建筑转型的初始面貌，北海、梧州等通商口岸成为广西近代建筑的起点。

图 9-1-2　北海德国领事馆旧址（来源：《广西百年近代建筑》）

（二）近代建筑伴随在广西社会近代化进程中生长

近代化的进程是一个由传统社会向现代社会的变迁过程，在这过程中，引起了经济、政治、思想文化乃至人们的生活方式、价值观念等变化。1840 年发生鸦片战争以后，传统受到了现实的严峻挑战，在外部力量的冲击下，中国人开始了对近代化的探索。19 世纪末至 20 世纪初期中国的近代化进入整体发展阶段，最突出的是政治上推翻了封建君主专制制度，经济上民族工业有较大发展，思想文化上民主共和观念深入人心。在这一进程中，城市建设也迈开了近代化的步伐。

1. 晚清时期

北海、龙州、梧州被迫开放通商后，西方列强以倾销商品与掠夺原材料为主，广西境内原有的市场逐渐更多地与国外市场接轨，原来属于传统自然经济范畴的小商品交换，逐渐向规模较大的开放式进出口贸易转化。随着进出口贸易的兴盛发展，广西的经济通过梧州、北海、龙州、南宁等通商口岸与国外市场更加紧密的连接起来了，原来的生产流通方式随之发生变化。随着自然经济的逐渐解体，晚清广西社会经济发展出现了一些新趋向，专门性商行的兴起，逐步带动了一些集中专业经营的商业街区，如在“桂中商埠”柳州，当时有一种说法“洋杂、平码（经纪）在沙街（图 9-1-3）；布匹、苏杭在小南路，谷油在谷埠”；而北海的沙脊街（图 9-1-4）也是在清代晚期兴隆起来的，该街道用石板铺设路面，过去两旁多为二层砖木结构窗式铺面，有的窗口外侧还设有砖砌方台，用以陈列某些热销商品，清光绪年间的沙脊街达到了全盛时期，诗云“花册行家增旧额，米珠酿户出新醅”就是当时情景的真实写照，广西的近代化伴随着半殖民地化进程悄然生长。

2. 新桂系统治时期

武昌起义爆发后，全国各地纷纷响应，广西也宣布独立，清朝官吏陆荣廷迫于形势，同意“通电全国，附和共和”，广西的军政大权被陆荣廷所掌控。为巩固其统治，陆荣廷提出“以桂人为桂事”，网罗了一批科举出身的“袍泽古旧”、同乡亲属扩充兵力，并利用广西革命民主派势力的支持，将广西省会迁至南宁，揭开了旧桂系军阀的统治历史。这个时期，广西近代化进程在政治变幻、社会动荡之中缓慢前行。广西在漫长的历史进程中，各世居民族形成自己传统成熟的

图 9-1-3 柳州沙街旧貌（来源：《柳州日报》）

图 9-1-5 民国广西大学校景（来源：《广西一览》）

图 9-1-4 北海的沙脊街（来源：谭为民 摄）

与当时经济水平、生活环境相适应的建筑体系，而随着广西近代化进程逐渐展开与西方文化的不断传入，西方建筑技术、材料在各通商口岸城市、城镇的传播具有一定的示范效应。同时，西方建筑与传统建筑相比，在工艺、功能、适用性方面有着不少的优势，较能满足近代社会生活变化的需要，因此，广西一些政府机构及民居建筑开始采用西式建筑方法进行设计建设，如改建于 1913 年的广西高等法院办公楼（原为南宁府的署所）、建于 1917 年的容县中学教学楼、重修于 1919 年的龙州业秀园陆荣廷故居，等等。

1924 年，陆荣廷因反对孙中山护法运动被讨伐下野。盘踞在桂东南曾为旧桂系下级军官的李宗仁、黄绍达、白崇禧借助广东革命阵营的力量，统一广西，建立了新桂系的统治。在新桂系统治广西时期，广西省政府成立了广西大学（图 9-1-5），广西大学为适应近代广西建设的发展需要，于 1932 年设立了工学院，首设土木工程学系，当时首批一年级学生 47 人。土木工程学系的设立，开创了广西近代建筑教育的先河，为广西培养一批接受近代文明教育、具有近代文明理念与近现代建筑科学知识，并掌握一定建筑设计技能、能适应近代广西建设发展需要的知识分子型的建筑工程人才。

3. 抗日战争时期广西大后方的新景象

1936 年抗日战争前夕，出于战争安全等原因，广西省会自南宁迁返桂林。全面抗战爆发后，广西各地掀起抗日救国的热潮，大批文化团体和文化工作者汇集桂林，据统计，抗战时期先后在桂林活动过的作家、艺术家、科学家、学者等文化人有 1000 多人，此时的桂林成为抗战大后方的文化中心，被誉为“文化城”。中国共产党此时与新桂系建立了合作关系，救亡日报社从上海迁到桂林，并在桂林设立了八路军办事处，加强了与桂林文化界的联系。同时，来自全国各地的建筑师、建筑工也纷纷云集桂林，各处形成帮派、泥木作坊和鲁班会及营造厂等。抗日战争爆发前，桂林原是一个小城，只有数万人，抗日战争后，大批人员迁入，桂林人口剧增，多时达60万。随着各地迁入桂林人员的不断增多，桂林市人口及房屋需求骤增，从外地疏散到桂林的建筑技师纷纷开业承接建筑设计，进一步促进了城市建设建筑业的发展。我国一些著名的建筑师在桂林留下了其设计建造的作品，如民国著名建筑师赵深设计建造了位于雁山区的科学馆，著名戏剧、戏曲、电影艺术家、中国现代话剧创始人之一欧阳予倩主持、著名建筑师林乐义设计建造了广西省立艺术馆，著名建筑师林乐义还设计建造了广西省立桂林师范校舍与中国农工民主党重要创始人黄琪翔的别墅，建筑师王朝伟设计建造了雁山公园里的汇学堂，等等。这些知名的建筑师在桂林创作设计的建筑作品，为广西近代建筑事业留下了十分难得又珍贵的文化遗产。

第二节　基于社会变革的中西融合建筑创作

一、商业建筑

近代以来，出现在广东、广西、台湾、福建、海南等对我国南方地区多雨潮湿炎热气候具有较大适应性的骑楼建筑，学术界对其形成发展的研究，大致可分为两种不同的观点：一种认为其起源于西方建筑文化的殖民入侵，另一种认为其是由干阑式建筑的发展与改进而成。但对其融合发展的认识是一致的。骑楼是一种沿街“下店上宅”的商住建筑形式，由沿街两侧每座楼房二层以上挑出部分楼面（两米左右）至街道红线处，底层用拱梁立柱支撑，形成连续性列柱拱廊人行空间，立面形态上建筑骑跨人行道。骑楼的格局在街道中间观望就可以一览无余，即楼上为居住楼层，楼下为经营商铺，跨骑出界面的底层柱廊，既扩大了楼上的居住面积，又可供楼下行人来往购物并遮阳挡雨，这种建筑形式特别适合多雨潮湿，日晒炎热的南方。骑楼建筑一般为2～3层，以单开间为主，部分为双开间。

近代广西骑楼建筑主要是在20世纪20年代起开始兴建，广西的骑楼街区主要集中在西江流域，其中以梧州、南宁、柳州、北海、钦州、玉林、百色等城市及周边县镇居多。而梧州、北海的骑楼建筑保存规模较大、较为完整、较具特色，是广西近代骑楼建筑的代表。

当时的梧州等城市拆城墙、修马路、扩宽主要街道，参照广州推行骑楼建筑政策。梧州骑楼建筑主要分布在大东上路、大东下路、阜民路、大同路、中山路、竹安路、五坊路、沙街、九坊路、南环路、大中路、民主路、建设路、大南路、小南路、四坊路、桂林路、桂北路、北环路灯街道上。由于梧州处于西江、浔江、桂江三江汇聚之地，过去几乎每年数次洪水淹街，故结合南方多雨炎热防雨防晒及防洪需要，在靠近河边或低水位街道的骑楼砖柱上设置高低各一个铁环，以供洪水淹浸街道时拴船之用，并在房屋楼上临街的一面，特设洪水时居民出街入市使用的活动板门，称作二层“水门”，这是梧州水都的标注，这种设计体现了梧州城市的地域特色。过去洪水漫上街头时，市民并不惊慌。洪水浸到门口，垫上几块砖，继续做生意、打牌摸麻将。洪水泡至二楼时，市民将船系在楼柱的铁环上，从窗口或水门上下船进出，也可以在水门放下竹篮向沿街巡游的售货小艇购买日常生活必需品（图9-2-1）。

北海的骑楼是现今广西原始状态保存最好的骑楼建筑，主要分布在珠海路、中山路。受西方外廊样式建筑影响，其立面三段式构图，西方古典、巴洛克、罗马风格较为浓郁，骑楼在形式上表现出柱廊及中间层大都采用券柱式结构，在窗间墙与阳台上大量运用柱廊和倚柱，形成窗间倚柱与阳台廊柱，柱头装饰多样。窗洞以半圆券居多，还有平拱窗，极少部分受哥特式影响的尖券，拱外沿及窗柱顶端大都配有弧园、尖顶或芒状的雕饰线，部分窗户饰灰塑拱心石，窗的形式由三窗等宽、中间大两侧小或列柱连拱窗。部分窗户采用方形与半圆拱组合，在方形窗户的窗楣上半圆拱处用灰浆批抹形成装饰线假窗——盲窗，盲窗窗券处再施以窗棂状的线条装饰，线条流畅、工艺精美。阳台有内凹外挑两种。女儿墙及山花形态作相应的变化设计，欧洲新古典主义或巴洛克

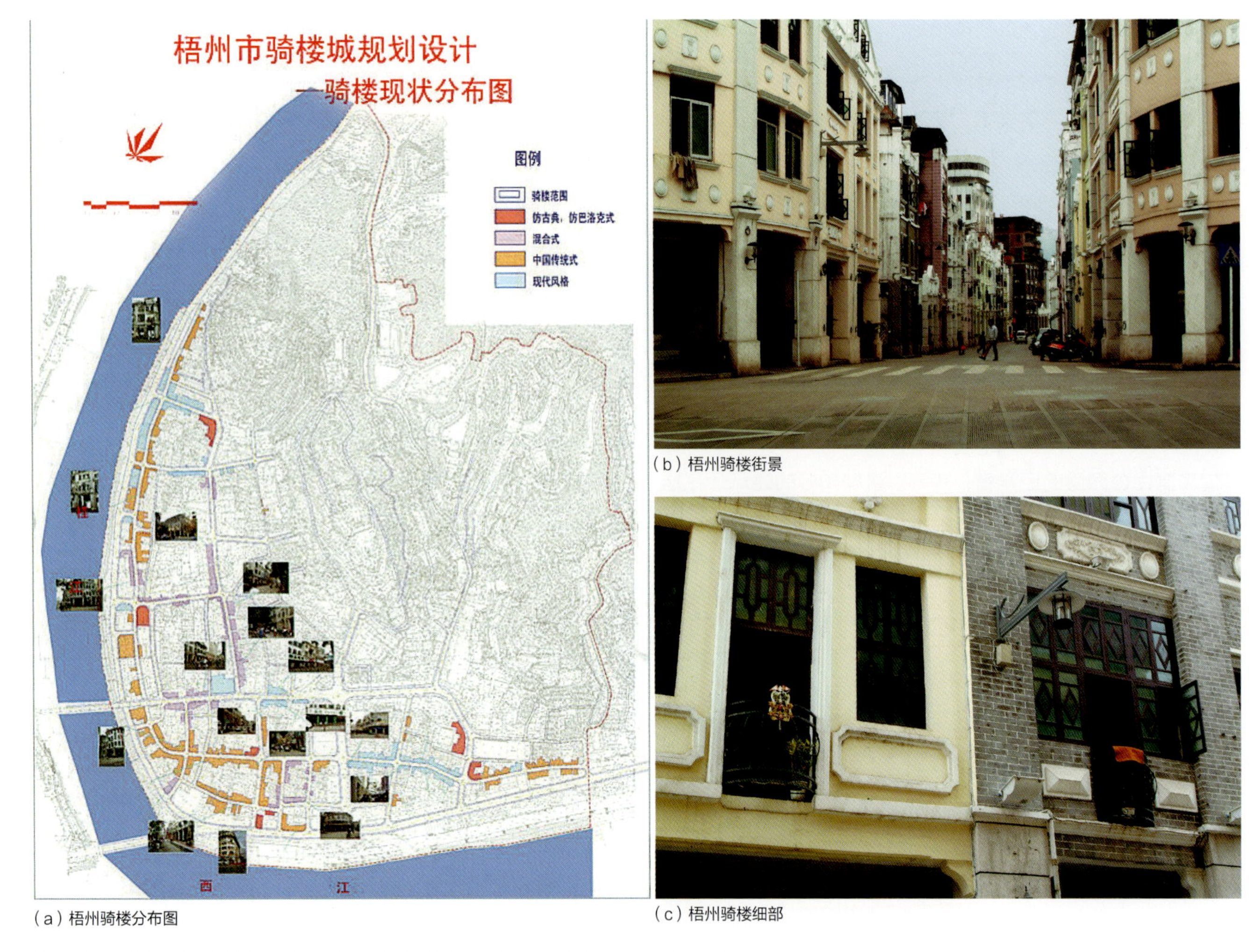

（a）梧州骑楼分布图

（b）梧州骑楼街景

（c）梧州骑楼细部

图 9-2-1 梧州骑楼（来源：a《梧州骑楼城规划设计》；b、c《广西百年近代建筑》）

风格渗入装饰图案之中。底层架空柱廊为券柱式与梁柱式两种，券柱式数量不少，而以梁柱式居多。墙面多使用纸筋扶批涂抹，呈珍珠白色调，随着岁月风雨的侵蚀，形成沧桑自然、韵味十足的纹理（图 9-2-2）。

南宁的骑楼建筑主要分布在民权路、兴宁路、中山路、民生路、共和路、解放路（图 9-2-3）。民权路、兴宁路、仁爱路、共和路、德邻路（今解放路）是民国时期南宁最繁荣的几条街道，这些街道的骑楼建筑为砖木结构 2 ~ 3 层楼房，由底层柱廊、中部墙面及屋顶山花女儿墙等构成，青瓦屋面，采用天沟排水，面宽 4 米左右，进深深浅不一。有部分骑楼延续了南方传统民居的特点，底层沿街挑出，楼层居墙上并排开着 2~3 扇满洲窗，立面基本无装饰，采用传统民的坡屋顶做法（图 9-2-4）。位于民生路金山酒店是民国时期南宁最豪华的酒家，也是当时重要人物和商贾聚会娱乐的场所。该酒店平面呈矩形，正立面沿街作骑楼，面宽四间，进深六间，楼高 4 层（现已拆除第 4 层），通高 19 米，是当时南宁最高的骑楼建筑。

二、邮电建筑

鸦片战争后，随着西方殖民势力的不断侵入，西方的邮政电信形式逐渐传入广西。1882 年，英国控制的北海海关兼办

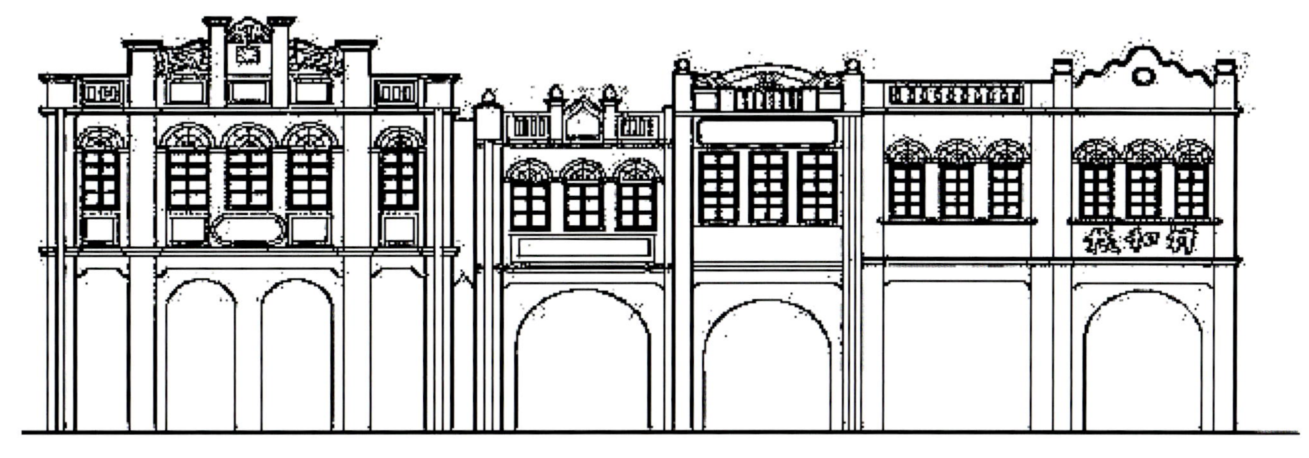

图 9-2-2　北海骑楼（来源：华蓝设计（集团）有限公司档案室 提供）

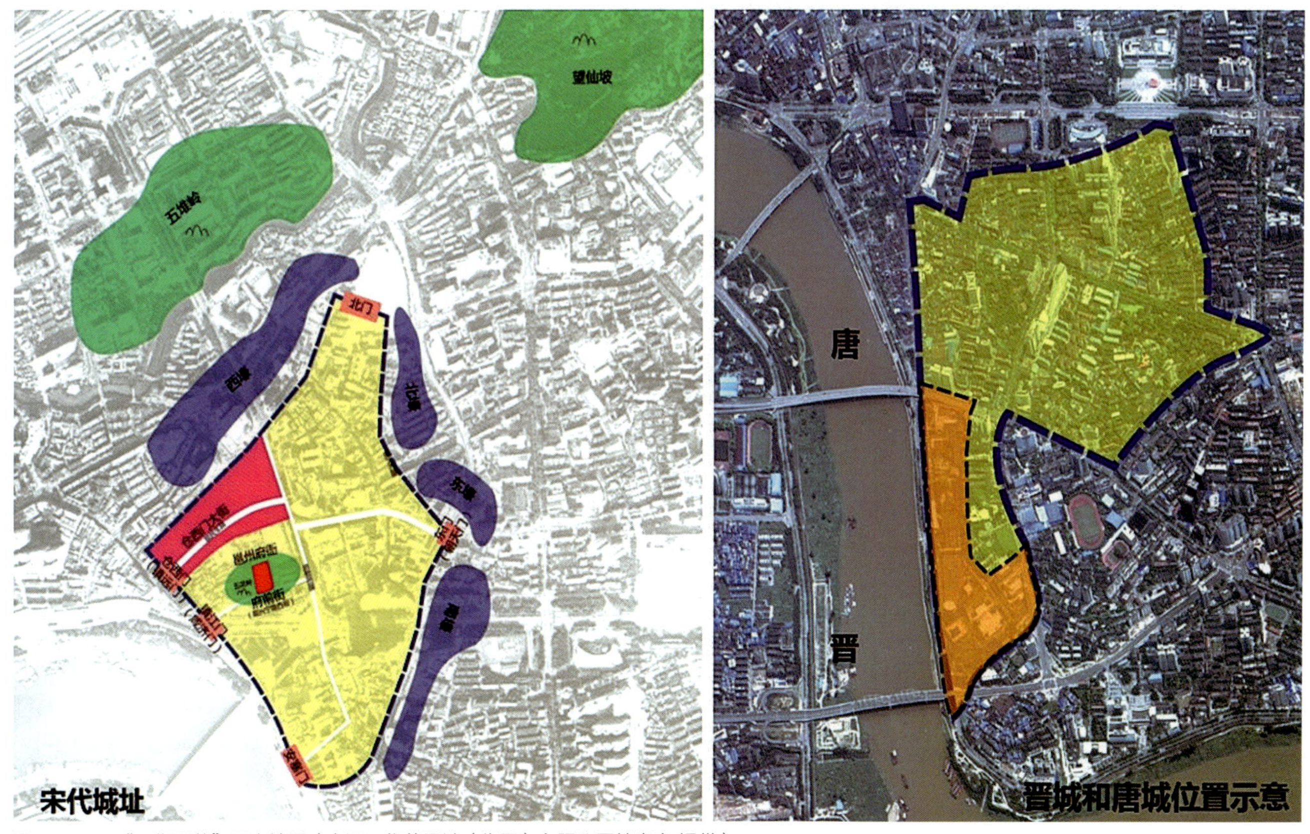

图 9-2-3　“三街两巷”历史地图（来源：华蓝设计（集团）有限公司档案室 提供）

外国驻华机构的邮件传递，1884 年，清政府为适应中法战争通信之需，在梧州架设了通往龙州的电报专线，成立梧州官电分局，广西成为全国较早创办有线电报的地方之一。1896 年，大清邮政正式成立，同年龙州设立大清邮政分局，这是大清邮政首批分局之一。1897 年，北海、梧州先后设立大清邮政分局。1907 年，贵县（今贵港）架设线路，安装电话机，为广西最早的电话通信。民国时期，新桂系把邮政、电政、路政、航政列为“交通四政”，邮电事业得到一定程度的发展。

(a) 共和路骑楼

(b) 解放路骑楼

图 9-2-4 南宁骑楼（来源：蔡响 摄）

图 9-2-5 北海大清邮政北海分局旧址（来源：《广西百年近代建筑》）

图 9-2-6 邕宁电报局旧址（来源：《广西百年近代建筑》）

北海大清邮政北海分局旧址（图 9-2-5），位于北海市海城区中山东路，建于 1897 年，为单边券柱式外廊建筑，长方形，建筑面积 126 平方米。建筑主入口立面为三联拱券柱廊，券拱顶饰拱心石，拾级而上，入口为券拱门，两侧为券拱窗，门窗额楣施凸起的细装饰线。立面两侧墙体各设 5 个百叶窗，上覆梯形窗盖顶棚，这种设置在门窗等处的单斜顶棚（又称遮篷或雨篷）在拜占庭建筑较为常见。后门设券拱门，两侧各设一个窗户。1887 年英国在北海设立领事馆，同年清政府在北海设立海关，为办理外国使团官员、外交使节及其眷属往来信函、包裹等业务的需要，北海海关附设“海关寄信局”。清政府创办“大清邮政”后，1897 年北海“海关寄信局”被转为国家开办的“大清邮政北海分局”，成为我国较早开办的邮政分局之一。

邕宁电报局旧址（图 9-2-6），位于南宁市青秀区中山街道中山社区明德街，占地 1164.1 平方米，建筑面积 1277.4 平方米，整个建筑为平面呈长方形，原为五进四井，现存四进三井，右侧为纵向坐落的二层廊房。竖向三段式构图，中部三个开间为中段，左右两侧略微外凸的墙面，开间加宽，构成左右两段。中段主入口为半圆券拱门，券拱门两侧对称设置两个窗户，上部设置中间稍大两侧稍小的三个开窗，开窗下方通过线脚变化形成凹凸图案，丰富了空间的层次感；二进为单边梁柱式外廊五开间建筑，一层中间为连接前后天井的通道，廊道立柱直通二层屋面，二层廊道房间设置成彩色玻璃提裙格扇窗，建筑后侧设双开百叶窗，四坡屋面，采用西式的集中排水方式，每个立柱外置管道排水；三进为双边券柱式外廊三开间建筑，歇山顶屋面，女儿墙压檐，同样也是采用西式集中式管道排水；四进为梁柱式外置门廊三开间建筑，外置门廊，上方为露台，三四进之间在二层设置盖顶天桥连接前后建筑，建筑设置双开券拱百叶窗，集中式管道排水。

三、办公建筑

民国合浦县政府旧址（图 9-2-7），位于合浦县廉州镇中山路，始建于 20 世纪 30 年代，至 1949 年底一直作为民国合浦县政府办公大楼使用。建筑占地面积 360.1 平方米，砖木钢混结构，为券柱式外廊二层建筑，平面呈长方形，中轴线左右对称，六根半圆壁柱直贯二层屋面，建筑立面中间五开间为半圆券柱拱，两侧为尖券柱拱，主入口屋顶为三角山花，墙面抹米黄色灰浆。原民国县政府大院有三进，第一进为中式门楼一排，第二进为西式大楼，第三进为中式平房一排，院内两侧各有一排厢房。

图 9-2-7　民国合浦县政府旧址（来源：《广西百年近代建筑》）

民国临桂县政府旧址（图 9-2-8），位于桂林市雁山区雁山镇，民国时期临桂县政府办公楼所在地，建筑平面略呈“凹”形，立面中式屋顶，西式墙身，四面坡歇山顶，青瓦屋面，二层砖木结构，砖石切墙体，墙基及一二层交接处沿建筑培身四周批抹白灰一圈，边饰绿色线条，余墙特刷为红墙。建筑入口处设置柱廊门，上为露台，楼内设双分平行对折双跑楼梯，二层地面木地板铺设。建筑的栏杆、门窗、楼梯扶手、檐口等细部装饰体现了中国的传统风格。

图 9-2-8　民国临桂县政府旧址（来源：《广西百年近代建筑》）

四、医院建筑

北海普仁医院旧址（图 9-2-9），位于北海市海城区和平路，普仁医院是英国“安立间”创办的一间西医院，现仅存医生楼和八角楼两座建筑，均建于 1886 年。医生楼为一座二层三边券柱式外廊建筑，建筑面积 671 ㎡，双面券柱外廊，砖砌拱券顶部中央饰拱心石，檐口、门窗线脚雕饰精致美观，建筑房间外墙四周设内开门，另设百叶门外开，且百叶可调，拱券式结构，建筑后侧外置二角山花柱廊，设集中式管道排水。

图 9-2-9　北海普仁医院旧址（来源：《广西百年近代建筑》）

八角楼为八边形三层建筑，顶层为天台。普仁医院旧址是西方医疗技术传入北海的历史见证物。

桂林锡安医院，位于桂林市秀峰区乐群路，是民国时期桂林浸信会医院所在地。1916 年美国牧师卢信恩、医生穆夏和中国医生区作之共同创办桂林浸信会医院，地址在日升巷南头。1920年，迁至平章庙对面，即现乐群路一带。抗日战争中，医院被炸毁，1947年美国牧师理力善重建，1948年与南迁的郑州华莫医院合并，改称“桂林锡安医院”。现存楼房两座，即今桂林医学院5号楼、19号楼，均为砖木结构二层建筑，分别是当年医生的办公楼和穆夏院长的住宅楼，其中5号医生办公楼为梁柱式外廊建筑，1号穆夏院长住宅楼为券柱式外廊建筑。该旧址是民国时期外国教会在中国广西进行医疗卫生活动的重要见证。

五、图书馆建筑

北海合浦图书馆旧址（图9-2-10），位于北海市海城区解放路，由民国时期国民党上将、中国国民党革命委员会的创始人之一陈铭枢先生于1926年捐资建造。该旧址建筑面积600平方米，为周边券柱式外廊二层建筑，四面坡屋顶，建筑七开间正立面，中间入口外置柱廊门，柱廊设两根爱奥尼克柱倚柱，柱廊两侧设台阶拾级而上，上为露台，二层额题“图书馆”，立面外两侧为尖券拱，女儿墙压檐，中间为巴洛克风格半圆山花。二层柱廊设简化变异的“科林斯”倚柱，一二层设绿釉陶瓶栏杆。

合浦中山图书馆（图9-2-11），位于合浦县合浦师范校园内，始建于1929年，建筑占地面积239平方米，建筑面积519平方米，坐北向南，钢筋混凝土结构建筑，建筑立面中间为外置门廊，门廊二层铁艺栏杆装饰，上面施以铁艺造型字体“中山图书馆”，建筑后侧中间为内凹后拱门，两侧门柱直通二层中部起券形成拱门，后拱门内二层后门外置一个弧形阳台。图书馆内每层各有对称的阅读大厅两间。20世纪20～30年代，广东省军政大权为地方军阀“南天王”陈济棠所把持，他主政广东期间，热心于发展全省的公共建设、文化教育事业，在各地倡导创建现代公共图书馆，合浦当时属广东管辖，合浦县中山图书馆是陈济棠在1929年拨专款于东坡公园内建立的。

容县图书馆旧址（图9-2-12），位于容县容州镇容县中学内，

图9-2-10　北海合浦图书馆旧址（来源：《广西百年近代建筑》）

图9-2-11　合浦中山图书馆（来源：《广西百年近代建筑》）

图9-2-12　容县图书馆旧址（来源：《广西百年近代建筑》）

始建于1925年，建筑占地面积366平方米，坐东向西，平面呈长方形，四阿顶，砖木结构，单边券柱式外廊二层建筑，券拱门窗。

蝴蝶楼（图9-2-13），位于玉林市玉州区政府大院内，因平面呈蝴蝶形而得名，为玉林市图书馆旧址，建于1933年，

（a）民国时期蝴蝶楼

（b）改建后的蝴蝶楼

图 9-2-13　玉林蝴蝶楼（来源：《广西百年近代建筑》）

图 9-2-14　陆川中山纪念亭组群建筑（来源：《广西百年近代建筑》）

图 9-2-15　凌云中山纪念堂（来源：《广西百年近代建筑》）

1987 年、2005 年先后两次被改建，改建后的建筑风貌与原来的基本保持一致。中西结合三层建筑，砖木结构，建筑占面积 532 平方米。

六、纪念性建筑

陆川中山纪念亭组群建筑（图 9-2-14），占地面积 1582.92 平方米，主要由主亭、附亭、艺文学舫、超然亭、双十门等建筑组成。主亭是一座戏台样式亭子，檐口绿釉琉璃瓦当剪边，建筑台面四柱三开间，明间宽敞开阔，外侧为方形砖柱，内侧为变异简化的西式圆柱，台面后壁两侧设券拱门，门额各题“和平”、“博爱”，两侧柱头设葫芦状装饰物。纪念亭旁为附亭，为四角形攒尖顶亭子，檐口绿釉琉璃瓦当剪边，亭子矗立在石块砌筑的台基上，拾级而上。艺文学舫状似画舫，悬山顶，主体正立面为三开间柱廊门，明间屋面稍高，两侧屋面略低，突显了中轴主入口，券柱式门洞，上方额题“艺文学舫”，东西两侧设梳廊，廊柱上装饰对联。超然亭为八角形琉璃瓦攒尖顶亭子。双十门为砖砌四柱三开间纪念牌坊，外两侧柱枋“十”字结构，象征 10 月 10 日辛亥革命武昌起义纪念日，明间入口额题“双十门”，牌坊上方为三个三角山花，中间山花饰国民党党徽。中山纪念亭组群建筑是陆川各界人士集资兴建，纪念孙中山先生的建筑物，中山纪念亭建成后成了群众文化娱乐及集会活动场所。

凌云中山纪念堂（图 9-2-15），位于凌云县泗城镇后龙山脚下。王彭年等凌云仁人志士响应国民政府号召，在原泗城土司衙署后花园“听荷轩”的旧址上，建立中山纪念堂。

纪念堂建筑面积182平方米，砖木结构，面阔三间，正立面券柱式五联拱券，女儿墙压檐，简洁变异的巴洛克风格山花，纪念堂周围为回形廊道和列廊柱，屋面歌山式裹垄瓦，纪念堂前设一混凝土石栏杆拱桥，名为“清风桥”，纪念堂后设一石板桥与“听荷轩”亭相连，四周是荷花池。

梧州中山纪念堂（图9-2-16），位于梧州中山公园内。整座建筑依山而建，气势恢宏，庄重肃穆，占地1630平方米，建筑面积1330平方米，坐北向南，平面呈“中”形布局，建筑立面水刷石墙面，尤显浑厚凝重、典雅端庄，建筑构图较具古典主义形式，立面分为中部与两翼三个部分，中部立面中间入口三个券拱门，券拱门环以旋纹边框线，格扇门上分设铁艺窗花。三个券拱门上方对应各分列两个小券拱窗，墉口与立面中间腰际叠涩砌筑并施以齿状、三叶草、三角纹样等细部装饰，券拱门两侧为墙体稍略前置的壁柱体，左右对称，大门屋顶部设置方形塔座、圆形穹顶的塔楼，纪念堂后座为“人”字形钢制屋架会堂，会堂大厅内设地座与楼座，歇山顶琉璃瓦屋面，建筑从立面构图到细部装饰均体现了中国近代建筑新民族形式风格，是广西近代建筑此类形式中的代表性建筑。

图9-2-16 梧州中山纪念堂（来源：《广西百年近代建筑》）

图9-2-17 北海梅园（来源：《广西百年近代建筑》）

七、居住建筑

北海梅园（图9-2-17），位于北海市海城区中山东路，该建筑为民国初年“广念”舰舰长梅南胜旧居，建筑为两列临街并行排列的建筑，均为单边券柱式外廊二层建筑，砖木结构，每列前后两进，共有14间房，中间各有一天井，建筑占地面积为980平方米。

图9-2-18 防城叶瑞光旧居（来源：《广西百年近代建筑》）

防城叶瑞光旧居（图9-2-18），位于防城那良镇解放路，为砖木结构三层建筑，面阔两间，屋顶为硬山搁檩，灰裹垄瓦面，建筑立面一层为梁柱式外廊，二三层为券柱式外廊，二层为变异的八角形陶立柱，三层为陶立柱式，券模线条雕饰，券拱上方至檐口处间墙面及女儿中间墙面青花瓷片装饰，建筑天井设券柱式外廊，建筑窗户原为百叶窗，现在大部改为铝合金窗，楼面均为木楼板，底层地面铺墁红阶砖。

图9-2-19 武陵张氏民居（来源：《广西百年近代建筑》）

武陵张氏民居（图9-2-19），位于宾阳县武陵镇武陵村，占地面积 1417 平方米，为六进五天井庭院。前座为单边梁柱式外廊二层建筑建筑立面七开间，中间五开间为梁柱式外廊，柱头设牛腿支撑装饰，水刷石柱石出，柱梁线脚勾勒，丰富了建筑立面形体的层次感，加强了形体线型的表现力，两侧墙体上下各设一个券拱窗，砖砌窗花格芯装饰，屋顶女儿墙压檐。庭院二至五进各进建筑与两侧厢房合围形成三个天井合院。整座建筑规模较大，建造精美，具有很高的历史和艺术价值。

禤洲石化龙故居（图 9-2-20），位于藤县塘步镇本禤洲村，建于民国，坐东向西，占地面积约 280 平方米。主建筑一进三开间一门楼一院，砖墙承檩二层建筑，为民国时期典型中西结合建筑风格。主体立面为梁柱式外廊建筑，左右厢房。主体建筑檐廊两根方柱承托，方柱上书两副对联。右

图 9-2-20　禤洲石化龙故居（来源：《广西百年近代建筑》）

边走廊有木楼梯通上二层阳台以及厢房三层阁楼。该建筑墙体完好，室内部分地面铺设瓷砖。

八、酒店建筑

梧州新西酒店（图 9-2-21），位于梧州河东城区大南路与西江一路交汇处，始建并开业于 20 世纪 30 年代，面向西南，占地面积 230 平方米，楼高 7 层，钢筋混凝土结构、采用古典立柱、三段式构图，底层为骑楼式外廊，转角处设贯通一至二层的塔司干柱，支托半圆拱券，拱券中间饰拱心石；中部二至五层立面垂直线条划分，壁柱身及柱间施以雕饰线装饰，五层转角处挑出阳台，置铁花栏杆，五层两侧窗户下设栏杆；上部檐口至屋顶女儿墙及山花，六层窗口之间配以并柱（双柱），转角处三个半圆券拱窗，顶部施以富于变化的巴洛克山花，女儿墙上缀以 5 个花蕾状装饰，其丰富多变的装饰手法创造出活跃浓郁的商业氛围。该酒店作为当时梧州市最具标志性建筑之一，在广西乃至东南亚享有盛誉。

九、医院建筑

梧州思达医院，位于梧州市高地路。1924 年 8 月竣工，当时广西规模最大的医院（图 9-2-22）。医院门楼一座，

（a）民国新西酒店　　（b）现代新西酒店

图 9-2-21　梧州新西酒店（来源：《广西百年近代建筑》）

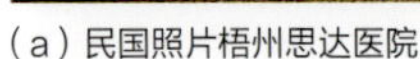

（a）民国照片梧州思达医院

（b）梧州思达医院

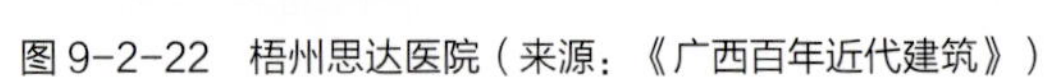

图 9-2-22　梧州思达医院（来源：《广西百年近代建筑》）

券拱门、三角山花，山花内饰铭文“1903”医院圆形院徽，医院大楼占地面积 1341 平方米，楼高 6 层，砖混结构，立面为纵横三段式构图，平面呈“王”状，左右对称，造型轮廓整齐，庄重雄伟。立面利用线脚装饰将建筑分为基座、楼体和顶部三个段落，以券拱半地下室及墙基为基座层，中段一至五层为主要楼体，上段顶部即檐口之上至三角山花，竖向三段每段自成系统，中轴主体部分设梁柱式外廊，竖向三段组合形成对称的整体建筑构图，垂直线条划分，造型挺拔俊秀。

十、创作特征总结

特征一：西风东渐中的“外廊式”公共建筑

“外廊式”建筑是广西近代建筑发展早期通商口岸的主要建筑形式，近代“外廊样式”建筑又被称为“外廊式”或“殖民地式”建筑。“外廊样式”建筑产生于印度殖民地，英国殖民者融合了欧洲传统与地方土著建筑特点兴建了一种能适应热带环境气候、简单盒子式周围带有廊道的建筑形式，当时这种形式的建筑被称之为“廊房”。一般为 1~3 层建筑，以政务办公、商务或办公与居住综合体建筑类为主。

西方殖民者进入北海、龙州、梧州等通商口岸后，大量采用这种建筑样式建设领事馆、公馆和洋行。“外廊样式”建筑的外廊有几种设置形式：三边式、周边式、L 式、双边式等形式，这一形式也吻合于广西多雨与夏季炎热的气候（表 9 - 2 - 1）。

“外廊样式”建筑形式以北海为代表。从上述实例来看，这些由早期西方殖民者或商人、教会设计建造的“外廊样式”建筑，是一种砖木结构、券柱外廊建筑，这种建筑形式从其建筑特征来看，以券柱式砖木结构为主，砖券起拱，墙体承重，大量使用拱券结构形成外廊，平面多为规整的四边形，券柱廊设置的形式以周边式为主，立面大都为粉刷面层施以简练的雕饰线脚，线脚富于变化，增强了建筑的立体感与艺术效果，个别为清水砖墙或清水红砖墙配以水刷石仿石墙基。室内一般设有壁炉，通常为一层或二层建筑。部分建筑房间外墙四周设落地玻璃门内开，另设百叶门外开，且百叶可调，方便了使用者根据需要随时调节室内的光线，颇具特色。底层多设置高度为数十厘米到二三米不等的底层架空隔潮透气层（又称地垄），这对于炎热多雨潮湿的广西尤具有较强的通用性。从其使用功能看其功能为综合性多功能的，既用于领事馆行政办公，也应用于洋行、商务及公馆、住宅，其功能应用较为广泛。

特征二：“外廊式”建筑影响下的民间建筑

外廊式风格建筑在近代广西民间得以较为广泛的传播主要有以下原因：一是外廊式建筑在广西的气候条件下有着较

"外廊样式"建筑形式一览表　表 9-2-1

外廊类型	代表建筑	照片	简介
三边式	合浦粤南信义会建德园		位于北海市合浦县廉州镇定海北路，砖木结构，四面坡灰裹垄屋面，占地面积 279 平方米，地下设地垄，三面券柱外廊，砖砌券柱式，拱券施以放射状装饰线条，顶部中央饰拱心石，玻璃门窗，地面花砖满铺，廊柱、券拱、檐口与腰际线脚勾勒，清水红砖墙，灰色勒脚，女儿墙压檐，屋顶设"卍"样标识。一层为厅堂，悬挂华丽的灯饰，室内设供取暖用的壁炉。
周边式	北海双孖楼旧址		位于北海市海城区北部湾中路，因两楼大小造型相同，像孪生子一样，故北海人称之为双孖楼。两楼均为一层周边"外廊样式"建筑，两座建筑相距 32 米，四面坡屋顶，四面券柱外廊，砖砌券柱式，拱券顶部中央饰拱心石，券拱、檐口线脚勾勒装饰，建筑房间外墙四周设落地玻璃门内开，另设百叶门外开，百叶可调，室内有壁炉，地台 1 米。两座建筑均长 29.2 米，宽 135 米，回廊宽 3.1 米，总建筑面积为 788 平方米。
L 式	北海英国领事馆旧址		位于北海海城区北京路，建筑长 47.2 米，宽 12 米，建筑面积 1133 平方米，券柱外廊，砖砌券柱式，拱券顶部中央设拱心石，廊柱和模券施以线脚装饰，护栏饰绿相组合陶瓶立柱，花岗岩条石护栏压脚、压顶，屋面檐口施以齿状线脚装饰，雉堞式女儿墙压檐，一层底下设隔潮的地垄，建筑后侧设置用于串联各房间的内廊。
双边式	北海德国信义会教会楼旧址		位于北海市海城区中山路，该建筑为一层双边外廊样式建筑，主体建筑长 30 米，宽 16.9 米，建筑面积 507 平方米。四面券柱外砖石切券柱式，拱券顶部中央饰拱心石，廊宽 3 米，四面坡屋顶，地垄高 1 米。廊柱、拱券、檐口与腰际线脚勾勒。

（图片来源：《广西百年近代建筑》）

大的适应性。广西地处低纬度地区，境内河流纵横，地理环境比较复杂，属中、南亚热带季风气候区，温暖潮湿。广西南北气候差异较大，钦州、北海、防城等沿海地区几乎没有冬季。而外廊式建筑中的遮阳、挡雨、隔热等功能较为适合这种气候特点，使得这种形式建筑在广西的传播有着其特定的自然基础，同时这种外廊式建筑在广西的分布密度由炎热多雨潮湿的桂南、桂东南向桂中、桂西北、桂北呈逐渐递减的分布情况亦与气候特点相吻合。二是随着社会变革的不断深入，广西内新旧桂系交替掌管地方大权，在西学兴起和通商口岸西式建筑以及中心城市市政建设的辐射示范影响下，外廊式等受西方文化影响的建筑在官僚绅士、富商地主等精英阶层的民间建筑当中，更多地被视为一种时尚、一种“门脸”出现了，这种情形在广西近代民间受“洋风”影响的建筑中大多为这类阶层人士所建的情况得到印证。

（一）券柱式外廊建筑

在外廊样式建筑中，西方殖民者将券柱式技术运用到这种建筑形式上，即在外廊建筑上以砖券起拱，砖墙承重，立面再施以灰塑线条装饰，由此形成券柱式外廊样式建筑。近代广西受此种形式影响的民间建筑，也以此为特征。

（二）梁柱式外廊建筑

梁柱式构架即在四根垂直立柱上端，用两根横枋和两根横梁相互构架组成“间架”。这种构架通过立柱同排横向固联，同列纵向固联，形成一个连接稳固的整体。进入20世纪后，随着钢筋混凝土等新的建筑材料与技术的广泛推广，梁柱式较多地运用到外廊建筑上。20世纪二三十年代，经过新旧桂系政权在公路、航运等交通基础设施上的建设，新的建筑材料的供应更为便捷了，同时梁柱式具有采光性好等优点，一些民间建筑也开始采用这种梁柱式建造外廊式房屋。从上述实例中可以看到，广西民间建筑主要有如下几个特点：一是因外廊建筑对多雨炎热的气候更具适应性，故受外廊样式影响的建筑形式在玉林、北海、钦州、防城、梧州等地区分布最多最广也最具代表性，它们主要是以民间力量自建的民宅建筑；二是这种建筑形式已非早期西方殖民者建设的盒子状“外廊样式”建筑，此时的建筑上的外廊，除对多雨潮湿炎热气候具有较强适应性外，更多的是一种装饰、一种“门脸”、一种时尚的文化符号；三是这些建筑往往是正面门面外设置外廊，看似外廊式房屋，内部空间却不一样，平面还受中轴线主导、保留着传统民居的庭院布局，还有部分为西式墙身、中式屋顶的形式，一般面阔为三开间或五开间不等，进深为两进至五进不等甚至更多，无论是庭院式建筑还是单体建筑，供奉祖先的中堂大多位于建筑组群或单体建筑的正中央，其建筑使用功能中最核心最重要的部分，还保留着中国传统的形式；四是部分庭院还设置了券柱式内院廊道，这种情形是西方殖民者的外廊样式建筑所没有的；五是近代广西民间中受外廊样式影响的建筑，早期的建筑为券柱式外廊形式，而后期，进入20世纪特别是20世纪二三十年代后，随着西方建筑材料及其技术的逐渐推广应用，梁柱式外廊建筑也出现在广西的一些民间建筑中。

特征三：折中主义基调建筑

折中主义建筑是近代民国时期出现的一种洋式建筑。紧随“外廊式”建筑之后的是19世纪末至20世纪初西方盛行的折中主义建筑（Eclectic architecture），这种折中主义表现为两种形态：一种是在同一个城市里，不同类型的建筑采用不同的建筑风格，如以哥特式建造教堂，以古典式建造银行及行政机构，以巴洛克式建造剧场，等等，形成一个城市建筑群体的折中主义风貌；另一种是在同一座建筑上，将不同历史风格进行自由的拼贴与模仿或自由组合各种建筑形式，混用希腊古典、罗马古典、巴洛克、法国古典主义等各种风格形式和艺术构件，不讲究固定的法式，而注重纯形式美，形成单体建筑的折中主义面貌。广西近代建筑同样不可避免地也受此折中主义浪潮的影响。

特征四：中西合璧的新民族建筑

近代民族形式建筑是中西建筑文化融汇的民族建筑新形式。近代中国的社会变革是中华民族反对帝国主义入侵、争取民族独立、人民解放和为实现国家繁荣富强而斗争的运动，随着近代中国社会变革的不断深入与民众民族意识的不断觉醒，国人通过对西方国家实力的认识与认可，对民族意识进行了新的体认，这种情形也反映到建筑领域上来，由此中西建筑文化便在不断的碰撞、磨合中逐渐出现体现民族性与现代性的新建筑形式，20 世纪二三十年代，中国建筑师开始了力求继承中国传统建筑艺术、创作中华民族建筑形式的传统复兴风格，这股传统新形式的探索大体分为三种情形：一种借用西方建筑技术与材料直接模仿中国传统建筑中的官式建筑样式——“中国固有形式”大屋顶加之西方功能布局的主体建筑设计即“宫殿式”，这类建筑极力保持中国传统古典建筑的体量权衡和整体轮廓，保持台基、屋身、屋顶的“三段式”构图的基本体形，保持着整套传统造型构件和装饰细部，这种形式也被称之为复古主义；一种是屋顶仍保持大屋顶或局部大屋顶与平顶相结合，西式外观的基本体量等特征的折中做法，这类建筑突破中国传统建筑的体量和整体轮廓，建筑体形由功能空间确定，立面构图大多不拘泥于三段式构成，以砖墙承重的新式门窗组合或添加壁柱式的柱梁额枋雕饰取代传统的构架式檐柱额枋，这种形式也被称之为折中主义；还有一种则是在新式体量基础上、适当装点中国传统细部装饰，以达到现代建筑简洁线条与传统建筑精美装饰细部的结合，这样的装饰细部，不像大屋顶那样以触目的部件形态出现，而是将装饰细部作为一种民族特色的标志符号出现。这种建筑既包含了西方建筑的处理手法，又体现了传统建筑的神韵，相对于“中国固有形式”大屋顶建筑造价高、工期长等不足，这种形式建筑尤显效率与实用，也被称之为装饰主义。民族建筑新形式的兴起是对近代建筑领域“洋风”的反思，是近代建筑民族化的追寻，同时也蕴涵了西方近现代建筑的设计理念及其某些探索。受此影响，广西近代建筑中以桂林为代表也出现了一批受近代民族建筑思潮影响的建筑。

第三节　基于传统改良与演变的建筑创作

一、学校建筑

原广西省立桂林师范（图 9-3-1），又名两江师范，位于临桂县两江镇。学校的校舍，由林乐义建筑师绘图设计，是一座具有民族特色的江南园林书院式建筑。校园占地 230 亩，平面为口字形，校门向北，沿中轴线由北往南依次为校门、花坛、礼堂、后门，礼堂为歇山顶建筑，平面呈长方形，四角等边略微外凸，礼堂窗户多为支摘窗，校园中轴线东西两侧分列教室等其他建筑，内院四周为回形柱廊，廊上共立 100 根廊柱。抗日战争时期，大批从全国各地云集桂林的进步人士到过学校，并被聘为教员，如丰子恺及共产党员王河天等。该校培养了大批的进步青年，被誉为“桂北革命的摇篮”。

崇正书院（图 9-3-2），位于田阳县田州镇兴城村，由

图 9-3-1　原广西省立桂林师范（来源：《广西百年近代建筑》）

图 9-3-2　崇正书院（来源：《广西百年近代建筑》）

门楼、左右侧房等组成，占地面积约2200平方米。门楼上方悬挂“崇正书院”横匾，门楼左侧建筑为券柱式砖木结构，三开间中西结合二层建筑，女儿墙压檐，其他建筑均为砖木结构硬山顶传统建筑。该书院原址位于田州镇隆平村玉皇阁，清光绪十五年（1889年）迁建于此。清光绪三十三年（1907年）书院改为奉议县两等小学堂（今兴城小学）。崇正书院对研究田阳县教育发展史有重要的价值。

二、会馆建筑

南宁两湖会馆，位于南宁市兴宁区解放路，始建于清代乾隆年间，因由当时湖南湖北旅邕商人集资兴建而得名。建筑占地面积约697.5平方米，建筑立面三开间、三段式构图，一二层构成下部分，一层梁柱式骑楼，主入口两侧廊柱至二层起券形成券拱门洞，两侧二层开窗；中段为三层，两侧墙体稍内凹，形成阳台、铁艺栏杆装饰，上部女儿墙压檐，中间半圆形山花。两湖会馆进深三间，抬梁式硬山顶砖木结构，各进之间以天井相隔，其梁柱构件均体现了典型的清代中期南方建筑特征，梁柱雕刻图案别具一格，山墙顶盖叠涩砌筑，砖砌堆叠向外挑出，层层叠叠、高低错落。该建筑对研究清代南宁商务活动尤其是南宁与两湖地区商贸往来、文化交流，具有十分重要的意义（图9-3-3）。

（a）南宁两湖会馆屋檐

（b）南宁两湖会馆正面

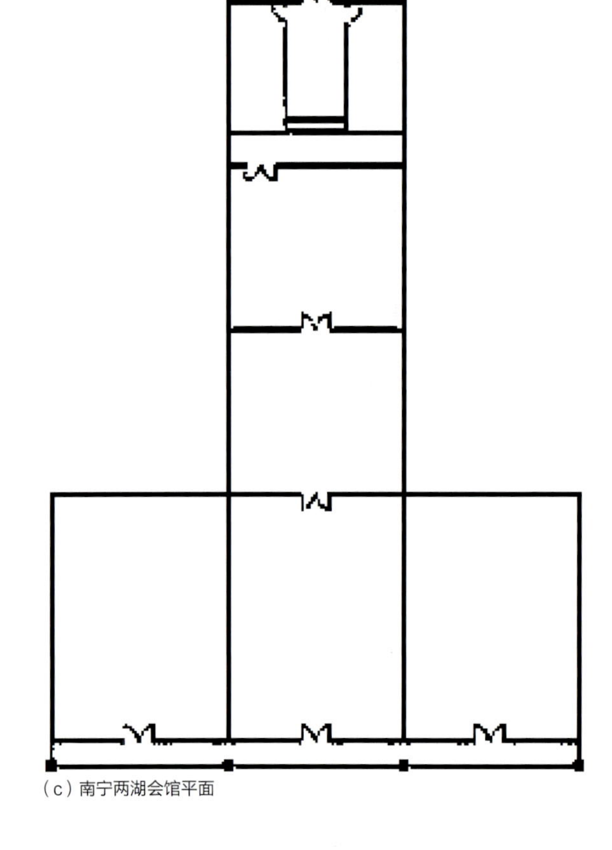
（c）南宁两湖会馆平面

图9-3-3 南宁两湖会馆（来源：蔡响 摄、绘）

三、居住建筑

（一）李济深故居

苍梧李济深故居位于广西区梧州市苍梧县大坡镇坡头村，建于1925年，占地面积3400平方米，四周环以围墙，围墙大门半圆山花以中国传统的吉祥图案灰塑松鹤鹿，象征着福禄寿，在山花构图外圈开光图案分别饰中国传统的梅花、石榴、荷花灯吉祥图案，左右两侧各设立狮一只，顶部设八卦图案造型。故居主体为一座融中西建筑艺术风格于一体的三进两院的四合院庭院建筑，建筑面积2100平方米，大小厅房53间。故居主体建筑为一座防御性较强的梁柱式内环廊道庭院建筑，主入口屋顶为两个变体的“人”“入”字塑造成两个巴洛克涡卷形式的山花，寓意出入平安，中西装饰风格有机糅合在一起。庭院内平面布置中由梁柱式外廊串起各个房间，陶立克柱型窗颇具特色，庭院四角设置碉楼，碉楼之间四侧屋顶瓦面设置墩子式“回”形走道，使四角碉楼得以相互贯连。原建筑为四进三院，“文革”期间拆毁最后一进及两碉楼等附属建筑。庄园外南边为水塘，水塘东南角有一座八角凉亭，故居后背山为一处近百株的铁犁木树林。

桂林李济深故居（图8-3-4），坐落于桂林市叠彩区东镇路的李济深故居是1940~1944年李济深任职期间的住所，占地面积525平方米，原有主楼、花园、警卫室、车库等组成，主楼双层砖木结构，楼层以木板铺设，主体建筑面积为318平方米，内设会客厅、书房、卧室等15间房屋。在他任职的三年半中，经常联系所辖三、四、七、九战区，督查各次会战，营救过胡志明等越盟盟员，支持过中共及进步力量的抗日宣传活动，同时对八路军桂林办事处的统战工作做出过贡献。故居为纪念李济深以及桂林抗战文化的重要实物。

（二）陆荣廷故居

陆荣廷（1859~1928年）字干卿，原名亚宋，旧桂系军阀领袖，壮族，武鸣人。其故居业秀园（图9-3-5），位于崇左市龙州县水口镇，于1919年修建，为纪念其父陆业秀而称为业秀园。业秀园占地六万多平方米，业秀园原由门楼、主座、花厅、左厢房、后厢房、右连廊、戏楼、码头等建筑物组成，现仅存中式楼一座、花厅、码头等建筑。中式楼二层双边外廊，砖木结构，硬山屋顶，青瓦屋面，前后走廊外檐砌青砖柱子，券柱式门窗，门窗拱券楣部饰由外往里逐层递减的透视状装饰线，上方花草图案和灰饰线条，设外开百叶窗，一层地面为三合土，二层为木楼板。从门窗细部装饰等处可看到其受西方建筑风格影响的痕迹。时任两广总督的陆荣廷常在此宴请、会晤外国人士。

（三）李宗仁故居

临桂李宗仁故居，位于临桂县两江镇信果村委浪头村，始建于20世纪初期。李宗仁故居占地面积5060平方米，

图9-3-4 桂林李济深故居（来源：《广西百年近代建筑》）

图9-3-5 陆荣廷故居业秀园（来源：《广西百年近代建筑》）

建筑面积4309平方米，共有房屋113间，故居属桂北民居风格兼受西式建筑文化影响传统的庄园式建筑，大院呈不规则的长方形，四周以砖砌清水墙高垣屏护，故居由安乐第、将军第、学馆及三进五开间客厅建筑组成，分布有13个天井，并在建筑组群前后分别设置了前院与后院，整个故居共分为7个院落，院落之间设门相通，屋面采用西方集中排水方式。安乐第由前后两进三开间建筑、一天井组成，后厅堂屋香火壁，设置神龛香案供奉祖先。与安乐第相邻的是两进四开间将军第，安乐第与将军第是故居重要成员的起居室，各区间前后既相互连通，又独立分隔。与将军第相邻的为三进五开间客厅，回环外廊贯通各个区间。故居外围四周院墙，高8.4米，厚0.45米，高大威严，院墙墙头为内外青砖包泥砖的“金包铁”砌法，院墙入口墙体腰际处设置一系列简洁别致壁柱式半圆券拱窗户，窗户之间适当间距灰塑鱼形水口，这些装饰使得高大威严、肃穆冰冷的院墙显得较为生动雅致。院墙主入口门联“山河永固，天地皆春”，横批“青天白日”，门联施以竹节形边框装饰，大门屋檐上方为变异简化了的巴洛克风格山花，居中处饰以正对“9时”的闹钟，大门进入庭院对应处设置一变异简化了的爱奥尼克柱。

桂林李宗仁官邸位于桂林市象山区文明路，由广西当局于1942年始建，1948年3月落成，官邸曾作为李宗仁重要的政治活动场所。占地面积4321平方米，周边砖砌批灰围墙合围，官邸由主楼（二层）、副官楼（二层）、附楼（二层）、警卫室、门楼、花园等部分组成，建筑面积1267平方米。院内建筑别墅形式，中式屋面瓦顶，西式墙身，砖木结构，主楼立面三段构图，下段黄色批灰砖墙，中段清水红砖面，上段中式屋面瓦顶，房屋地面铺设木板，室内设置有壁炉。主楼侧面设有梁柱式廊道，建筑地下设置地垄。主楼一层有会议室、客厅、秘书室、警卫室和餐厅；二层为接待室、客房、卧室等。附楼和副官室在门楼两侧。

桂林李宗仁公馆，位于桂林市秀峰区桃江宾馆内，1938年，时任国民党第五战区司令长官的李宗仁在抗日前线作战期间，其夫人郭德洁在桂林甲山附近购地2000多亩用于种植业，并兴建了一座小楼，1948年，李宗仁当选民国副总统，民国桂林市政府奉其原配夫人李秀文面谕，请示广西省主席黄旭初批准重新对小楼进行了修建。公馆占地约三百多平方米，为二层砖石木结构，集住宿、接待、会客、防空袭为一体。建筑立面三段构图，下段为石砌墙体，中段为清水砖墙，二层设置梁柱式外廊通道，水刷石栏杆，上段屋顶瓦面。公馆后的甲山内有十字交叉形的防空通道，公馆有暗门与防空通道连通（图9-3-6）。

四、园林建筑

近代广西两处私家园林分别代表着清末与民国两个不同时期广西一北一南风格的私家园林建筑：一处是位于桂林始建于清同治八年(1869年)、跨越晚清民国两个时期的雁山园，一处是位于玉林始建于民国九年（1920年）的谢鲁山庄。

雁山园位于桂林市雁山区雁山镇，南北长500米，东西宽300米，占地面积约15万平方米，总体形状不规则，周边筑以围墙，全园的景区主要有碧云湖、青罗溪、涵通楼、澄研阁、稻香村、绣花楼、水榭、花神祠、琳琅仙馆、桂花厅、丹桂亭、碧云湖舫、长廊，等等。园内奇花异树，枝繁叶茂，堪称“岩溶地貌天然植物园”，种植有香樟、银杏、牡丹、墨兰、紫竹、相思、白玉兰等，其中红豆、绿萼梅、丹桂、方竹被称为“雁山四宝”。由此，雁山园集桂林山之秀、水之丽、洞之奇、树之异于一体，亭台楼阁点缀其间，被誉为“岭南第一园”。雁山园还是名流雅聚的地方，孙中山、周恩来、朱德、蒋介石、林森、胡适、李四光、马君武等名人曾到过此地或居住（图9-3-7）。

雁山园师承中国传统的造园艺术，兼容南方私家园林的一些手法，巧妙地利用了桂林天然的喀斯特地貌与溪河丛林，形成岭南风格的园林。同时，由于其建造年代正处于中国社会动荡变化与西方文化渗透影响的历史背景之中，以及跨越两个时代、园林几易其主，使得雁山园与传统园林又有着一些不同的地方。一是雁山园既有清朝晚期的亭台楼阁，又有民国时期的建筑，主要有汇学堂、明志楼（红楼）、起文楼、

（a）临桂李宗仁故居

（b）李宗仁官邸

（c）桂林李宗仁公馆

图 9-3-6　李宗仁故居（来源：《广西百年近代建筑》）

燕宁居等一批民国建筑。这些建筑为中式屋顶瓦面，西式体量墙身，借用了西方的建筑技术、材料与平面功能布局。二是雁山园在建设初始，与当时岭南民间普遍流行的碉楼建筑一样，在园林周围设置了碉楼，这显现了当时社会秩序混乱、盗匪猖獗等复杂的历史背景，也反映了长期处于南疆蛮夷之族的传统所造就的武家文化。三是跨越两个时代几易其主的园林，1929 年岑春煊将园林捐给了广西省政府，并辟为“雁山公园”，私家园林转为西方传入的“公园”形式，其功能上实现了由封闭型园林向开放式园林的转变，私家园林步入百姓大众的生活，这是园林性质一个极大跨越，其深远意义不言而喻。

谢鲁山庄，原名“树人书屋”，也称“谢鲁花园”，位于陆川县乌石镇谢鲁村寨子屯燕子山南麓，是国民党少将吕芋农所建设的私家园林。山庄始建于 1920 年，占地面积 266400 平方米，是一个不规则的园林建筑组群。山庄根据《琅环记》中所述的神仙洞府和《红楼梦》的模式，结合苏杭园林的特色，布局依山形地势而走，房屋、路径依布局而筑，错落有致，造型各异，却又浑然一体。谢鲁山庄分为前山、

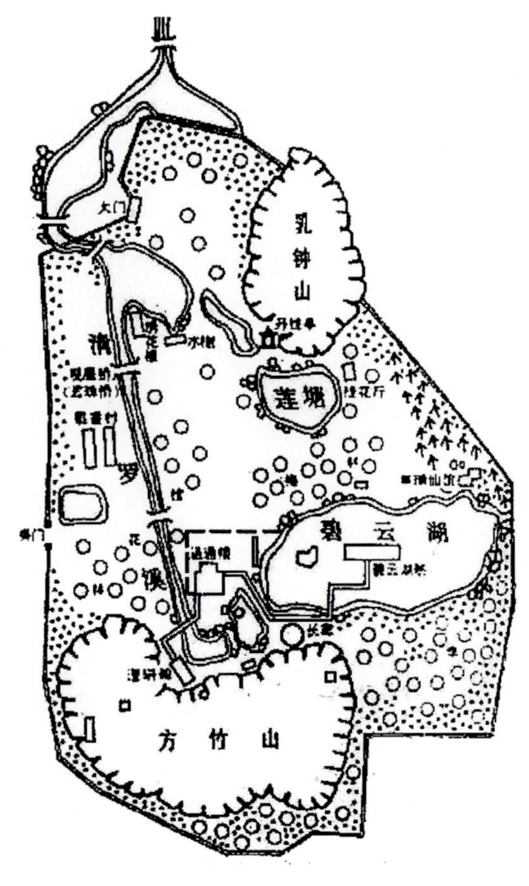

（a）雁山园平面图

（b）雁山园之一

（c）雁山园之二

图 9-3-7 雁山园（来源：《广西百年近代建筑》）

后山两大部分，前山以建筑物为主要构图，后山则以突出自然景观为主。前山景观依次为山门、二门、泥鳅塘、折柳亭、园塘、含笑路、迎展，进入前山中心区"琅环福地"。"琅环福地"既是前山的中心区，又为整个山庄的核心区，包括琅环福地游门、眼镜塘、赏荷亭、邀云竹径、小兰亭、过颈廊、留墨亭长廊、湖隐轩、荷包塘、水抱山环处、九曲巷道、听松涛阁、树人堂、倚云亭、寻云别径、棠荫亭、半山亭等建筑。而后山则包括白云路、望鹤亭、夫子庙、白云深处、樵径、寻梅别径、小庚岭、梅谷等部分。整座山庄以"一至九"的自然数字布局设景：一扇山门，一统天下；二重围墙，园中有园；三层主体，迎宾、待客、读书；四方大门，招徕四方宾朋；五处假山，宛如五岳朝天；六幢房屋，六亲常临；七口池塘，七面镜子，七仙女下凡；八座亭子，八面玲珑，各有千秋；九曲巷道，天长地久；此外，12 个游门，12 个时辰，运转不停息。山庄的花草树木十分繁多，绿草如茵，花木掩映（图 9-3-8）。

谢鲁山庄有以下五大特色：其一，谢鲁山庄前山园林内的建筑吸收了西方园林常用的突出主体建筑构图的原则，结合中国传统庭院中轴线建筑组合的表现形式，沿着人的视线方向纵深延伸，形成以"迎展"、"湖隐轩"、"树人堂"3 座主体建筑由西南至东北向主轴线为中心的景观群，表现出极强的序列感，充分体现了山庄"迎宾、待客、读书"的三层主题内涵；其二，谢鲁山庄以中国传统园林的营造方法为基础，在其局部处理上体现了西方园林几何规则图

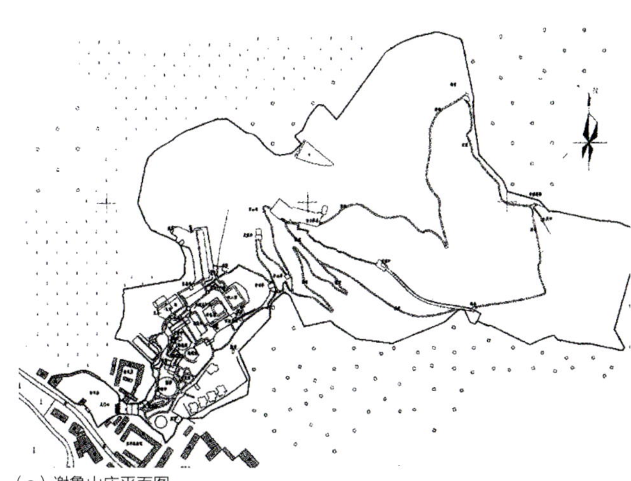
（a）谢鲁山庄平面图

（b）谢鲁山庄小桥

（c）谢鲁山庄园林

图 9-3-8 谢鲁山庄（来源：《广西百年近代建筑》）

案的布局手法，理水方式以聚为主，采用了曲池、方池、回形水面等西方园林特色的设置，左右对称的眼镜塘、规则整齐的荷包塘等水池均呈几何图形，而泥鳅塘则表现出一个形为不规则实为规则的几何体，这也反映了在几何形体图案的运用上，巧妙地利用不规则的几何形式进行造型，呈现出兼容、多元、灵活的特性；其三，谢鲁山庄建筑的屋顶起伏多变，既有歇山顶、硬山顶，又有攒尖顶，还有正屋旁依墙作屋的“披厦”（又称“披檐”）做法。同时，“湖隐轩”以建筑平面纵向山墙作为主体建筑的主立面和主入口，内部空间沿主入口方向序列纵深展开，主立面为西式券柱门外廊，两侧回廊券拱开窗，券拱落到叠涩砌出的砖墩上，有别于传统的罗马柱，而更像中国传统建筑的“雀替”或西式建筑上的“牛腿”，缩短了券拱的净跨度，增强了券拱的荷载力与抗剪能力，减少拱与柱相接处的向下剪力，极富创意；其四，谢鲁山庄在造园风格上表现出其亲和性、世俗化、浓郁的乡土气息以及开放兼容、多元务实的特点，山庄主人在造园时注重直观和感性的东西，讲究实用，景观构图根据生活需要，着意营造温馨恬适的氛围，拙朴自然而又不失雅致实用，造园意境的表达通过匾额、楹联等简洁易懂的方式直接抒发出来。同时，西方文化的影响也使得山庄表现出异域的韵味与多元的风格。这种世俗、直接、开朗、多元的表达，不同于江南园林的秀美含蓄；其五，植物群落与园景巧妙结合，山庄的木本草本就有一百多个品种，花色缤纷，品种繁多，突显了岭南亚热带的风情景色。

谢鲁山庄是研究岭南地区园林建筑、民风民俗文化的重要实物资料，具有很高的价值。

五、特征总结

广西近代民族形式建筑的雏形，最初出现的是一些新功能、旧形式的建筑，这些建筑具有近代的功能，而沿用传统的庙宇、衙署的形式，实质上是利用旧式建筑来容纳当时还不太复杂的新功能。随后新的需求，已经按新功能设计平面而有意识地采取中国传统建筑的外观，这是中国近代建筑运用民族形式的先驱。从20世纪20年代起，近代民族形式建筑活动进入盛期，到20世纪30年代达到高潮。形成这一潮流的主要背景是：①五四运动以来，民族意识高涨，“发扬我国建筑固有之色彩”成为当时中国建筑界和社会的普遍呼声；②国民党政府推行中国本位文化，在当时制定的《首都计划》和《上海市中心区域规划》中，对建筑风格都指定采用“中国固有形式”；③教会系统有意在文化教育建筑中利用中国建筑形式，作出教会尊重中华文化的姿态；④当时中国建筑师的设计思想仍然是以学院派思想占主导地位，他们很自然地会把中国民族形式融入他们设计的建筑中去。广西近代探索了新建筑的近代化与民族化相结合的创作实践，同时涉及引进的国外近代建筑形式和先进建筑技术如何与广西的现实相结合，以及在建筑近代化的过程中如何继承、借鉴、发扬传统建筑遗产等问题。

第四节 广西近代建筑的时代再生

一、价值与意义

广西近代建筑作为多元文化下的历史见证，它目睹了广西社会、经济发展的百年荣辱兴衰，记载着近代广西的社会、政治、军事、经济、科技、文化、艺术以及民俗风情等方面的内容，既交织着异质文化之间的激烈碰撞，也历经了中西两种文化的磨合与融汇，还体现了中西不同建筑形式在近代历史中的搭接，它是传统建筑向现代建筑迈进的一个过程。

以“外廊样式”、商业骑楼为重要特征的北海近代建筑类型齐全，有领事馆、海关、教堂、医院、商行、学校等建筑，见证了近代北海乃至华南地区经济、海关、宗教、建筑和对外贸易的发展；以古典与折中主义风格建筑、商业骑楼为重要特征的梧州近代建筑，主要有行政办公、商务洋行、文化教育、宗教教堂和医疗卫生等类型，见证了梧州百年商埠的起落沉浮；以行政办公、文化教育、名人邸宅等民国建筑为代表的桂林近代建筑，见证了民国时期广西政治、经济、军事、社会的发展以及抗战时期文化城的盛况；以民国建筑为代表的玉林、南宁、来宾、百色、钦州、防城等其他地区近代建筑，对于研究广西民国时期社会的变迁与发展、新老桂系政权以及中西文化交融等也都具有十分重要的价值。

较之有着悠久历史的古建筑、民族建筑来说，近代建筑虽然只有百年甚或几十年的历史，其同样有着独特且不可替代的历史文化内涵，这对于研究广西近代历史、中西文化交流融合以及建筑艺术等等具有十分重要的价值。同时，其丰富多彩的文化内涵及其异域的文化色彩，对于提高城市文化品位、挖掘地方文化特色、开发旅游等具有十分重要而又现实的意义。此外，由于近代建筑的特殊背景，保护、利用好广西近代建筑，对于开展百年近代史教育、爱国主义教育、激励台湾同胞、海外侨胞热爱祖国建设、维护祖国统一等，具有相当重要的作用。

二、时代再生

（一）北海老城

北海有两大旅游资源，一是以自然景观为特点的北海银滩，另一个是以人文景观为特点的北海老城。其共同的特点都是资源的不可再生性和社会生态系统的脆弱性，只要保护不当就会有不可预计的后果，而其中又以北海老城人文景观的保护工作压力最大。北海老城的发展经历了一百多年，形成以商贸为主要特点又融汇中西特色的城市风貌。由于新城的发展，老城的商贸功能逐渐迁移，历史文脉日渐断裂。

为了保证北海老城这一历史文化遗产继续留存下去，北海市历届政府始终非常重视对老城的保护，谨慎地编制了一系列保护性规划，并制订了《北海市老城保护区规划管理暂行规定》，严格控制老城的保护、开发和利用（图9-4-1）。当然，要保护好老城，仍需要加大保护力度，需要更为有力的保护措施，需要政府加大保护基金，而更重要的是对老城进行政策设计，制定相应的法规和政策，借助社会资金开展保护工作，为后人留下一份宝贵的文化遗产。策略要点包括：

（1）严格控制

要严格控制《北海市老城保护区规划管理暂行规定》中保护区范围内各个层次的地域环境和各级、各类建筑，遏制优秀历史建筑不断被拆除的趋势，避免由维修和改建造成的新的破坏。对地产开发项目和商业方面的转让项目，要严格按照规划的要求来发展，而且要用法律、法规的形式加以强化。另外，也只有严格控制，才有可能争取到施展调控手段的政策空间。

（2）整治环境

北海老城虽然有着区位、历史文化和环境的优势，但它毕竟是一个历史街区，设施的水准不高，有的已经老化，许多配套设施严重不足。而作为一个历史文化街区和旅游区，要想恢复老城“水天一色”的自然景观和别具一格的骑楼、殖民建筑景观，政府必须改善老城的市政设施与公共环境品质，提升老城的品位，进而吸引非政府投资，使老城得到良性循环保护。

（3）置换功能

北海老城的保护问题很多，关键要投入保护资金。但由于保护资金的需求量很大，政府又不可能全部包揽，因此，除了必要的涉及公共利益的环境建设需要政府投入外，还需要利用现有的物业价值甚至新的物业形态来广开财源，吸引社会保护开发资金的投入，增强老城的活力。但建筑的功能置换必须符合规划的要求。

2006年，北海市政府组织进行了“北海老城”修复工程，其中的一期工程为旅游景观设计部分，设计范围位于现北海市区的北部，由珠海路（旺盛路至海关路段）、民建一街、海关路三条街道构成，涉及街道长度约1900米（图9-4-

图9-4-1　北海老城修复前实景（来源：华蓝设计（集团）有限公司档案室 提供）

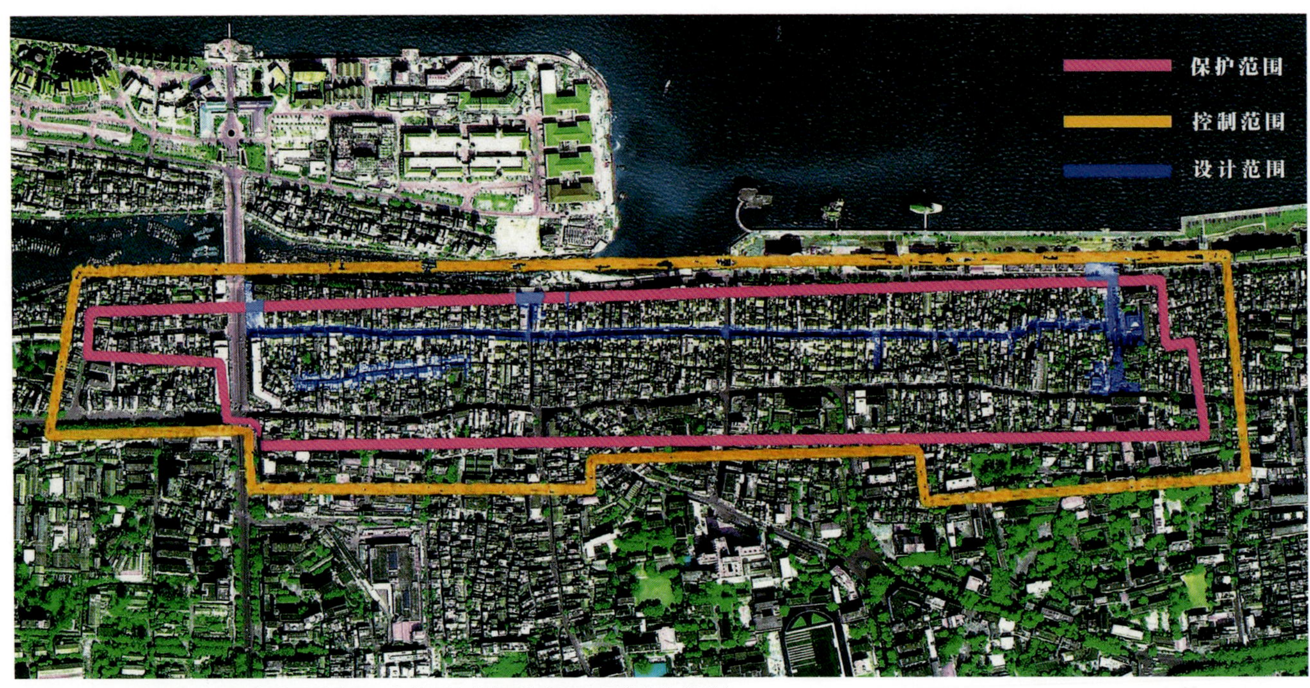

图 9-4-2 北海老城一期修复范围（来源：华蓝设计（集团）有限公司档案室 提供）

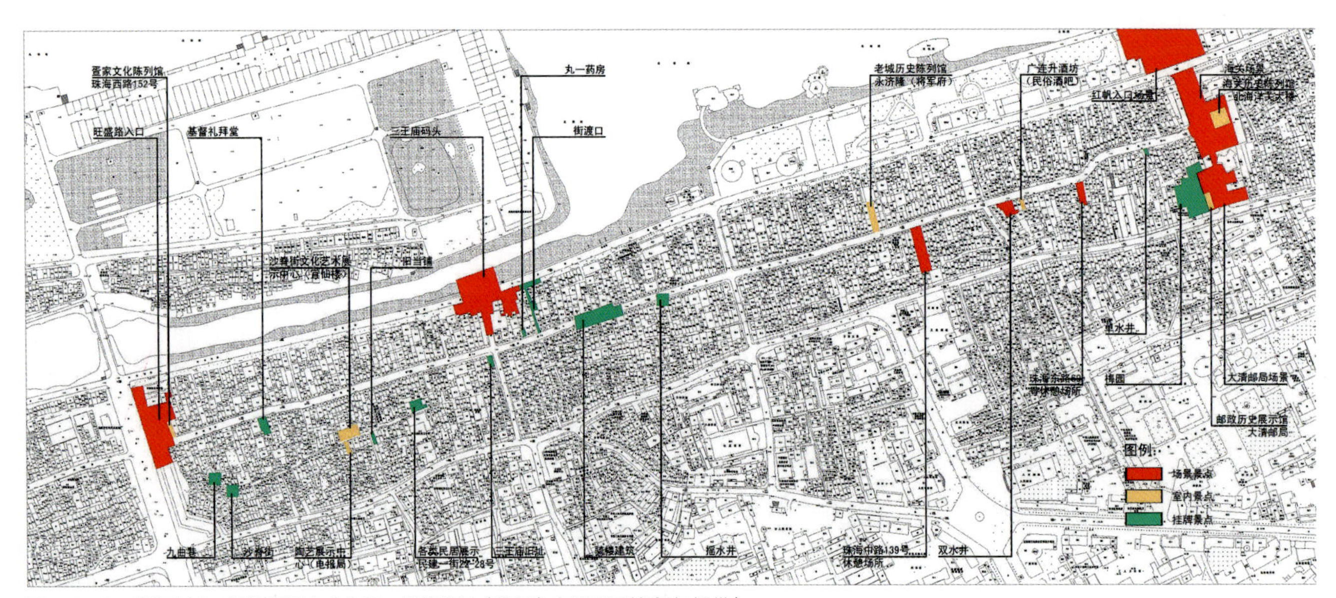

图 9-4-3 北海老城一期修复景点（来源：华蓝设计（集团）有限公司档案室 提供）

2）。设计内容包括一期旅游线路确定及一期景点筛选、保护及改造。民俗文化是老城文化的重要组成部分，也是设计中要重点考虑和展示的内容，在各景观节点的打造中都充分结合了当地的民俗文化。

改造前，沙脊街、珠海东路入口处一级建筑相对集中，但多为新建建筑，其中一级建筑占 55%，二级建筑占 39%，危房占 6%。现状存在部分风貌不协调建筑，老城整体风貌遭到一定程度的破坏。通过多次的调研、广泛的意见征集及深入的讨论，一期修复工程最终选定了 27 处景点进行修复（图 9-4-3）。

（a）原升平街石碑

（b）升平街路碑复原图

图 9-4-4　原旺盛路入口元素（来源：华蓝设计（集团）有限公司档案室 提供）

以旺盛路入口为例。每一座城市都有它的过去、现在和未来，它的每一个时期都凝聚了人们的智慧和汗水，见证了历史的沧海桑田（图 9-4-4）。旺盛路入口主题定位为“拉开北海发展的历史帷幕”，集散游客、展示地域文化的入口广场（图 9-4-5）。

设计从北海的起源——“疍家文化”作为切入口，设置了疍家棚模型、疍家文化雕塑、历史文化展示墙和珠海路历史断面展示墙，以此展示北海的起源和发展历程。入口牌楼的设计则按照骑楼范式设立老城特色的标志性牌楼。通过攀缘植物既遮挡了与老城景观风貌不协调的山墙，又成为衬托广场的一个绿色背景。另外，作为一个广场，为满足一定的休闲需求，还设置了游客服务中心、海沙池、灯柱、座椅、绿地、花池、公交停靠站等公共设施。广场铺地则尽量采用与老城风格相协调的灰色火烧面花岗岩、条石、青砖、卵石等。

总的来说，北海老城的规划设计用心于营造场所的亲近感、地方的认同感，骑楼、教堂的细致修缮就是明证。前者是适应南方气候环境的商住建筑，后者是西方文化的一个建筑载体，建筑背后所蕴含的文化意义与精神维度都在反映老城所展示的魅力。

自 2006 年 5 月 1 日，北海老城已经正式启动旅游服务，其复兴的理念和措施也不断完善、发展，但老城复兴项目的顺利推进说明，对老城的利用性保护，真正保护了老城的生命力。用与时俱进的保护方法和复兴思维去减弱老城历史与现实间的不协调，利用其历史形成的特色，管理其在当代有可能发生的物质环境变化，从而不仅在现实层面上打造富有活力的整体景观、魅力家园，而且在心理层面上打造活力的整体景观、营造魅力家园，真正地达到体现美学意图与建造人居环境的双重目的，使老城真正“老有所用”。

（二）梧州骑楼城

20 世纪初，大量外省和外国商人进入广西梧州经商，骑楼这种适合岭南地区气候的商住两用建筑也随之而来，并得到大量修建。历经百年变迁，在如今的梧州市河东片区，较为完好地保存下来一片总长约 6.2 公里，分布在 22 条街巷，荟萃中外设计风格的骑楼群建筑。骑楼建筑的建筑面积有 37.2 万平方米，主要分布在五坊路、九坊路、南堤路、居仁路、小南路、大南路一带。该片骑楼群因建筑艺术独特、规模集中宏大，被誉为“中国骑楼博物馆”（图 9—4—6）。

经历了百年的风雨洗刷、洪水浸泡，梧州骑楼日渐破残，商机失落，不少骑楼破旧损毁，甚至有些已被拆除，更令人担忧的是，骑楼保护长期缺乏一套有效保护与合理利用的制度。梧州骑楼城在发展的过程中，主要存在着以下几个方面的问题与矛盾：

（1）许多历史建筑未能得到有效地发掘与保护，未能充

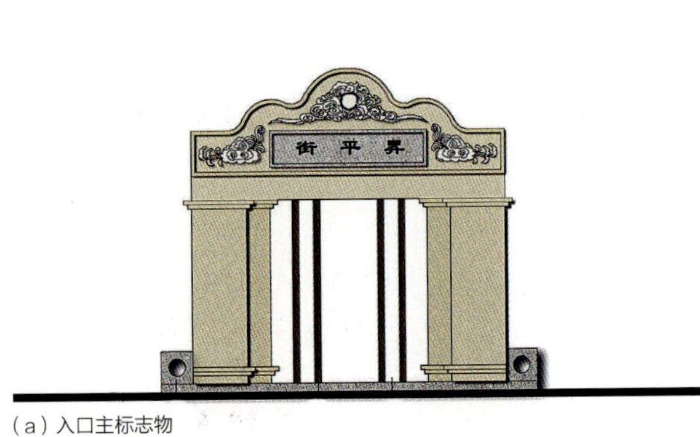

（a）入口主标志物

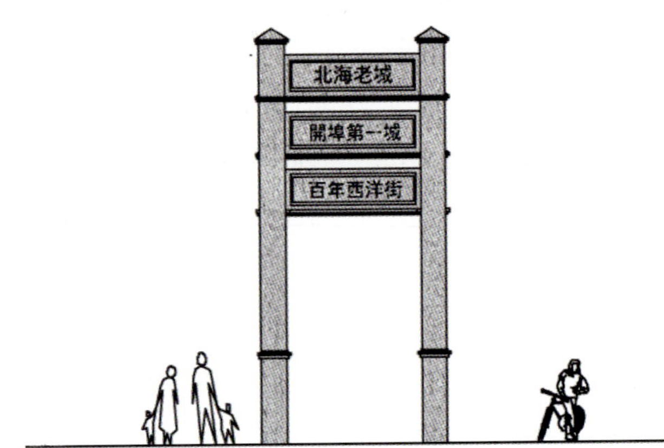

（b）入口骑楼廊架

（c）入口总平面

（d）旺盛路入口沿街立面

图 9-4-5 旺盛街入口改造（来源：华蓝设计（集团）有限公司档案室 提供）

分利用良好的自然、历史景观资源；

（2）建筑受自然老化及历年损毁破坏较严重，一些水位低的建筑由于常受洪水浸泡，日渐残破；

（3）一些街道路面年久失修，路灯不明，市政设施欠账过多，广告牌杂乱无章；

（4）城市建设缺乏城市设计的指导，一些建筑的体量过

（a）梧州骑楼改造前街景

（b）梧州骑楼改造前细部

图 9-4-6　梧州骑楼改造前实景（来源：华蓝设计（集团）有限公司档案室 提供）

大、风格混乱及位置不当，成为城市空间上的败笔；

（5）城市人口多、建筑密度大、建筑质量差、生活居住环境恶劣、存在许多不安全因素，很多街区绿地率为零；

（6）违章建筑较多，原有的地形地貌和山体等自然环境受到较大的破坏，造成水土流失，甚至滑坡。

针对这一情况，2003 年，梧州市政府组织编制了《梧州市骑楼城保护与利用规划》，规划以突出骑楼恢复性保护为原则，以改善居住环境，打造岭南骑楼城的特色品牌为目标，重点保护传统街巷、传统建筑、生活传统风貌，集中体现梧州的传统文化含量，强调传统生活及经营理念的延续（图 9-4-7）。

为了彻底改善人居环境，采取的主要措施有：第一，疏减过多的人口；第二，基础设施的改造和更新，供电系统、供水系统、排水系统，都应按现在的标准进行更换，管网全部埋入地下，保持街道空间的整洁；第三，完善公共设施的建设；第四，尽量增加绿化；第五，改善建筑内部的居住环境，重点解决采光和通风问题，以及在功能上如何满足现代生活的需求。根据骑楼建筑的质量情况，采取不同的保护和改造措施。把现存的骑楼建筑分为 4 级，分别采用不同的保护措施。

为保持骑楼城空间格局的肌理，规划在保留原有的道路系统的基础上，通过科学技术的手段，对交通系统进行整合，建立起一个有序、快捷、方便、安全并富有梧州骑楼特色的交通系统。

为了实现骑楼城的可持续发展，规划结合百年老店，整合骑楼商铺以经营土特产、风味小吃、旅游纪念品、杂货为主，经营小型旅馆等为辅，既可以满足居民的日常需要，又可为游客提供特色服务，还可解决就业问题。这也为旧城改造提供一种除大规模开发外，由房主按照规划要求自行改造、更新的方式。

在骑楼城单体建筑的保护更新上，工程分为维修翻新和拆旧建新两个部分，即对结构保存比较完好、具有重要意义的骑楼进行翻新改造，破坏比较严重、不能继续使用的骑楼，则进行拆除并重新设计建设（图 9-4-8）。

2014 年 3 月 27 日，《广西壮族自治区梧州骑楼文化街区保护条例》（以下简称《条例》）经自治区十二届人大常委会第九次会议审议通过，并于同年 6 月 1 日起实施。《条例》鼓励单位和个人参与梧州骑楼文化街区的保护，并要求骑楼文化街区重点保护区建筑修缮和外立面装饰装修，应当符合有关技术规范、质量标准和保护图则要求，修旧如旧。《条例》规定，骑楼文化街区的保护范围东起石鼓路、云盖路、阜民路；北往东正路、建设路、北环路至龙母庙；西、南至桂江、西江所围合的区域。梧州骑楼文化街区分为核心保护区、外围保护区（亦称为风貌协调区）两个部分。骑楼街区重点保护区建筑物所有权、使用权人要按照骑楼建筑风格的保护要求，对骑楼

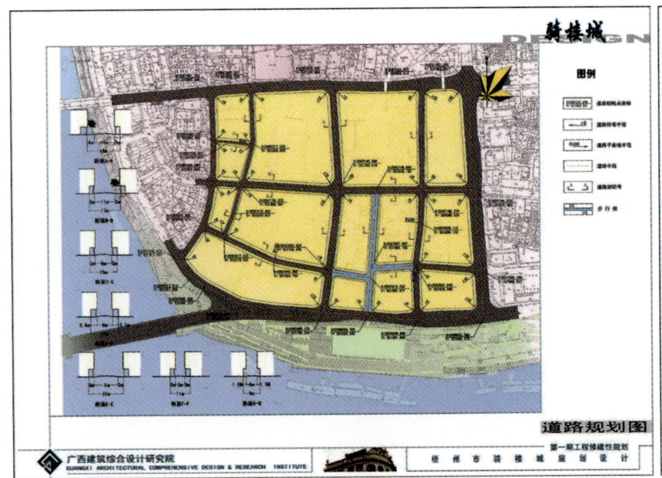

(a)道路规划图

(b)电力电信规划图

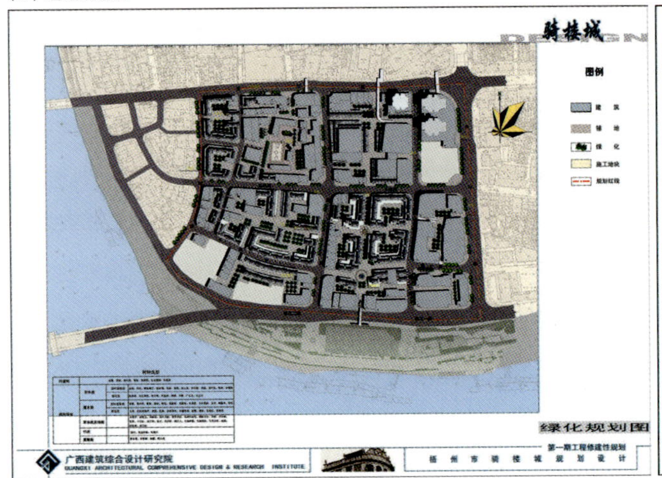

(c)绿化规划图

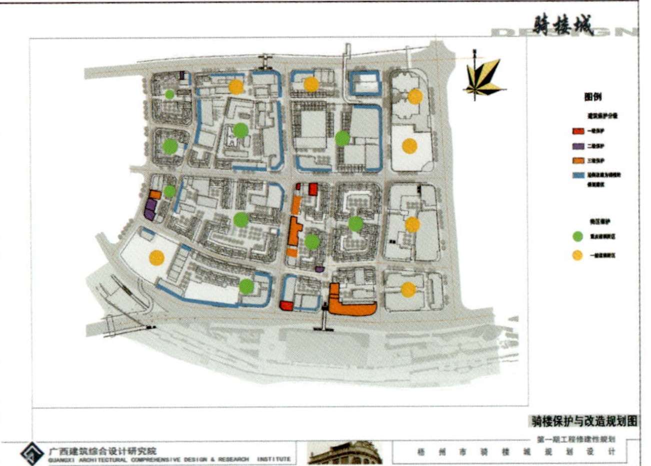

(d)改造规划图

图 9-4-7 梧州骑楼改造规划图(来源:《梧州“骑楼城”规划设计》)

(a)新建梧州骑楼立面图

(b)梧州骑楼实景图

图 9-4-8 新建梧州骑楼(来源:a. 梧州市骑楼城 12 号地块 C 区作品,b. 网络)

进行修缮和保养，不能随便改变房子的结构或装修风格。

同时，为了更好地保护骑楼并传承其文化，保留骑楼“商住两用”的初衷，一直以来，梧州主要采用传统文化保护和地方经济发展“双赢”的模式，保护、振兴骑楼城。对见证了历史发展变迁的梧州“老字号”重新恢复利用，重现梧州当年商贸繁华的景象。《条例》也规定，梧州市政府应当挖掘、整理骑楼文化、民俗文化，举办骑楼传统文化活动，展示骑楼文化产品和民间工艺。传承和保护老商号、传统特色商品以及其他骑楼文化元素。并鼓励和支持社会力量在骑楼街区内兴办文化商店、茶楼、粤剧社等与骑楼文化相适应的文化产业、旅游产业。

图 9-4-9　解放路旧照（来源：华蓝设计（集团）有限公司档案室 提供）

（a）民生路西段

（b）民生路与兴宁路交叉点

图 9-4-10　民生路旧照（来源：华蓝设计（集团）有限公司档案室 提供）

（三）南宁“三街两巷”

南宁自东晋大兴元年建制以来已有 1600 多年历史，以兴宁路、民生路、解放路、金狮巷和银狮巷为代表的“三街两巷”，还保留着建于百年前的相对完整的岭南骑楼建筑。千年古城，百年风华。古老的建筑与民俗在南宁城市发展过程中日益褪去色彩，面目逐渐模糊。保护富有特色的老建筑，就是保存城市的记忆。

（1）德邻路（今解放路）——会馆街

解放路最初叫沙街，是民国期间南宁最繁荣的三条街道（民生路、兴宁路和沙街）之一。1932 年，李宗仁、白崇禧、黄旭初主政广西，当时将沙街、鸡行头街和镇北街，连成一条路并改建为水泥马路。马路建成后，以新桂系首领李宗仁的字“德邻”命名，为“德邻路”，一时汇聚了大量以会馆建筑为主的大型公共建筑，至今仍保留完好的如新会书院、两湖会馆、安徽会馆、董达庭商务楼等。由于是拓宽改建的马路，建成之初的街道两侧建筑非常整齐划一。到 1966 年，德邻路被改名为解放路，此名称一直沿用到今天（图 9-4-9）。

（2）仓西门大街（今民生路）——南宁近代商业的起源

1928 年，仓西门大街动工拆店铺扩大马路，当年 12 月底完工，它是城内第一条沥青马路，全部费用由各家店铺集资修建。

大街两边店铺林立，有金铺、银钱庄、洋杂百货店、苏杭铺（卖丝绸棉布）、照相钟表店、药房酱料店等等。大的金铺为东盛、裕一，洋杂百货如先施公司、宝星、战必胜，银钱庄如永纶、金佛郎，后来官办广西银行也在这里（图 9-4-10）。

南宁第一间照相馆“两我斋”、第一间钟表店“定时真”都出自仓西门。当时南宁有名的中西药店五州药房、邕南旅馆、林有记茶楼、羡雅酒楼、金龙酒楼、后来的万国饭店都在这里。

仓西门大街也是南宁市有史以来第一条开设夜市的街道。1917 年，南宁最早出现“大光灯”（即汽灯）营业就是在仓西门大街。

（3）兴宁路——更为传统的商业街

兴宁路，由以前的城隍街、考棚街和新西街组成。与民生路的不同在于，从南宁城址由南向北、由东向西发展的格局来看，兴宁路自身的形成早于民生路，因而历史上有较多中国传统意义上的公共建筑，包括城隍庙、考棚、钟鼓楼（位于兴宁路民族大道南段）等，街道的尺度也小于民生路。兴宁路骑楼是“三街”中建筑风貌最为丰富的一段，建筑段落更多，并有大量的巴洛克式装饰（图 9-4-11）。

图 9-4-11 兴宁路旧照（来源：华蓝设计（集团）有限公司档案室 提供）

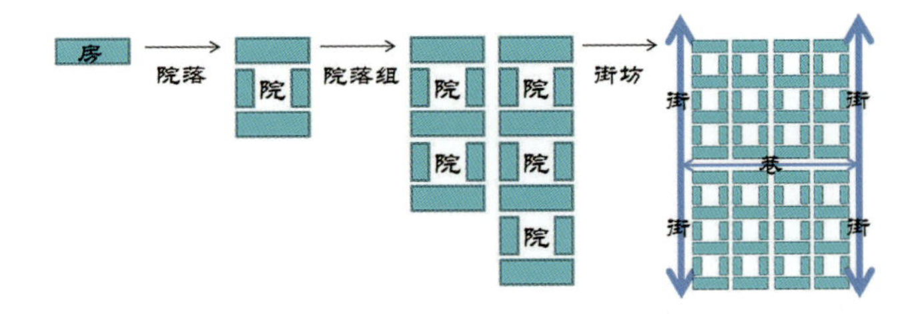

图 9-4-12 金狮巷民居群院落格局（来源：《南宁市三街两巷历史街区策划及城市设计》）

（4）金狮巷、银狮巷

相传，古时曾有一对狮子（一黄一白），常在夜间嬉戏于现在的金狮巷和银狮巷（今南宁市兴宁路西一里），久而久之，人们便把黄狮出没的巷子称为金狮巷，白狮出没的巷子称为银狮巷。还有一种说法：北宋年间，住在这两条巷子里的居民，过年时专门制作了两头狮子，一头金灿灿，一头银晃晃。这两头狮子制作得十分精美，每到过年时，总能引起无数百姓围观。逐渐地这两头狮子就成了小巷的“代言人”，人们便把这两条巷子称为金狮巷和银狮巷。

金狮巷民居群位于兴宁路西二里，东西走向，从当阳街一直通到民生路，民居群分南北两列。如今，南面的民居均已改建，而北面共 10 栋民居，还保持着清末民初的建筑风格。虽有增建或改建，但从整体看，金狮巷的民居保护较完好，是南宁市区唯一的清代至民国时期的民居群（图 9-4-12）。

金狮巷民居群空间布局以 1、2 层为主，砖木结构居多，院落多以南北纵轴对称布置，平面形式工整，注重建筑的通风透气，空间布局较为开放。建筑入口处一般有凹进式的门廊，庭院中一般配置有花草树木、金鱼池和盆景等；建筑屋顶以硬山、歇山为主，墙面多为清水砖墙，山墙多砌有防火砖墙。门窗装饰多用风格简练清晰的木雕纹饰，镂空的窗扇、门扇运用较多，通透灵巧，利于视线穿越、建筑通风及室内外空间的联系。

为探寻历史城市街区的保护之道，留住南宁历史文化之根，南宁市组织进行了“三街两巷”的保护与改造，并着手编制《南宁市历史文化街区（老南宁 · 三街两巷）保护与利用修建性详细规划》、《南宁市三街两巷历史街区策划及城市设计》等系列规划，引起社会各界的广泛关注。在改造过程中，依据历史对三条街不同风格骑楼推进“老字号回归工程”及传统手工艺传承，其中解放路的老字号主要为博物馆、会馆，民生路的老字号为南宁商业代表老字号、银栈、百货、餐饮，兴宁路的老字为日用百货、书店、戏院、药店、小吃，同时对新建骑楼的立面进行了控制要求（图 9-4-13）。两巷则根据明清古宅样本，恢复旧日院落效果（图 9-4-14）。

昔日的“三街两巷”，行人如织，络绎不绝，一副繁华景象。金狮巷入口狭窄，巷子里手艺人锻造金银的叮当声不绝于耳，沿途一溜儿青砖青瓦清水墙的四合院。位于另一端街角的银狮巷，相较之下宽敞得多。穿出金狮巷，眼前豁然开朗，市中心三条主要街道解放路、民生路、兴宁路头尾相连。街上清一色的骑楼，细看之下，每座骑楼姿态各异：既有玻璃及木格组成窗花的中式满洲窗，又有融合西式风格的墙面浮雕和阳台铸铁栏杆，经改良简化的罗马柱给予骑楼牢固的支撑。

今日的“三街两巷”，几经变迁，历史格局尚存。但砖木结构的老骑楼大多在风雨侵蚀中陈旧老化，部分楼房多次改造，早已不复当年模样。改造为骑楼式步行街的民生路繁盛依旧，银狮巷则因城市道路扩建，大部分被拆除。

根据《南宁市历史文化街区（老南宁 · 三街两巷）保护与利用修建性详细规划》，“三街两巷”规划为民俗体验、文化展示、旅游服务、商住两用和大型商场等 5 大功能区。修缮工程全部完工后，将打造以明清岭南民居及近代骑楼

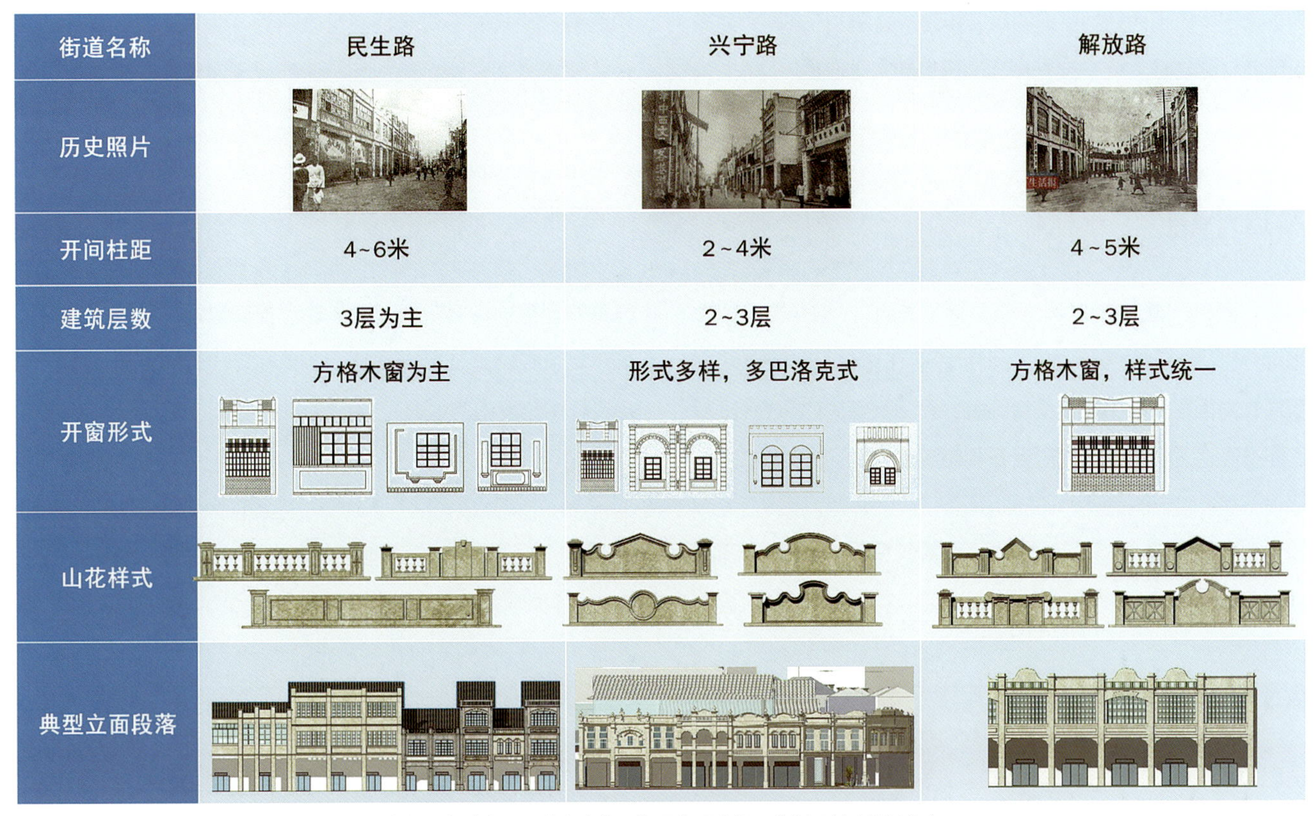

街道名称	民生路	兴宁路	解放路
历史照片			
开间柱距	4~6米	2~4米	4~5米
建筑层数	3层为主	2~3层	2~3层
开窗形式	方格木窗为主	形式多样，多巴洛克式	方格木窗，样式统一
山花样式			
典型立面段落			

图 9-4-13　“三街两巷”新建骑楼的立面控制要求（来源：《南宁市三街两巷历史街区策划及城市设计》）

（a）金狮巷民居院落意向

（b）金狮巷民居单体意向

图 9-4-14　“三街两巷”保护意向图（来源：华蓝设计（集团）有限公司档案室 提供）

为主的历史文化街区，以文化旅游商业相结合、多元共生的文化产业基地，以传统文化体验、时尚休闲娱乐为主的国家 5A 级旅游景区。整个规划方案一是体现了“古”字，坚持“修旧如旧”，注重传承与保护历史文化特色和古建筑风格；二是突出了“文”字，展示历史、建筑、民俗文化内涵；三是注重了“商”字，坚持保护、改造、修缮与旅游、商贸相结合，推动文化繁荣、产业发展。

生活在“三街两巷”里的人们，对未来大多满怀憧憬。

随着南宁“三街两巷”保护利用工作的持续深入，未来，“三街两巷”必将成为南宁又一张亮丽历史的文化名片。

本章小结

广西近代建筑的发展变化时期（1840 ~ 1949 年）大体可分为兴起、发展、成熟 3 个阶段，在这一段时期中，中西建筑文化在八桂大地上交锋、融合，留下了深刻的历史烙印。广西近代建筑经历了中西融合及传统演变、改良的创作过程，中西融合建筑的形式与特征可归纳为 4 大类：①“外廊式”公共建筑；②“外廊式”影响下的民间建筑；③折中主义基调建筑；④中西合璧的新民族建筑。而传统改良与演变的建筑创作过程对现代建筑如何继承、借鉴、发扬传统建筑遗产等问题具有一定的指导意义。

研究广西近代建筑，一方面是为了对现存的近代建筑进行更好地保护，另一方面更是通过探索其发展变迁的过程，传承其建筑精神及历史文脉，使其在现代城市规划及现代建筑设计中焕发新的生机。

第十章　广西地域性现代建筑的传承发展

新中国成立以来，在继承传统建筑精粹和近代建筑思想的基础上，广西地域性现代建筑经历了自发探索、百花齐放和自觉创新3个历史阶段，并在环境气候、肌理文脉、空间演化、地域材料、文化符号和传统风貌传承等6个方面做了大量的探索和实践。

第一节 发展概述

一、地域性现代建筑实践的时代背景和基因条件

（一）时代背景

20 世纪初期，清政府推行“新政运动”，废科举、兴学堂，旧衙门改头换面成为新政府等，此时的学堂建筑和政府建筑多采用西洋建筑形式，标榜向西方发达国家学习。这种做法后来扩展到普通民用建筑和商业建筑，并延续到民国时期。与此同时，欧美在华教会吸取“民教冲突”的教训，希望在教会学校等建筑方面表现出基督教对中国文化的适应性，给国人营造亲和的形象，从而缩小由中西文化差异所带来的传教阻力。早期由欧美极负声望的事务所设计建成的中国化的校园建筑中，中国式的大屋顶直接架在西式的建筑屋面上，忽视了支撑巨大屋顶重量的斗栱结构，中国味表现得不够地道。1914 年，美国建筑师亨利·墨菲来到中国，受雅礼大学校方聘请，为新校园进行规划设计。为了让建筑更具传统风貌，他们采用混凝土模仿建造中国的木结构柱子，用铁件制造中国的花格窗，最终成果被许多人评论为在建筑中国化方面有了明显的突破。随后，墨菲相继设计了福建协和大学、南京金陵女子大学、北京燕京大学等一系列教会学校建筑，被建筑史学家称为这一时期的“中国风”典范。

20 世纪 20 年代中期，一方面，中国社会思潮由“五四”前后的思想启蒙运动转向民族救亡运动，另一方面，第一次世界大战使中国的知识精英看到西方世界也并非理想榜样，从而促使了民族主义思想的高涨。此时，政府和公共建筑开始采用中国传统建筑形式。这一时期的典型代表是 1925 年吕彦直设计的中山陵。

1928~1937 年，日本帝国主义对中国的觊觎和种种侵害中国利益的行为激发了强烈的民族情感。同时，加上蒋介石对孔孟之道的推崇，一时间“中国本位”“民族本位”“中国固有之形式”成为当时时髦的口号。许多重要的政府和公共建筑普遍采用中国传统建筑形式，如上海市政府大楼、南京国民党党史馆等。

在这一时期，以杨廷宝、梁思成为代表的一批留学归国的建筑人才逐渐在当时的建筑设计领域和教育领域占据重要地位。要探索现代建筑与民族形式的结合，首先要对中国古代建筑有透彻的理解。1930 年，朱启钤在北平正式创立营造学社，着手于中国古建筑的科学记录与研究，随后梁思成、林徽因、刘敦桢相继加入。1931 ~ 1937 年间，他们完成了对中国古代建筑的编史。梁思成在深刻理解现代主义建筑思想和中国历史建筑文化的基础上，提出了“建筑的语言学问题”。他将瓦坡、墙面、柱子、廊子、门窗视为词汇，将组合这些建筑构件的法则视作语法。各个国家和民族的建筑由于各自的建筑词汇和语法不同，产生的建筑就不同。到 20 世纪 50 年代中期，梁思成逐渐发展了一套将民族形式与现代主义建筑思想结合在一起的语法法则。这套法则不仅对 20 世纪 50 年代以后“新”而“中”形式的稳定性具有直接影响，而且，更重要的是，这套范式固化了一种认知、推演的模式，使任何以“旧”创“新”的操作变得有章可循。而地域性现代建筑实践可视作是对梁思成的中国建筑语法法则的拓展和外延，在创作过程中需要结合当地自然环境、气候、文化等因素来创造出适合当时、当地的建筑物。

（二）基因条件

广西地处亚热带，气候炎热，雨量充沛，水源丰富，土地湿润，植被茂密，特别是树林中的落叶经过日晒雨淋，就会产生瘴气，四处弥漫，严重威胁人的健康。为了抵抗恶劣的自然环境和气候条件，原始居民营造出了离地而居的干阑建筑。干阑建筑底层架空，能防止蚊虫、蚁兽并保证空气流通；屋檐出挑深远，既能抵挡南方酷日，又能遮风挡雨，保护建筑外墙免遭雨水侵蚀；挑出的吊脚楼能在崎岖的山地上尽量争取居住空间。

广西位于中国南部，东南毗邻广东，西南与越南接壤，西部和西北部分分别于云南、贵州相邻，东北与湖南交界，南临北部湾。境内高山环绕，丘陵绵延，中部和南部大面积丘陵一直向东延伸，江河纵横、水系发达，“七山二水一分田”

就是广西地形地貌的形象概括。

广西少数民族众多，现有12个聚居民族，另外还有28个少数民族有少量人口在广西境内落户，他们各自的历史造就了各民族独特的文化特征。在这些民族中，壮族是广西地区人口数量最多、分布最广的少数民族，因此广西的民族文化主要体现在壮族文化上。壮锦、铜鼓、绣球、青蛙图腾、花山岩画等都是壮族文化的代表。

同时，民族迁徙对广西的居住文化产生了深远的影响，如明清时期，大量的汉族及其他一些民族陆续进入广西，在居住文化上，他们将干阑建筑发展为砖木半干阑建筑，或直接采用中原的砖木地居，同时，也带来了院落、书院、祠堂等新建筑样式。

自然气候、地形地貌、民族文化是每个地区独有的基因条件。地域性现代建筑实践需要根植于这些当地的基因条件，对传统建筑进行分解提炼，并通过现代建筑的语法重新组织传统建筑的语汇，以应对正在发生的千城一面的危机。

二、地域性现代建筑实践的创新主体

虽然政府在地域性现代建筑实践中扮演着十分重要的角色，但其更多的是处于引导者或者业主的角度。而专家本身也是处于引导者、审批者的地位。地域性现代建筑的实践创新主要还是由设计机构来完成。在设计机构体制多元化的今天，广西建筑设计市场上的设计机构主要有国有设计院、改制的股份公司、高校设计院、民营设计院以及省外的设计机构等。

国有设计院诞生于20世纪50年代，是中国现代建筑的主要设计力量，伴随中国的建设发展不断成长为具有一定品牌和影响力的设计机构。各省各市都有自己的建筑设计院。原来的省院——广西建筑综合设计研究院成立于1953年，是广西规模最大的国家甲级建筑设计单位，2007年改制成广西华蓝设计（集团）有限公司，揭开了国有大型建筑设计院向民营企业转型的序幕。自1953年成立至今，各个时期都涌现出了优秀的建筑。其作品与自治区的成长发展密不可分，代表着广西建筑创作的历程。如南宁市百货大楼（1955年），是当时广西最大的零售百货大楼；广西展览馆（1958年），是广西壮族自治区成立典礼的主会场和广西地域性现代建筑的里程碑；广西体育馆（1966年），其独特的结构明露和室内自然通风设计在中国现代建筑史上留下了光辉印迹；南宁剧场（1974年），各界面采用扩散体形式，按自然声设计，充分利用反射声，在当时属全国首创；广西壮族自治区博物馆（1978年），以底层架空5米的方式适应低洼的地形和潮湿的气候；南宁饭店（1985年），是广西当时最具影响力的五星级旅游涉外饭店之一；南宁市民族影城（1989年），其外形设计对所在地区的老城改造起了一定影响；广西日报综合楼（1994年），是广西第一幢玻璃幕墙建筑；广西人民大会堂（1998年），在用地紧张的情况下较好地满足了会堂建筑的功能要求；南宁国际会展中心（2003年），以理性主义的手法，高度融合建筑技术与艺术表现，成功营造了极具时代特色的城市标志性建筑；广西体育中心（2011年），三维曲线造型集广西设计、施工、建造水平之大成；广西城市规划建设展示馆（2012年），将建筑比作城市，在造型设计和空间组织上都贯彻了这一思想；南国弈园（2012年），在建筑中探索了垂直园林的可能性……

广西建筑科学研究设计院成立于1958年，是广西省内唯一的省级综合性建筑科研设计单位，致力于广西绿色建筑、建筑节能及绿色城镇化产业相关的关键技术的研究创新工作。主要的建筑作品有：广西石油大厦（1993年）、南宁公路主枢纽琅东客运站（2003年）、广西老干部活动中心（2011年）、来宾市文化艺术中心（2011年）、广西来宾市博物馆（2012年），等等。

南宁市建筑设计院创建于1965年，是最早一批获得国家建筑设计甲级资质的设计机构之一。主要的建筑作品有：金融大厦（1990年）、南宁市人民政府办公楼（2001年）、斯壮南湖聚宝苑（2002年）、南宁三十二中（2004年）、东方曼哈顿（2005年）、荣和山水美地（2005年）、三江苏城国际大酒店、南宁学院行政楼，等等。

广西城乡规划设计院创建于1959年，正式建院于1979年，主要作品有：南宁海关大厦（1995年）、广西财政大厦（1995

年）、南宁市规划管理局办公楼（1998年）、现代国际（2007年）、东盟传媒中心、梧州市“一馆两中心”，等等。

桂林市建筑设计研究院创建于1964年，是全国首批获得住房和城乡建设部甲级资质的76家综合性建筑设计院之一。20世纪七八十年代，尚廓先生结合桂林山水特色和少数民族干阑建筑的特点，创作了很多轻巧通灵，富于岭南建筑意境的景观建筑，如芦笛岩风景的接待室、水榭和七星岩景区建筑等。这些景观建筑引领了桂林地域建筑的风格，开创了一个新的时代。近年来，该院优秀作品有：龙胜温泉中心酒店、第六园等。

此外，广西壮族自治区内市一级较具影响力的设计院还有柳州市建筑设计科学研究院、梧州市建筑设计院等。同时，电力、轻工业院、铁路等专业性较强的领域也成立有自己行业内的建筑设计院，这类设计院不仅承接相应的工业建筑项目，也承担着一部分民用建筑的设计。

以广西大学设计研究院为代表的高校设计院是高校进行教学与生产结合的人才培训基地，建立之初多为本校教师主持设计，完成学校的教学楼、实验楼和宿舍等建筑设计。随着时代发展，高校设计院进入市场，本校教师仍可依托高校设计院承接项目，带领学生进行生产实践，有一定的研究特质。

在国家倡导体制改革，鼓励多元化的背景下，部分原先在大型设计院的设计人员成立了体制外的民营设计企业。这类企业以管理灵活、设计成本低为优势迅速崛起，逐渐在设计市场中占有一定份额。近年来，省外一些知名设计院，私人事务所也在广西开展设计业务，并产生了一批较具影响力的建筑作品，如由马岩松创办的mad建筑事务所设计的北部湾1号，天津大学建筑设计研究院设计的柳州奇石馆，华东建筑设计研究院设计的百色干部学院等。

第二节 发展历程

一、自发探索时期（20世纪50~70年代）

新中国成立初期，历经战乱的城市百废待兴，经济十分困难。根据当时的国情，国家在建设领域制定了“十四字方针”，即“适用、经济、在可能条件下注意美观”。由于受到当时建设条件限制，人们主要关注建筑的“适用、经济”方面，对建筑的“美观”方面不够重视。这一时期，广西的建筑设计在3个方面表现突出。

第一，20世纪50年代，中国建筑界以“社会主义内容，民族形式”为口号，在实践中力求以传统建筑形式来表达国家意志和民族意愿，出现了古建筑仿制的热潮。受此影响，南宁市建成了广西民族学院礼堂（图10-2-1）、广西民族学院大门（图10-2-2）等具有浓郁民族风格的建筑，优美的建筑古朴而典雅，是现代少数民族建筑工艺的杰出代表。

第二，当时中国提倡向苏联学习，苏联一些欧洲古典风格建筑理念也被引入到广西的建筑创作上，典型的有朝阳剧场（图10-2-3）、广西大学礼堂（图10-2-4）、广西大学校门，等等。其中，朝阳剧场是新中国成立初期重要的观演建筑，与百货大楼隔路相望，共同成为南宁最繁华地段的重要组成部分。而广西大学礼堂在相当长的历史时期中一直是广西大学的中心和标志性建筑。

第三，对广西而言，特殊的地理位置及战略定位使其成为连接东南亚的战略枢纽。为加强与周边东南亚国家的对话与交流合作，一些重要的公共建筑直接运用了东南亚一些国家的建筑元素与符号，一些建筑还因其在政治上的影响而盛

图10-2-1 广西民族学院礼堂（来源:全峰梅 摄）

图10-2-2 广西民族学院大门（来源:全峰梅 摄）

图10-2-3 朝阳剧场（来源：blog.sina.com.cnsblog_5375252b010006oz.html)

图10-2-4　广西大学礼堂(来源：全峰梅 摄)

图10-2-5　广西展览馆(来源：华蓝设计(集团)有限公司档案室 提供)

极一时，如明园饭店5号楼，在1958年南宁会议期间，毛泽东主席曾下榻此处。

在这一时期，广西的建筑多以朴素、实用为主。由于正处于除旧布新阶段，建筑形式表现为新旧杂陈的多样化。同时，受到"建筑设计为政治服务"思想的影响，建筑向表现"社会主义内容，民族形式"的"新而中"方向发展。

20世纪50~70年代，中国的经济发展大起大落。在这样的宏观社会背景下，广西的现代建筑创作明显随着经济发展的起落而波动。1950 ~ 1975年，国家大体上顺利完成了国民经济恢复和第一个五年计划，建筑创作先是自发延续现代建筑风格，而后被"民族形式"取代而遭受批判。后来"民族形式"因为演化成"复古主义"也受到批判，并展开了第一次大规模的"反浪费运动"。1958年的"大跃进"是一个非科学的经济建设狂潮，注定导致经济失调，加上接踵而来的"三年自然灾害"、"苏联背信弃义撤离专家"等原因，中国经济雪上加霜。1958年，广西展览馆(图10-2-5)作为庆祝广西壮族自治区成立典礼的主会场，基本以功能为主，仅在门头上用壮族的铜鼓、壮锦等浮雕图案装饰，既体现了高度的简洁性，又具有浓厚的民族风情。在这段经济困难的时期，资金匮乏、物资短缺，大部分基建项目搁置。在仅有的一些工程中，建筑师不得不设法以最节俭的方式工作，但这并没有影响建筑师对建筑现代化的探索，相反，建筑师立足国情，立足于生活，积极主动地创作符合当时、当地需要的优秀作品。1966年，广西壮族自治区体育馆在设计时采

图10-2-6　广西壮族自治区体育馆(来源：徐洪涛 摄)

用了自然通风的方式(图10-2-6)。广西壮族自治区体育馆、广西壮族自治区博物馆都是这一时期建筑的典型代表。同时，这些建筑自觉地运用现代手法来表达地域风格，形成广西地域性现代建筑经典。

在这一时期，广州由于外贸等需要，兴建了一批现代旅馆和展览建筑，突破了"文革"以来的一些禁区，表现出可贵的地域性建筑探索精神，掀起了一股地域性建筑实践潮流。广西也积极向广州学习，请广州市设计院设计的邕江宾馆于1973年建成(图10-2-7)，是广西真正意义上的第一栋现代高层建筑。邕江宾馆外形高低错落有致、主次分明、简洁大方，内设庭院，符合南宁气候要求和地域特色，具有亚热带建筑特征，讲究与环境的协调，凸显了建筑的自然性。

表现建筑的自然性和地域性是这一时期建筑设计的共识和潮流，重要建筑如1978年的南宁火车站(图10-2-8)。作为自治区成立20周年的献礼工程，南宁火车站的设计强调在满足火车站功能要求的基础上，体现地域建筑特色，

图10-2-7　邕江宾馆（来源：《南宁建筑50年》）

图10-2-8　南宁火车站(来源：徐洪涛 摄)

采用了壮族图案作为装饰，空间安排和细部处理上体现了南方建筑的特点和民族风貌。

20 世纪 60 年代，建筑的“十四字方针”在执行中主要强调“经济、适用”，基本上变为“四字方针”，建筑美学不受重视，建筑技术的地位不断上升。当时全国的口号为：“三化（标准化、机械化、装配化）一改（技术改革）”，受此影响，南宁在建筑技术方面有了长足进展，这一时期建筑结构由砖木结构发展到钢筋混凝土框架结构，其他技术也有一定的发展，如小型砌块建筑和预制装配式空心大板建筑技术，等等，都得到了进一步的提高。技术的进步推动了建筑实践的进展，也影响到以后建筑的发展。

二、百花齐放时期（20 世纪 80~90 年代）

1978 年底的改革开放政策，带来了经济建设的繁荣，为中国城市建筑提供了物质基础，也为中国建筑师提供了施展才华的社会条件。广西城市建设迎来了新的发展机遇，城市建筑设计进入了新的发展阶段，对工业建筑、文教建筑、商贸建筑、金融建筑、住宅等各种建筑类型都有比较丰富的实践。

这一时期设计建成的南宁交易场和民族商场，体现了地域性现代建筑的设计手法。交易场和民族商场的中部都设有中庭天井，营业场所都围绕天井布局，充分考虑到建筑的通风和采光，具有南方建筑的典型特点；而在楼梯、外墙横条及色彩对比等细部处理上表现出简洁而成熟的现代建筑手法，使这 2 座建筑成为这一时期的重要代表。这一时期的建筑在现代手法运用上也进一步成熟，如 1987 年落成的中国人民银行广西分行办公大楼（图 10-2-9），为解决建筑朝向及满足城市规划要求，建筑造型采用了弧形平面，与南宁主要风向垂直，简洁的线条表现出央行支行的大气，这种具有强烈现代感的弧形造型是许多国家机关选用的建筑形式。为迎接自治区成立 30 周年大庆而建的南华大厦、南宁金融大厦在继承这一时期简洁的现代建筑处理手法的同时，又有了一些突破。南宁金融大厦（图 10-2-10）采取 1~2 层收进的手法，做成若干个高矮不同的外凸圆墙面，收进部分形成“金”字形状，同时运用骑楼形式，突出体现了南方建筑的特点。

20 世纪 80 年代建筑创作的一个突出特点是，建筑与全国发展同步，改革开放促进了中国与外国的文化交流与联系，建筑师积极学习西方建筑理论和方法，确立了“经济、适用、美观”的建设方针，注重建筑功能性的同时，充分重视建筑的艺术性。

20 世纪 90 年代，由于经济的快速发展，建设需求迅速扩大，城市建筑景观越来越丰富，同时，与国外的交流越来越密切，西方建筑理论被不断引入，建筑设计加强了艺术观

图10-2-9　中国人民银行广西分行(来源：徐洪涛 摄)

图10-2-10 南宁金融大厦(来源：徐洪涛 摄)

念的介入，广西建筑的形式越来越多样化。这个时期，广西的住宅也有了新发展，开始注重房屋的品质，一梯多户的单元式住宅大量涌现。特别是 20 世纪 90 年代中后期，小区住宅大量出现组团式布局，高层住宅楼不断增多。

三、自觉创新时期（2000 年代以来）

1999 年，国家实施“西部大开发”战略，国家政策上给予广西城市建设极大的支持。随着建设的全面展开，广西的建筑创作形成自觉创新的态势。

通过与境外设计机构的合作，广西建筑界引入了具有国际水准的设计理念和设计思维，建筑作品呈现出概念化、个性化的特点。其中，知名的案例有德国 GMP 建筑师事务所设计的南宁国际会展中心（图 10-2-11）。会展中心的设计紧扣“会展建筑”及南宁市市花“朱瑾花”的主题，以理性主义的手法，高度融合了建筑技术与艺术表现。作为中国——东盟博览会举办场地，会展中心具有极佳的识别性，表达了南宁市面向世界的开放形象。新加坡缔博建筑师事务所设计的金源 CBD 现代城（图 10-2-12），造型采用现代建筑构图原理及主体构成的手法，用三片半圆形的板块组合塔楼平面，同时引入了当时办公建筑的全新理念，创造了大量的灰空间——立面花园。建筑立面采用 LOW-E 玻璃幕墙，幕墙外设置了遮阳板构件，有效地减少了热量进入室内。澳大利亚 DCM 建筑设计事务所的南宁阳光 100——欧景城市花园（图 10-2-13），是当时南宁最具都市品质的住宅建筑群之一。建筑布局采用了内庭式广场与临街式走廊相结合的方式。住宅塔楼每隔 4 层设计了空中绿化庭院，营造出亲近自然的居住氛围。出挑的遮阳板与遮阳格栅遮挡了阳光照射，体现了亚热带建筑的立面特征。

与此同时，广西本土设计机构的创作实践也在积极地回应外来文化与本土文化的交融碰撞，努力创作出具有时代感和地域特色的建筑作品。中国东盟博览会的重要接待基地——荔园山庄（图 10-2-14），其总体布局充分吸取广西传统民居聚落的空间布局特色，将场地中部的低洼谷地改造

图 10-2-11　南宁国际会展中心（来源：徐洪涛 摄）

图 10-2-12　金源 CBD 现代城（来源：徐洪涛 摄）

图10-2-13　阳光100—欧景城市花园(来源：徐洪涛 摄)

图10-2-14 荔园山庄(来源：徐洪涛 摄)

图10-2-15 广西城市规划建设展示馆(来源：华蓝设计（集团）有限公司庞波工作室 提供)

成一条曲折流淌的人工水面，20多幢接待楼依据向心、顺势、顺风等多种构成法则，依山就势、高低错落地呈散点式布置。建筑设计上以广西传统干阑建筑为原型，干阑民居的建筑语汇与现代建筑语汇结合后被建筑师抽象表达出来。广西城市规划建设展示馆（图10-2-15），被建筑师视为一座“城”，以多个高低不一的盒子比作城市中的建筑，这些盒子并列拼在一起组合成为抽象的城市，盒子之间的缝隙就是“街道”，这些“街道”在建筑外形和室内都有所体现，营造出让人始终觉得在“城市”中穿梭的意境。南国弈园（图

图10-2-16 南国弈园(来源：徐洪涛 摄)

图10-2-17　广西体育中心全景 (来源：华蓝设计（集团）有限公司庞波工作室 提供)

图10-2-18　南宁吴圩机场新航站楼(来源：http://nn.house.qq.com/a/20140812/021597.htm）

10-2-16），强调在现代建构中置入传统，以对弈文化为主线，在立面、景观、装饰等各个设计环节中展开，将传统的水平发展的园林演化成一个垂直方向上的园林。建筑形式、建筑技艺、建筑材料以现代为主，充分体现现代建筑的工业美学和技术魅力，并将优秀的空间传统和建筑语言置入现代建筑中。

这一时期，省外的设计机构也带来了大量的优秀建筑。如天津大学建筑设计研究院设计的柳州奇石馆，形体前曲后折，融山水的坚柔于一体，阴阳和合；标准营造的阳朔商业小街坊，重新诠释了地域材料的运用与表达；北京中外建筑设计有限公司的金秀盘王谷度假酒店，建筑充分体现了瑶族民族风情；东南大学建筑学院仲德昆教授工作室设计的崇左壮族博物馆，在设计中探讨了博物馆建筑设计的地域化表达，等等。

随着参数化设计、BIM 技术以及建筑施工技术的发展，一批以曲线曲面为特征的建筑出现在广西大地上。如广西体育中心从南宁绿城的概念中提炼出“绿叶”的理念。结合使用功能需求，利用东西两片类似“绿叶”的罩棚的上翘和下翘产生的曲线，展现出强烈的运动感，体现了体育建筑的内涵（图 10-2-17）。南宁吴圩机场新航站楼“双凤还巢”的造型设计灵动优美，寓意深刻，展现了广西建筑与国际接轨的设计水准。为适应自由曲面造型，内部的钢结构设计自由多变，成形复杂，制作安装及空间定位难度高。主屋面 90% 以上为双曲面，技术难度在广西前所未有（图 10-2-18）。

第三节 传承实践：基于环境气候的建筑创作

一、概况

广西地处低纬度地区，夏长冬短，气候温暖，光照充足，雨水丰沛，南濒热带海洋，北为南岭山地。从气候区划而论，广西北半部属中亚热带气候，南半部属南亚热带气候；从地形状况来看，桂北、桂西具有山地气候一般特征，“立体气候”较为明显，小气候生态环境多样化；而桂南又具有温暖湿润的海洋气候特色。传统建筑以干阑式建筑为主，注重遮阳、通风、防潮设计。针对这样的气候条件，广西建筑师在建筑创作过程中注重根据朝向和主导风向来布置主次立面，通过内院、天井、中庭、边庭、架空等手法组织建筑内部的风路，设计多样性的遮阳构件避免阳光的直射，采用园林植物和水体改善建筑周边微气候。这些设计理念和手法契合了当今倡导节能减排、循环经济的节约型社会的主旋律。

在影响和决定地区建筑风格的自然因素中，气候条件是一个最基本、也是最具普遍意义的因素，它决定了建筑形态中最根本和恒定的部分。是否适应地区气候环境是衡量形式存在合理与否的第一把标尺。当其他自然和社会因素使得各地区的建筑选择了不同的发展进程，形成丰富多样的风格时，世界各地处于相同气候带内的建筑却呈现出基本的相似性。

参照植物和气候的关系，地球可以分为 5 个基本的气候带：热带多雨地区、干旱地区、温暖宜人地区、寒冷多雪地区和极地。建筑学家、聚落地理专家、人类学家的研究得出了一个相似的设定：人类建筑的一些基本方面，如结构方式、屋顶形式、围合和洞口等，其类型的差别与其说取决于文化的特质或国界的分野，还不如说取决于所处气候的不同气候特征。

自然地理环境是指一定社会所处的地理位置以及与此相联系的各种自然条件的总和。从建筑学的角度可把自然地理环境因素分为 2 大类，即自然地理景观因素与气候因素。自然地理景观是指地理环境的自然形态因素，即地形、地貌等在性质上与其他区域有区别的地球表面的区域景观；气候因素是指日照、风速、降雨、降雪、气温、湿度等。这些气候因素与人体健康的关系极为密切，气候的变化会直接影响到人们的感觉、心理和生理活动，因此，气候因素直接影响建筑的功能、形式、维护结构等，人类对气候的反应最明显也最直接的表现就是在自身的居住上，不同地区的人往往会根据居住地环境的不同建造出适合当地气候的房屋。

第一，降雨降雪量对建筑的影响。降雨多和降雪量大的地区，房顶坡度普遍很大，如：中欧和北欧山区的中世纪尖顶民居就是因为这里冬季降雪量大，为了减轻积雪的重量和压力所致。我国云南傣族、拉祜族、佤族、景颇族的竹楼，颇具特色，这里属热带季风气候，炎热潮湿，竹楼多采用歇山式屋顶，坡度陡，达 45° ~ 50°；下部架空以利通风除潮，室内设有火塘以驱风湿，这种高架式建筑在柬埔寨的金边湖周围、越南湄公河三角洲等地亦有分布。我国东南沿海厦门、汕头一带以及台湾的骑楼往往从二楼起向街心方向延伸到人行道上，既利于行人避雨，又能遮阳。湘、桂、黔交界地区侗族的风雨桥、廊桥亦是如此。降雨少的地区，屋面一般较平，建筑材料也不是很讲究，屋面极少用瓦，有些地方甚至无顶，如撒哈拉地区。降水多的地方，植被繁盛，建筑材料多为竹木；降水少的地方，植被稀疏，建筑多用土石。

第二，温度对建筑的影响。温度高的地方，往往墙壁较薄，房间也较大，反之则墙壁较厚，房间较小。我国西北阿勒泰地区冬季漫长严寒，这里房子外观看上去很大，可房间却很紧凑，原来这种房屋的墙壁厚达 83 厘米，有的人家还在墙壁里填满干畜粪，长期慢燃，用以取暖。我国陕北窑洞兼有冬暖夏凉的功能，夏天由于窑洞深埋地下，泥土是热的不良导体，灼热阳光不能直接照射里面，洞外如果 38℃，洞里则只有 25℃，晚上还要盖棉被才能睡觉；冬天却又起到了保温御寒的作用，朝南的窗户又可以使阳光盈满室内。在广西、云南等气温高的地方，往往将房屋隐于林木之中，据估计夏天绿地比非绿地温度要低 4℃左右。

第三，光照对建筑的影响。室内光照能杀死细菌或抑制细菌发育，满足人体生理需要，改善居室微小气候。从采光方面考虑，房屋建筑需注重3个方面：①采光面积，②房屋间距，③朝向。气温高的地方，往往窗户较小或出檐深远以避免阳光直射。

第四，风对建筑的影响。风也是影响建筑物风格的重要因素之一，防风是房屋的一大功能，广西北部湾沿海的一些渔村，房屋建好后一般用石块压顶，以防台风掀起屋面。冬季多为西北风的寒潮侵袭，避风就是为了避寒，因此朝北的一面墙往往不开窗或开小窗，院落布局非常紧凑，门也开在东南面。风还会影响房屋朝向和街道走向。在山区和海滨地区，房屋多面向海风和山谷风。在一些炎热潮湿的地方，通风降温成为居住考虑的主要问题，讲究营造“穿堂风”来通风避暑。

自然环境的多种多样，气候条件的复杂多变，逐步形成各地不同的民居建筑形式。广西地区炎热多雨而潮湿，人稠山多地窄，故重视防晒通风，布局密集而多楼房。天井民居以横长方形天井为核心，四面或左右后三面围以楼房，阳光射入较少。正房即堂屋前向天井，完全开敞，狭高的天井起着拔风的作用。各屋都向天井排水，外围耸起马头山墙，可防火势蔓延（图10-3-1）。

气候是生态系统中的一个非常重要的因素，传统建筑与气候的关系十分密切。建筑作为人类的庇护所，把人、建筑和环境紧密地联系在一起，不论是作为主体的人还是作为客体的建筑及其环境，都是整个生态系统的有机组成部分，它们相互协调共生，表现出对特定环境的适应性。建筑师应秉承生态、整体的设计思想，结合建筑场地的光热环境、地形地貌、植被绿化等自然条件，广泛吸收传统民居中的应对策略，因势利导使建筑融入自然，并与环境协调共生，使建筑的形式、布局与不同的时空联系起来，并充分利用传统建筑的潜能，使其扬长避短，使设计朝着有利于建筑使用舒适性的方向发展。这对于广西当代建筑创作形式的多样化、对建筑理性传统的扬弃、城市建筑特色的创立和维护都具有积极的作用（图10-3-2）。

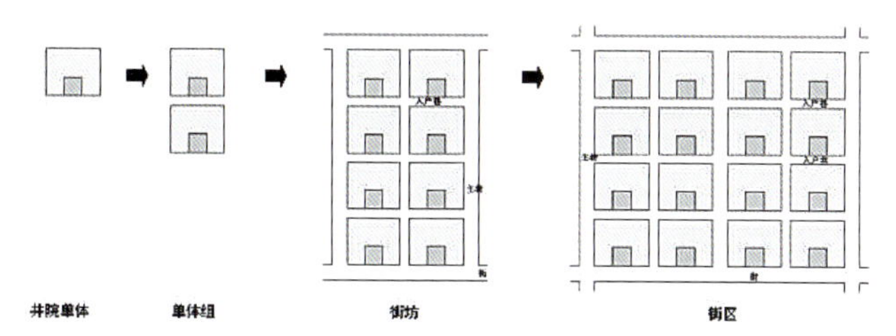

图10-3-1 广西传统建筑井院组合模式演化（来源：许建和 绘）

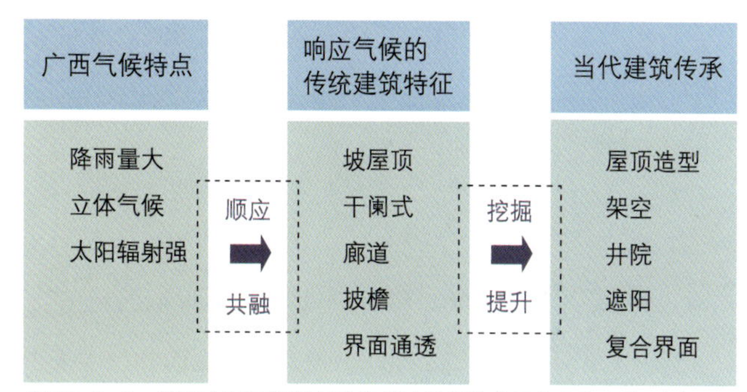

图10-3-2 基于广西气候特征的当代建筑创作传承与创新图解（来源：许建和 绘）

二、案例分析

（一）广西壮族自治区体育馆——风吹过的看台

广西壮族自治区体育馆（1966年），建筑师根据南宁夏季气候炎热，东南主导风向的气候特征，加之建筑所处位置地势平坦，在体育馆设计时采用了自然通风的方式，将大厅的大面作南北向布置，使夏天的主导风向垂直于大厅长轴面，并将看台底的斜面外露，在观众席每排座位下设置可开闭的通风口，将自然风成功引入室内（图10-3-3）。

（二）广西壮族自治区博物馆、图书馆——架空的建筑

广西壮族自治区博物馆（1978年），以底层架空5m的方式适应低洼的地形和潮湿的气候。为了适应南方地区的气候特点，陈列室按南北横向布置。陈列室之间布置天井解决大进深的采光和通风，天井上部做遮阳格片，以防止紫外线直射展室（图10-3-4）。广西壮族自治区图书馆（1987年），也采用了底层架空与水面结合的方式改善建筑周边微气候（图10-3-5、图10-3-6）。

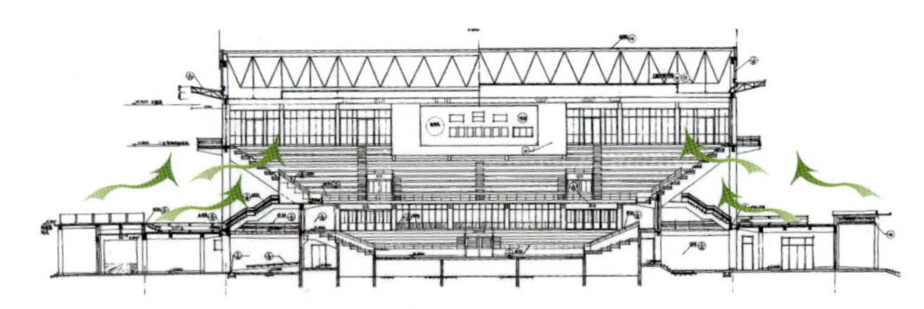

图10-3-3 广西壮族自治区体育馆看台通风设计（来源:华蓝设计（集团）有限公司档案室提供，何晓丽 改绘）

图10-3-4 广西壮族自治区博物馆底层架空（来源：《壮侗民族建筑文化》）

图10-3-6 广西壮族自治区图书馆架空在水面上（来源：《壮侗民族建筑文化》）

图10-3-5 广西壮族自治区图书馆（来源：徐洪涛 摄）

（三）南宁市滨湖路小学——交互式通风布局

南宁市滨湖路小学（2004 年），用地呈长方形，且长短边正好与南北方向成 45° 夹角。为了迎合主导风向，建筑形体呈“X”形布置，保证了教育建筑的采光通风要求（图 10-3-7）。教学楼中部掏空 3 层，使之与体育艺术馆和办公综合楼之间形成一个较为宽敞的集会广场（露天剧场）。考虑到南宁的高温多雨的气候特点，集会广场用通透性连廊的围合，减少了围合的封闭程度，增加了室外通透的感觉，适合南方人的生活习惯。连廊，内庭院，架空平台的设计既组织了建筑的穿堂风，又为学生提供了遮阳避雨的半室内外活动场所（图 10-3-8）。

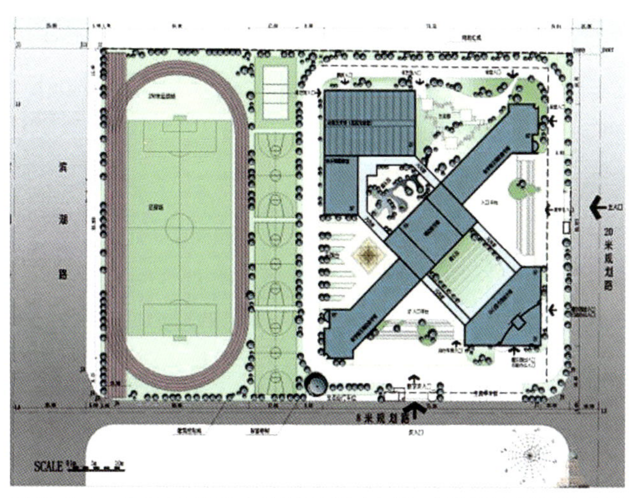

图10-3-7　南宁市滨湖路小学总平面图（来源：华蓝设计（集团）有限公司档案室 提供）

（四）南国弈园——绿色的盒子

南国弈园（2012 年），设计过程中对建筑各部分的风环境进行模拟，组织自然通风。合理分布各层的半开敞空间以及屋顶园林，充分地满足夏夜纳凉的需求。在各层以及屋顶都种植了大量的植物，调节建筑内部的微气候。在传统节能技术方面，南国弈园采用了底层架空、屋顶绿化、地下空间利用、设置边庭空间等手段来达到节能减排的目的。在现代技术方面，则采用了 Low-E 玻璃、太阳能利用、外墙旋转百叶系统、加气混凝土砌块自保温墙体等方法。通过现代的和传统的节能技术运用，南国弈园成为广西第一个获得国

图10-3-8　南宁市滨湖路小学入口形象（来源：华蓝设计（集团）有限公司档案室 提供）

家二星级绿色建筑设计标识认证的公共建筑（图 10-3-9、图 10-3-10）。

（五）五象湖公园服务管理用房——绿房子

五象湖公园服务管理用房（2013 年），位于园博园东侧主入口广场旁。五象湖公园是南宁市园博园所在地，其服务管理用房为配套设施，相当于园林景观中的小品。从公园的整体出发，建筑不求凸显，而是配合景观，融入公园之中，充分体现园博会“八桂神韵，绿色乐章”的主旨。服务用房采用化整为零的方式，将几栋功能各一、散落分布的建筑组成一组建筑群体，并且与场地景观统一设计。建筑形体错落有致、蜿蜒起伏，与整个区域的景观融为一体（图 10-3-11）。

立体绿化和屋顶绿化贯穿于建筑内外，连廊及屋顶彩带将各栋建筑有序地组合在一起。墙体的立体绿化，面积为当时广西最大（图 10-3-12）。设计过程中对无骨架墙体绿化的实施、植被品种的选择及日后的养护等进行了多方面的探索。墙体绿化主要由特选植物和特制营养种植配方土、种植毯、

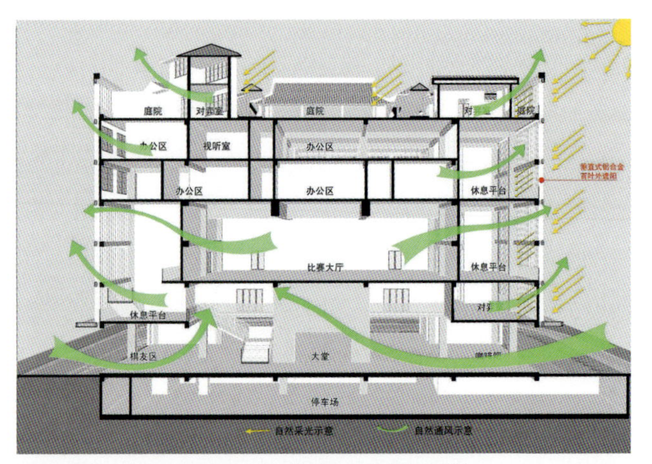

图10-3-9　南国弈园剖面设计（来源：徐洪涛 提供）

图10-3-10　南国弈园屋顶绿化（来源：徐洪涛 摄）

图10-3-11　五象湖公园服务管理用房全景（来源：徐洪涛 摄）

图10-3-12　五象湖公园服务管理用房墙体绿化（来源：徐洪涛 摄）

种植袋、保温板及附属件组成。根据墙面的不同朝向、最佳观赏点等因素进行植物配选。其种植无需骨架，在建筑物墙面上直接铺贴施工，安装速度快，外观效果自然（图10-3-13）。墙体绿化系统一方面可吸尘降噪、生态环保、节能降耗、另一方面室内冬暖夏凉、舒适宜人，同时也使建筑契合了园博会主题，成为园博会植物展示方式之一。

（六）柳州医学高等专科学校——百变的遮阳

柳州医学高等专科学校（2011年），该校园建筑在吸取传统建筑精髓的基础上，用现代建筑造型语汇重新诠释了坡屋顶、吊脚楼的神韵，并将格栅遮阳、百叶遮阳等多种遮阳形式与建筑造型相结合，形成表情丰富的建筑立面（图10-3-14）。

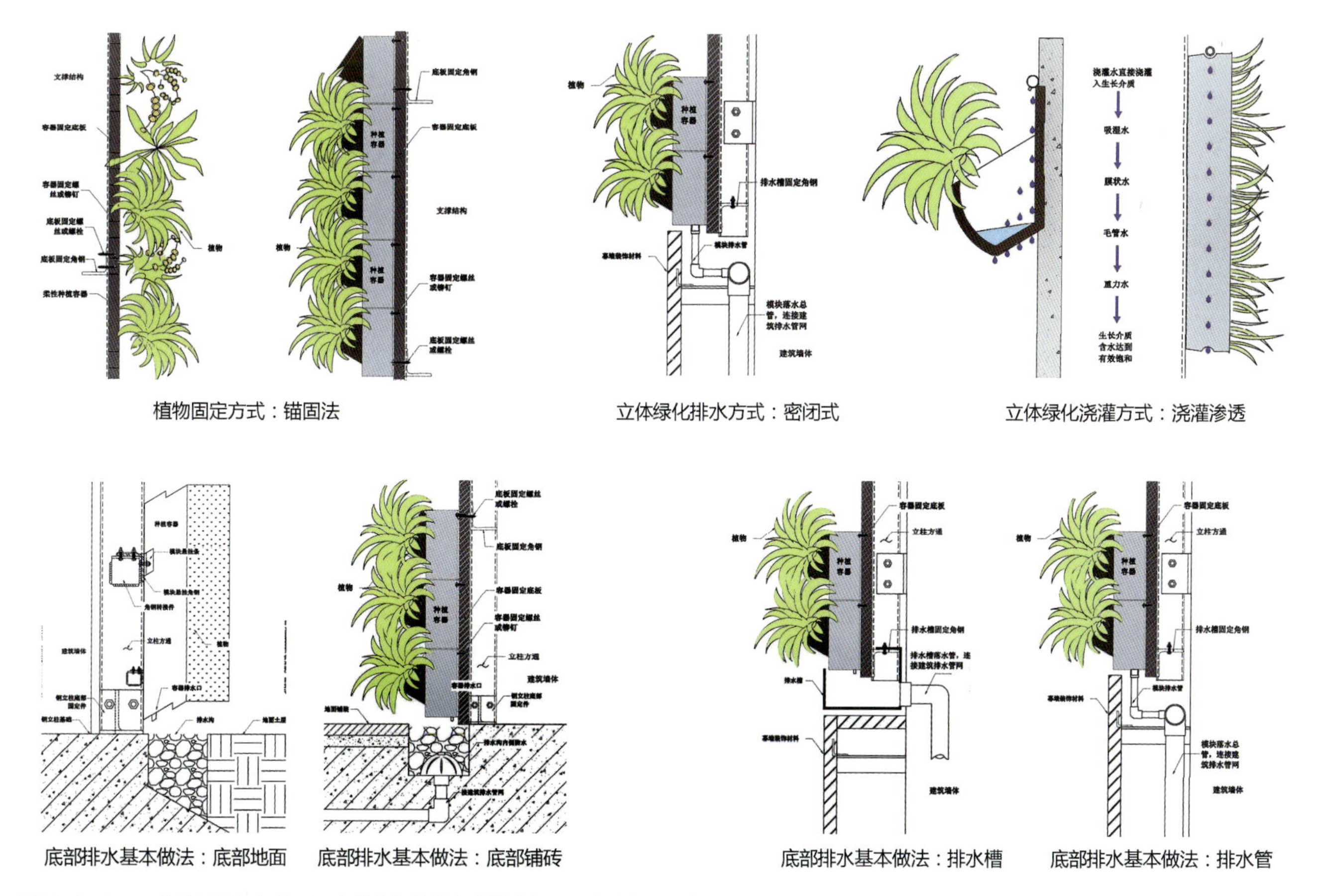

图10-3-13　五象湖公园服务管理用房墙体绿化节点大样（来源：徐洪涛 提供）

（a）教学楼主立面

（b）食堂立面的遮阳百叶

（c）联系教学楼的风雨廊

（d）深出檐的格栅遮阳构件

图10-3-14 柳州医学高等专科学校（来源：柳州市建筑设计科学研究院 提供）

第四节 传承实践：基于肌理文脉的建筑创作

一、概况

一个句子、一段话中的词语如果单独抽出来理解，很容易导致断章取义的曲解。只有联系上下文关系，词语才能完整的表达出真实的意义，广而言之就是文化脉络，即文脉（context)。这是人类这种智慧生物对世界、自然和自我进行定位的一种认识框架和方法。

基于文脉的建筑创作。通俗地说，如果将一座城市、一个场地视作一篇文章，那么其自然环境与人文背景则是文章的上下文关系，而建筑则是其中的词语，只有在结合了此时此地的自然环境与人文背景的情况下，建筑才能表达出自身本质的意义。这是局部与整体之间的内在联系。只有对这些复杂的关系的本质进行认真的研究之后，一个建筑的复杂性才能被理解，或者说，一个新的建筑空间的意义才能被引申出来。

在建筑学领域，文脉方法是建筑设计的一种方法论。它要求建筑师在进行建筑创作的时候，应当对建筑所处的自然与人文环境进行一种整体的、系统的和动态的全面思考，在此基础上确定建筑创作的方向、途径和结果（图10-4-1、图10-4-2）。主要有以下几点值得关注：

整体论：各个层面及视角，包括山水及人文环境。

系统论：不同系统及路径，自然与人文环境的系统整合。

动态论：历史、现实、未来，基于文脉的时代演进。

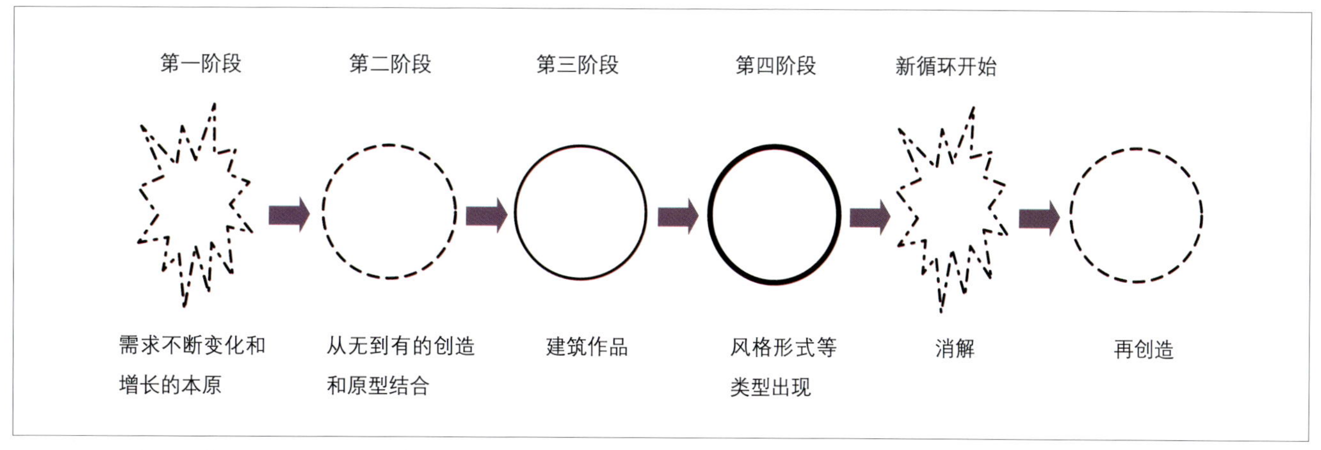

图10-4-1　基于文脉的当代建筑创作演进示意（来源：许建和根据资料改绘图）

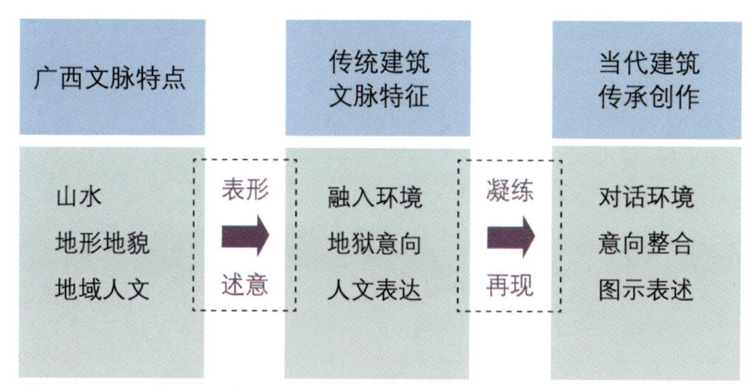

图10-4-2　基于广西文脉特征的当代建筑创作传承与创新图解（来源：许建和 绘）

空间：国家＋地域＋城市＋地段＋建筑，在地性空间的再造。

时间：过去＋现在＋未来，地域文脉表述的演变。

内容：自然＋历史＋文化＋经济，新地域建筑的综合表达。

对广西而言，在现代建筑创作中护持山水理念、尊重山水格局、创造出显山露水的山水建筑，无疑是对广西山水文化和肌理文脉的最大传承和尊重。

二、案例分析

（一）芦笛岩水榭和接待室——山水的对话

20世纪七八十年代，尚廓先生在桂林设计的一系列景观建筑，充分吸取了桂林山水和少数民族干阑建筑的特点，以楼居、阁楼、出挑的建筑手法将建筑融于山石水体之中，引领了桂林地域建筑创作的风向。芦笛岩水榭（1977年），面积230平方米，位于芳莲池西岸水中。平面呈十字形，主体一字形平行驳岸设于水中。造型吸取传统旱舫和民居的形式（图10-4-3）。主体与驳岸之间用一桥廊相连。面湖一侧伸出垂直于主体的贴水平台，作为游船码头。底层敞厅可供休息，设小卖部兼售船票。建筑局部设二层阁楼，可在上面眺望远景。北侧楼梯扩大休息平台，设靠背椅以便停留。因此，自码头平台算起，可有四个不同标高的活动场所。建筑虽小，但显得空间多变。底层净高2.8米，做小空间处理，以加强舫的尺度感。其体形扁平，接近水面，远看有漂浮游动之势。游客还可涉水经莲叶汀步来到水榭。由混凝土制成的淡绿色莲叶，下有单柱支撑，直径自1.5米至3米不等，自由布置，紧贴水面，可以在上面观鱼。芦笛岩接待室（1977年），位于芳莲岭山腰陡坡（约40°）。建筑总长37米，主体两层，其屋脊平行等高线，局部三层，其屋脊垂直等高线，2个屋顶垂直交叠。每层各设一个接待室，有大、中、小之分，可以同时接待3批来宾。一、二层各设一个敞厅，可供游客休息饮茶。对于基地原有外露的山岩都原样保留，穿插在建筑底层一带，好像建筑架在岩石上面一样。这样处理不仅节约了土石方工程，而且将自然形态引入建筑，使自然材料变成建筑空间的有机组成部分。底层接待室向前出挑大阳台，增加临空的感觉，二层接待室的四面设大玻璃窗，尽收周围景色（图10-4-4、图10-4-5）。

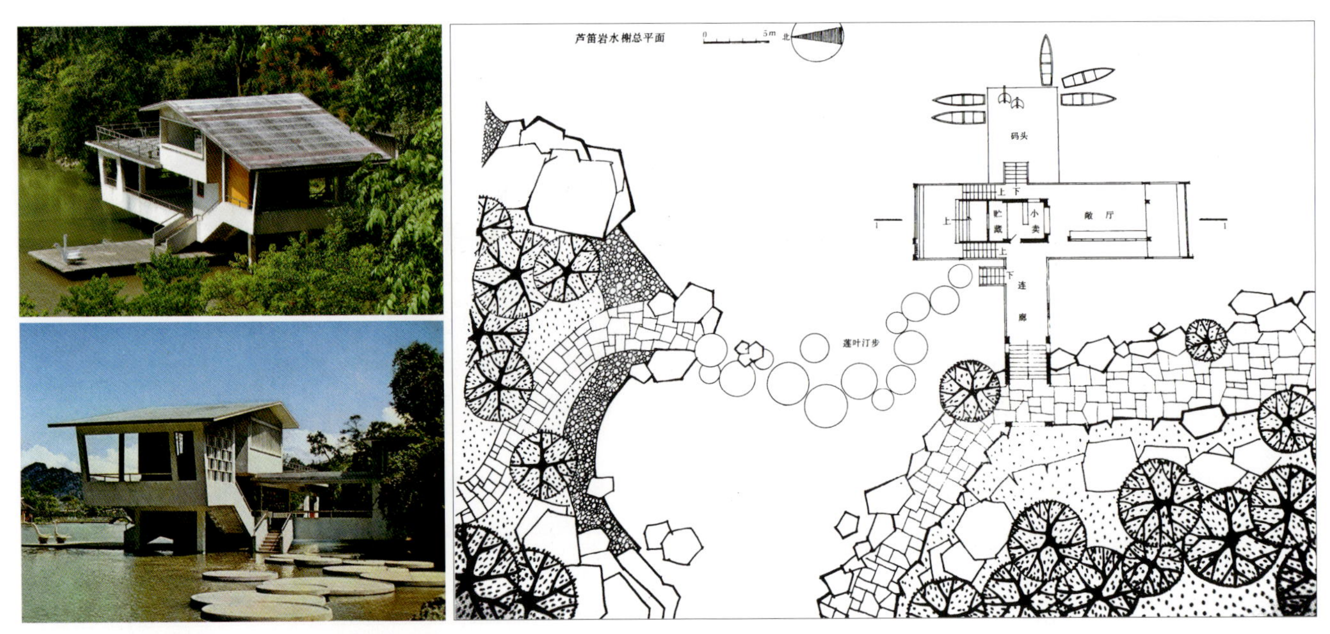

图10-4-3 芦笛岩水榭（来源：桂林市建筑设计研究院 提供）

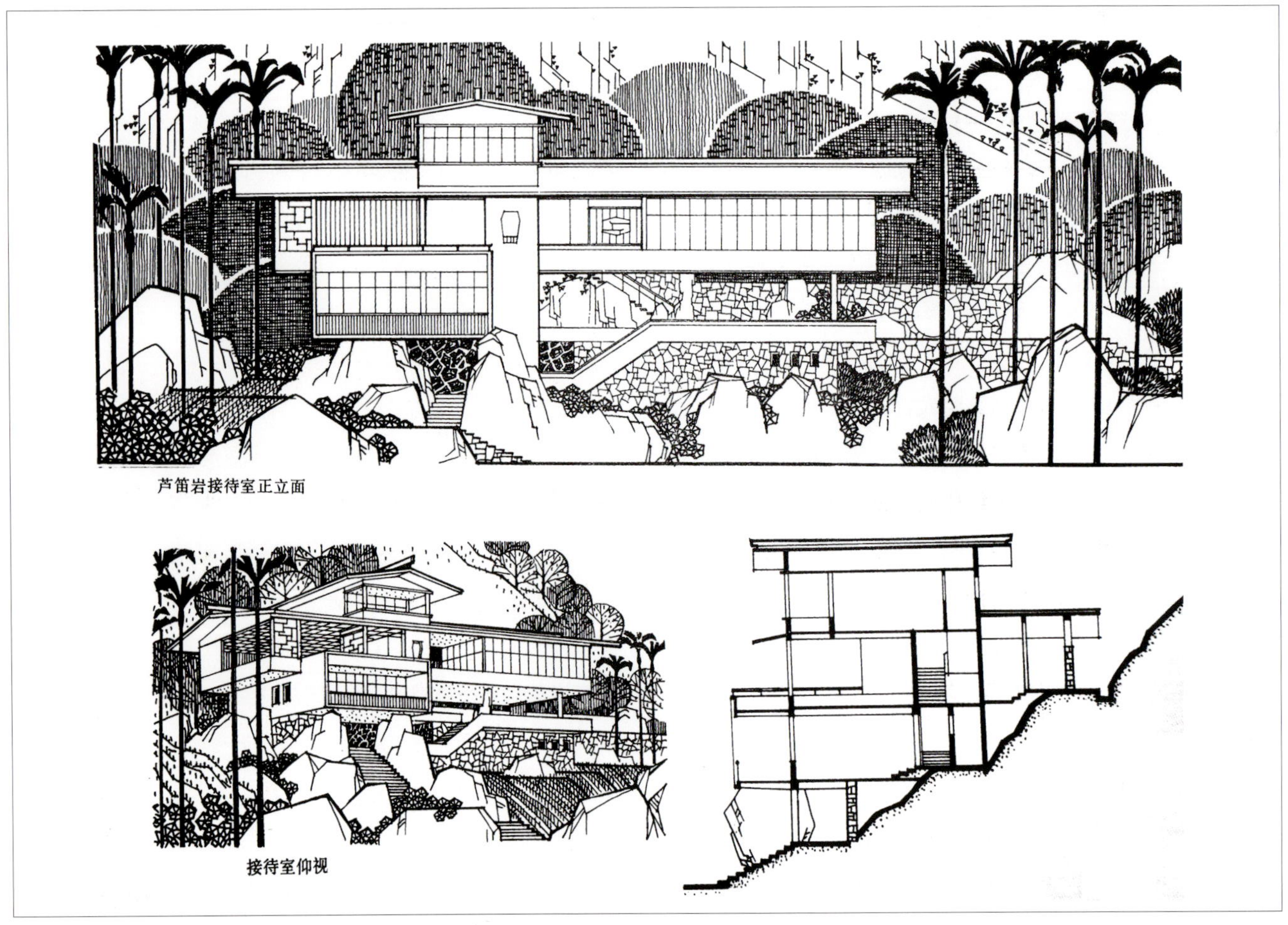

图10-4-4 芦笛岩接待室（来源：桂林市建筑设计研究院 提供）

图10-4-5　芦笛岩接待室与水榭的对话关系（来源：桂林市建筑设计研究院 提供）

（二）七星岩洞口建筑——步移景异的变换

七星岩洞口建筑，由拱星山门、栖霞亭及碧虚阁组成。拱星山门位于普陀山麓，为上山门户之一，过山门可达普陀岩、玄武阁、四仙岩至七星岩洞口。因为平地道路与山路成 90°，故山门采用不对称形式，道路正对影壁景窗，影壁前转弯即进入山门登山。凡步级、平台、墙体、门楼皆依山势起伏错落，与地形结合较好。墙面粉白，墙顶屋面用绿色琉璃瓦，窗格施朱红色油漆（图 10-4-6）。栖霞亭顶贴黄色琉璃面砖，朱红色柱，紫檀色窗格，墙面白色云纹，天蓝色水刷石底色（图 10-4-7）。碧虚阁外檐深红色，水刷石基座，棕黄色漆垂柱，朱黄色水刷石窗槛墙，紫檀色窗格，绿色琉璃瓦顶，内檐朱红色柱。亭与阁层层出挑，增加轻巧感和架空效果，突出了“碧虚”这一主题（图 10-4-8、图 10-4-9）。

图10-4-6　拱星山门（来源：桂林市建筑设计研究院 提供）

图10-4-7　栖霞亭（来源：桂林市建筑设计研究院 提供）

（三）南宁国际会展中心及扩建工程——山上的朱瑾

南宁国际会展中心（2003 年），总建筑面积约 15 万平方米，包含了 14 个大小不同的展览大厅，标准展位 3000 个，

图10-4-8　碧虚阁图（来源：桂林市建筑设计研究院 提供）

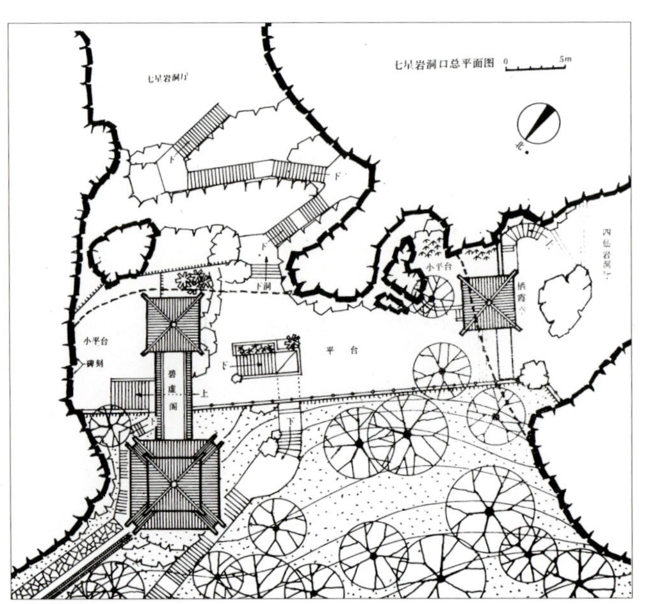

图10-4-9　栖霞亭与碧虚阁总平面图（来源：桂林市建筑设计研究院提供）

图10-4-10　南宁国际会展中心（来源:华蓝设计（集团）有限公司档案室 提供）

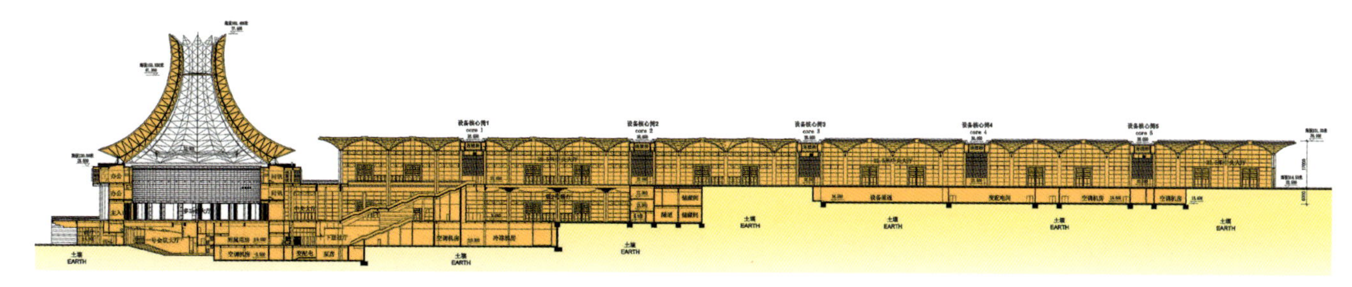
图10-4-11　南宁国际会展中心剖面图(来源:华蓝设计(集团)有限公司档案室 提供)

图10-4-12　会展中心扩建工程鸟瞰图(来源:华蓝设计(集团)有限公司档案室 提供)

设有可容纳1000人的多功能大厅1个，100人以上的会议室5个，各种标准的会议室8个，并配备餐厅、新闻中心等配套用房（图10-4-10）。设计的基本构思是利用基地内现有的山丘作为主体建筑的基座，建筑形体依山就势逐层升高，隐喻朱瑾花形象的圆形多功能大厅雄踞于主体建筑首端海拔108米的山丘上。其折板型穹顶是整个会展中心建筑群的“点睛”之笔，由轻巧的钢桁架支承，上覆半透明、含隔热层的双层薄膜。整体建筑化整为零，具有极佳的识别性（图10-4-11）。

经过将近10年的发展，会展中心周边地区日益繁荣。在时代的推移下，一些问题逐渐暴露出来，如宽大的前广场和山地地形疏远了会展中心与城市的关系，内部的一些餐饮功能很难得到有效的发挥，市民对其印象大多处在经过时的远远一瞥。在扩建工程中，设计从总体布局上利用现有的市政设施，并在此基础上优化会展中心与周边酒店、购物中心、步行街之间的关系，使其最大化地融入现有的发展体系以发挥最大效益，并为该区域注入活力（图10-4-12、图10-4-13）。

（四）荔园山庄——散落的珍珠

荔园山庄（2004年），总体布局充分吸取广西传统民

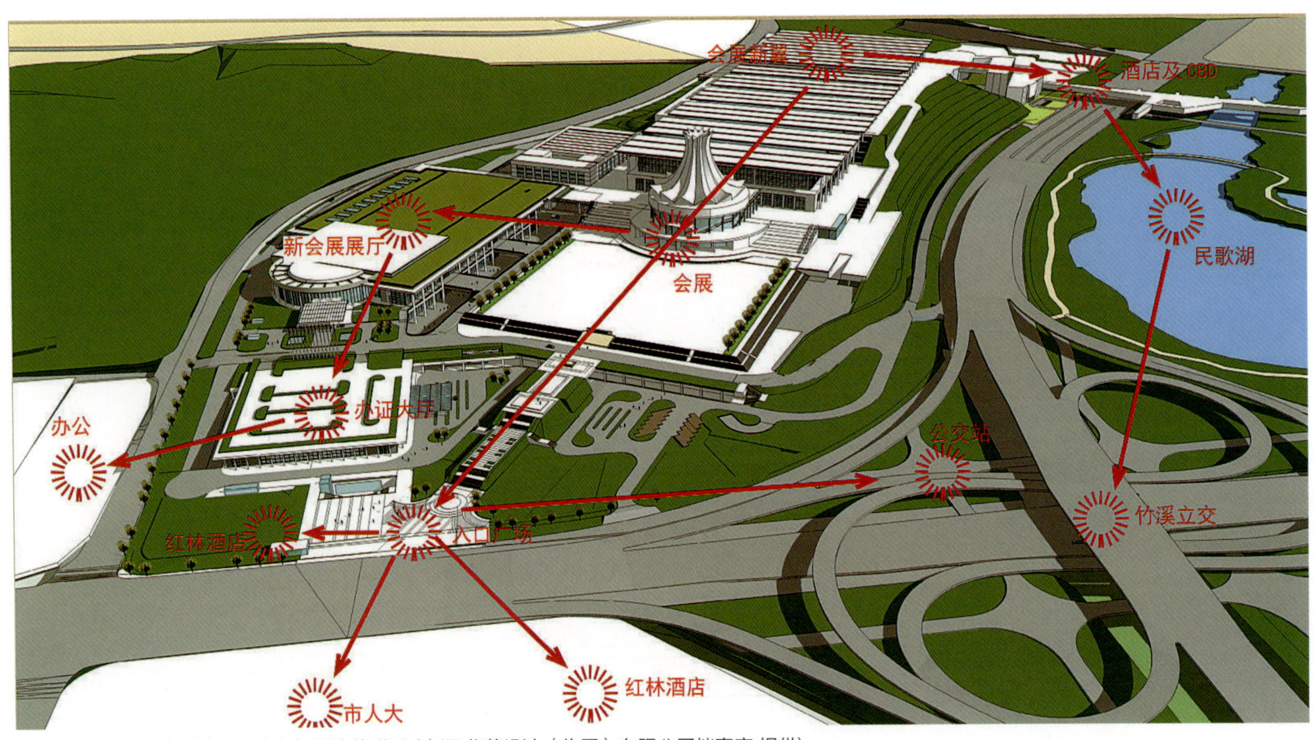

图10-4-13 扩建后的会展中心与周边的联系（来源:华蓝设计（集团）有限公司档案室 提供）

居聚落的空间布局特色，将场地中部的低洼谷地改造成一条曲折流淌的人工水面，水面模拟自然生态水系，由窄至宽，逐级跌落；围绕中心湖区，20 多幢接待楼依据向心、顺势、顺风等多种构图法则，依山就势、高低错落地呈散点式布置，形成“两岸青山碧水缠，大珠小珠落玉盘”的总体布局特点（图 10-4-14）。别墅式的接待楼以广西村寨的干阑建筑为原型，蕴含民族传统形式中的“岭南意韵”。建筑平面灵活多变，局部底层虚设的空灵之美，吊脚和挑廊的轻巧之韵与天然石材的素雅之神是设计者对干阑建筑艺术内涵的提炼与总结。大晒台、长挑廊与成片的透明玻璃幕墙，赋予岭南建筑灵动的气质。灰白色喷涂墙面与粗糙青灰色石材的穿插组合，轻巧的遮阳构架与大出檐、灰蓝色西瓦四坡屋顶，以强烈的现代建筑语言描绘着干阑建筑的形式之美（图 10-4-15）。

（五） 南宁明园饭店五号楼扩建——新旧的交融

南宁明园饭店五号楼扩建（2005 年），明园五号楼地处南宁市明园饭店中心，始建于 20 世纪 50 年代，是南宁市目前保存较完整、具有较高历史文化建筑价值的建筑，是中国共产党具有历史意义的南宁会议的旧址。建筑师在总平面上确保了原场地旧建筑的中心地位，即保持了原有的场地绿地、道路、花园的布局，强调圆形花园所形成的旧建筑主入口的中轴线，使得新建部分始终位于旧建筑的背后，处于陪衬的地位，同时最大限度地保留了这块用地最宝贵且完整的绿化广场。建筑空间的体系构成为 2 个“Z”形的线性空间，通过 2 个矩形空间联系起来，南侧的“Z”形空间为一层，西北侧“Z”形空间为二层，局部三层，通过一个二层中庭和一个开敞中庭的联系，将具有自然性的外部空间与建筑的内部功能按照一定规律交织穿插设置，弱化了新建部分的体量感，使得建筑造型富有节奏感和秩序感，彼此成为一个有机整体（图 10-4-16）。

（六） 柳州市博物馆改扩建工程——新旧的对话

柳州市博物馆改扩建工程 (2007 年)，因原有馆舍陈旧老化，难以发挥历史文物应有的普及知识、宣传教育的功能。

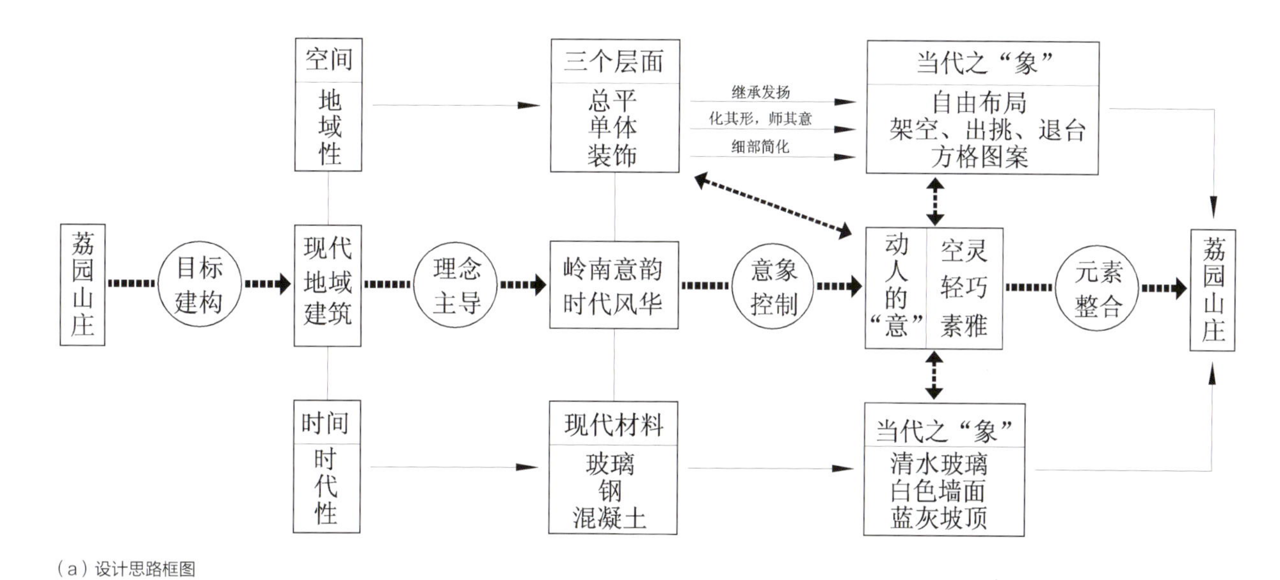

（a）设计思路框图

（b）总平面图

（c）全貌

图10-4-14　荔园山庄（来源：a、b徐欢澜 提供，c徐洪涛 摄）

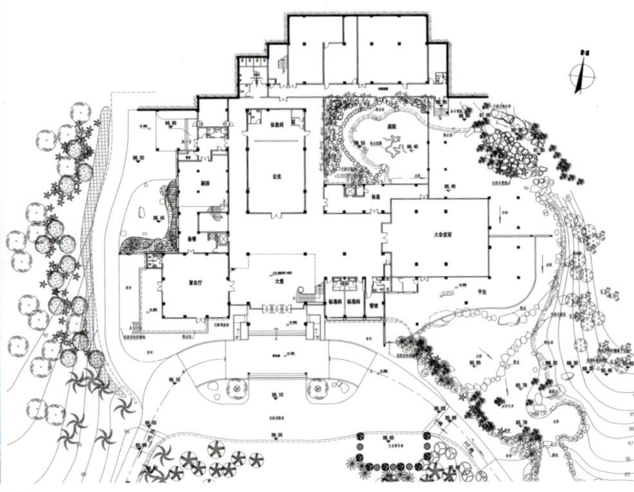

图10-4-15　荔园山庄A型接待楼（来源:华蓝设计（集团）有限公司档案室 提供）

（a）明园饭店五号楼扩建项目西南主入口

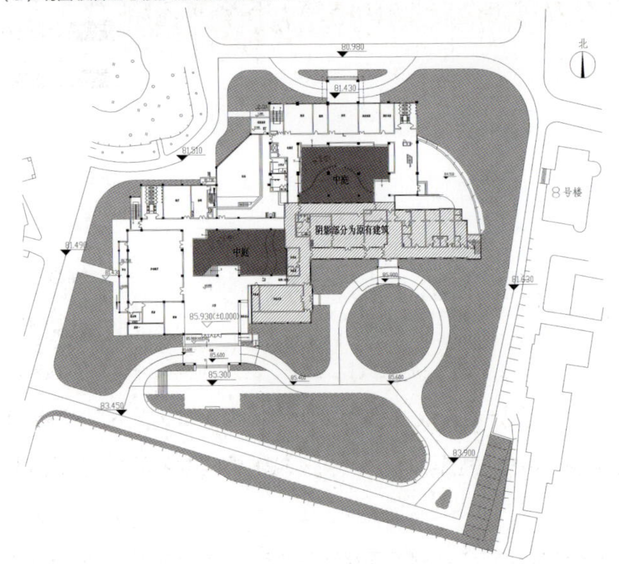

（b）南宁明园饭店五号楼扩建总平面图（灰线填充部分为历史建筑）

图10-4-16　明园饭店五号楼扩建(来源：徐欢澜 提供)

因此依据柳州市人民广场改造扩建方案，博物馆迁至位于广场东北角的技术交流站，对其进行装修改造后作为博物馆的主楼，供临时展区、办公使用。同时在技术交流站的北侧新建一栋相对独立的附楼，作为陈列展馆，新楼与旧楼共同组成了现今的柳州市博物馆。

建筑位于柳州市人民广场东北端，与东侧柳候公园、柳宗元祠共同组成城市中心公园，改建扩建设计时重点考虑对原建筑及广场周边现有建筑文脉的传承与尊重。由于原有建筑在总平面东西向轴线上和与其对称的文化艺术中心存在距离偏差，因此将主入口调整到新旧楼的交接处使之平衡。同时，在平面上为使新旧建筑有机地结合在一起，在新建附楼与原有主楼交接处，设计了一个门厅作为交通枢纽的连接体，作为一般观众人流组织的核心，自然地将新旧楼的空间及室内外的空间融为一体。建筑东侧在解放北路及广场路转角处场地布置了小型庆典广场、绿地，并在广场中心布置了标志性雕塑、旱地喷泉及捐赠纪念碑，使室内外景观有机相连，交织于观众的活动之中。在建筑西侧，则由于与广场场地高差约 1m，室外环境设计便利用地形高差，将建筑周边的室外展场、公共活动区设置为台地，既界定了场地的范围，又创造出丰富的外部环境空间及宁静的博物馆空间，形成全方位，多层次的外部空间。

建筑造型的构思来源于墙面倾斜、形象古朴的柳州东门古城墙。主楼造型呈四棱台状，顶部以倒棱台为檐口收口，建筑形体简洁、挺拔、线条刚劲有力。保留原交流站立面的竖向线条，衬以浅蓝色条状镀膜玻璃幕墙，赋予建筑以时代感，丰富了立面的光影效果。大块面的灰麻石与镜面大理石对比，则强调了建筑物的时代感与历史的沉淀感。流动的扶梯与中庭洒下的光影，赋予空间生动的活力。面向广场的城门入口造型，饰以粗糙的石材，表现历史文化的厚重积淀。超尺度的连廊，来源于柳州骑楼的符号，寓意着历史与现代的衔接，在造型上也将新旧建筑完全融为一体；连廊上的石雕以浮雕形式展示了柳州史前文明，如白莲洞遗址、柳江人；民族民俗文化，如铜鼓遗韵、芦笙踩堂、刘三姐传歌；地灵人杰，如柳宗元、张羽中、杨廷理。连廊点缀取自壮族壮锦传统纹样的凤凰条形浮雕，体现古老龙城的少数民族文化。整个建筑造型凝重大气，巧妙地将历史与现代、新建筑与旧建筑融于一身，具有深厚的文化历史内涵（图10-4-17）。

（a）博物馆原有建筑-技术交流站

（b）博物馆与周边环境的关系

（c）剖面图

（d）倾斜的墙面与超尺度的连廊

图10-4-17 柳州市博物馆改扩建工程（来源：柳州市建筑设计科学研究院 提供）

（七）北海冠岭山庄一期——面海而居

北海冠岭山庄一期位于北海市西侧冠头岭风景区内，是一组高标准的宾馆建筑。一期工程总用地面积约 550 亩，总建筑面积 24900 平方米，计有 2 栋 A 类宾馆楼、8 栋 B 类宾馆楼和一栋管理及后勤中心。冠岭山庄北倚峻岭，面朝大海，形态各异的宾馆楼或坐落在海岸边，或镶嵌在山峦间，北侧谷幽林深，山峦叠嶂；南望碧波万顷，一览无余（图 10-4-18）。

设计通过对山体走向的分析，寻找建筑与环境的契合点，利用冠头岭 3 个山坳的地形，将基地自然划分为 3 个区域，10 栋宾馆楼则顺应山势，按“栋栋皆依山面海”的景观要求，展示其星罗棋布的形态特征。根据建筑的功能特征，将其有序、有机地布置在不同位置，如将具有综合接待功能的后勤综合楼置于小区入口处，便于入住旅客办理各种手续，同时又方便对外餐饮娱乐设施的独立经营管理；将档次规格最高、体量较大的 A1、A2 楼（约 5000 平方米）分别置于观山看海的极佳景观点——整个场地的最高点及最低点，以满足不同旅客的需求；将其余 8 栋体量较小的 B1-B8 楼（约 2000 平方米）分 3 组置于 3 个山坳处，成组成团，相互之间既独立又有联系（图 10-4-19）。

依据建筑使用功能和滨海气候特征，建筑设计遵循“宜散不宜聚，宜敞不宜闭”的原则。首先，让建筑依附于陡峭的山体，以弱化建筑的体量感；其次，设计采用两层、三层不同高度和不同大小的体块穿插的手法，建筑立面强调横向构图时，在建筑中部嵌入由垂直交通形成的强有力的纵向体

图10-4-18 北海冠岭山庄一期全貌（来源：徐欢澜 提供）

图10-4-19　北海冠岭山庄一期总平面图（来源：徐欢澜 提供）

图10-4-20　自由伸展的大阳台（来源：徐欢澜 提供）

块，从而形成强烈对比、错落有致、充满活力的建筑形态；第三，设计大量可吹海风、沐浴阳光的大阳台、露台和敞廊，其空间或围或敞，自然伸展，让多个突出、交错的体块围合成内庭院，让人身居建筑中依然能尽享大自然的恩惠（图10-4-20）。

建筑墙面选用了表面肌理粗糙的深赭色文化石，这种似手工剁凿的墙砖与山石相生相依，营造出自然、质朴的外观效果。与此同时又采用了米色陶板，两种材质的粗与细、色彩的深与浅、光的反射与吸收，形成强烈的对比，随着光影的变化呈现出独特的视觉效果。景观设计中沿用的火山岩石是当地火山岩地貌所特有的材质，与海中隆起的块块岩石一脉相承，凸起其地域性，与文脉呼应（图10-4-21）。

（八）桂林第六园——山下的村落

桂林第六园（2011年）以漓江边的传统村落为原型，营造依山傍水、择水而居的现代民居村落。采用类村落多变和自由的布局，保留了山体、水系、原有樟树及人文景观，使建筑群落巧妙而自然地融于穿山和小东江的自然环境之中，再现桂林传统民居“门前有清影，窗外有画山”的意境（图10-4-22）。

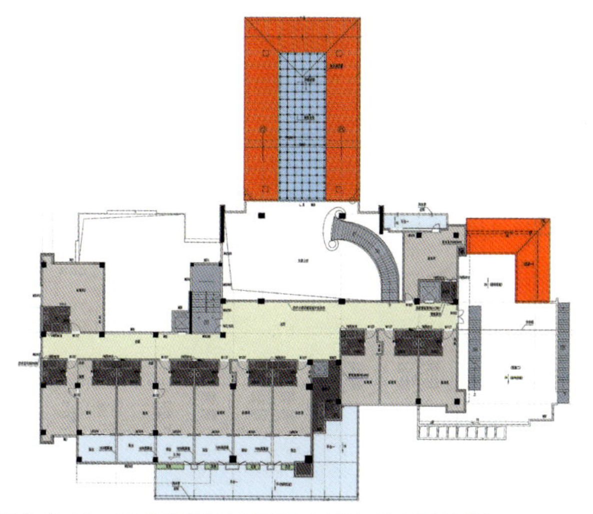

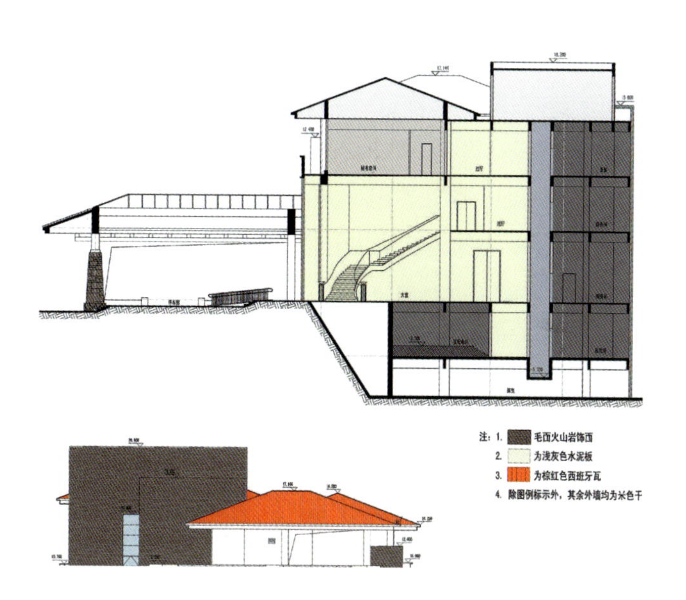

图10-4-21　A2接待楼平立剖面图（来源：徐欢澜 提供）

图10-4-22 桂林第六园（来源:桂林市建筑设计研究院 提供）

（九）南宁李宁体育园——树与叶

南宁李宁体育园（2011 年），用地范围内场地地形起伏较大，南高北低，其生态环境保持良好。建筑师通过组织与利用用地中丘陵、建筑与水体的相互关系来取得自然和谐的空间，保留南北主要的山体做绿化使用，利用低洼处做游泳池和滑水戏水区，并以此作为设计的主要空间架构，贯穿整个规划设计。建筑布局上，则根据场地特点，因山就势，以道路为枝干，场馆为叶，按树与叶的关系组织场地空间。大型综合训练馆的整体空间被划分为 4 个较小的空间单元分布在不同标高的台地上，以符合叶的体量。综合训练馆和游泳馆围合出中心广场，并在场地地形的作用下，形成层叠的屋顶。游泳馆采用四边形单坡屋面与三角形屋面组合，富于动感。综合训练馆则在外观上利用建筑屋面的叶片意象，4 个空间单元采用同样的对角双坡屋面（图 10-4-23 、图 10-4-24 ）。

（十）柳州奇石馆——山下奇石

柳州奇石馆（2012 年），建筑师在建筑前引入适量的水面湿地美化环境，并使建筑形成靠山面水的格局。建筑师由此对建筑正立面和背立面做了区别设计。正面栅格横向叠砌，展示纹之流畅；背立面则竖向垒叠，表现岩石之挺拔。建筑构思将从观赏奇石领悟到的大自然美感融入奇石馆的建筑形体中，建筑整体不是一个结果，而是一个流动变化的过程。

图10-4-23　李宁体育园（来源:华蓝设计（集团）有限公司档案室 提供）

图10-4-24　园内建筑及细节（来源：华蓝设计（集团）有限公司档案室 提供）

奇石馆的空间形体通过拓扑变换和分形几何的无规则自相似与自仿射的变化，形成前曲后折的建筑形体。曲是水的典型特征，折是山的典型特征，这两种特征在一个形体的不断变化中和谐统一在一起，具有丰富惊奇的视觉效果。

建筑立面之上的栅格脱胎于大地、山体、岩石表面的纹路和肌理，为整个展览馆增添了独特的石之韵味。立面设计运用计算机参数化方式，将栅格由 4 种模数制式的单元构成。单元均由同一图案生成。4 种基本单元随机的旋转、镜像并组合的过程中，又巧妙地衍生出凸出、凹进、衬底、剔除 4 种手法，既保持了立面的统一性，又形成更为丰富的肌理变化（图 10-4-25）。

（十一）南宁东盟产业研发大厦——市民公园

南宁东盟产业研发大厦（在建），位于南宁市五象新区核心区域，建筑规模约 17 万平方米，内含展示、研发、商业等功能，是中国面向东盟的重要文化展示窗口。基地西侧和北侧面向南宁市园博园所在地——五象湖公园，拥有得天独厚的园林水体景观，南侧和东侧临城市主干道，东南角未来将建设立交桥，东北侧毗邻青少年活动中心。项目的设计难点在于既要梳理好市民活动游览、办事人员（对外流线）与工作人员流线（对内流线）的关系，又要处理好与五象湖景观的衔接，使建筑与场地成为五象湖公园景观的延续，创造出一个可供市民进行游览、办事、交流等多样性活动的场所(图 10-4-26）。

建筑体量沿东侧北侧用地红线布置，西侧面向五象湖公园留出大面积开阔的入口广场，以此作为市民集散休憩场地。建筑与广场被设计成五象湖大地景观的延续。整体建筑布局依据中国传统建筑理念，采用“回”字形的围合形式，围合

图10-4-25 柳州奇石馆（来源：《2013年度全国优秀工程勘察设计行业奖获奖项目选登——中国建筑设计行业奖作品集》）

出一个下沉的景观内院，与东面的道路衔接。西侧的地面广场与景观内院高差有 4.5 米，建筑以三层通高的架空处理使这两个空间得以流动，台阶和扶梯则消除了空间可达性的障碍。市民通过地面广场北侧的覆土斜坡拾级而上到达建筑 5 层的平台，既可登高远眺公园开阔的景色，也可俯瞰下沉的景观内院。

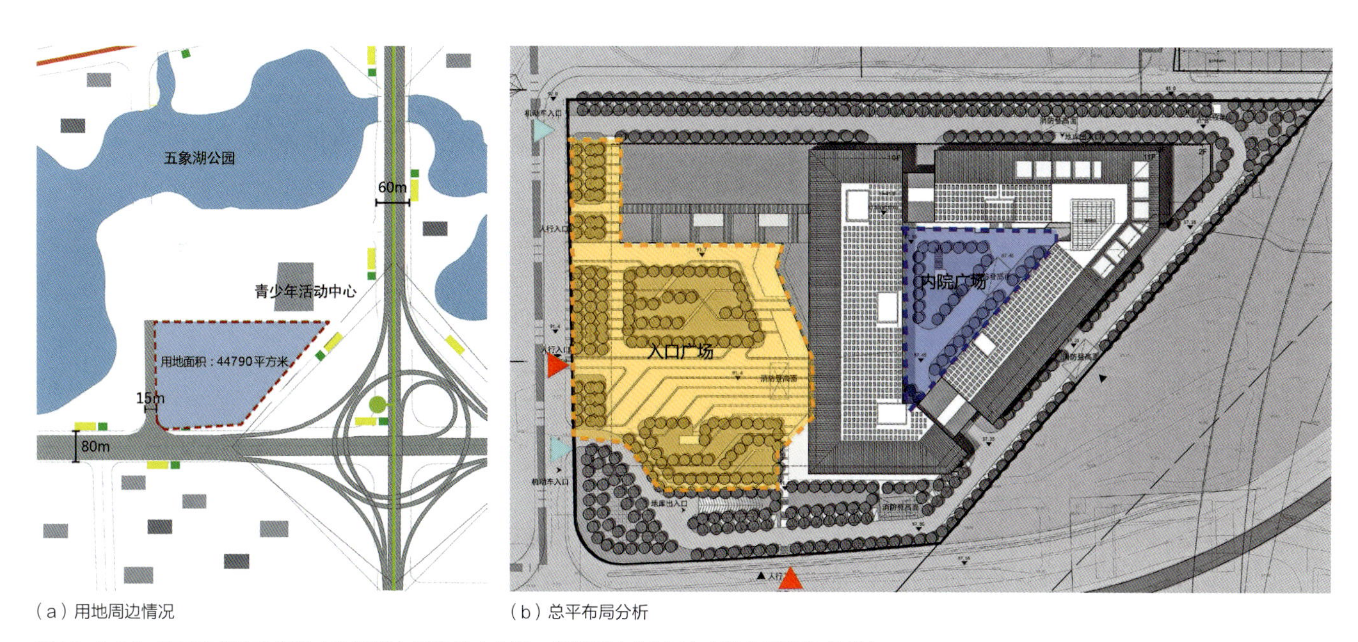

（a）用地周边情况

（b）总平布局分析

图10-4-26　南宁东盟产业研发大厦建筑布局分析（来源：华蓝设计（集团）有限公司黄煌 提供）

由于高层部分标准层面积达到了10000平方米以上，“回”字形的围合形式便于不同功能区的联系，提高工作效率。为了保证建筑的自然通风，“回”字形体量被分成3个部分，每个部分以架空走廊相接，形成的开口能引入当地主导风。同时，底层4个方向均布置有大面积的架空空间，为周边居民提供一个全天候的休闲活动空间，并将优美的周边自然环境渗透到内部庭院当中。

外立面材料主要为石材、铝塑板、玻璃、覆土绿化，通过立面虚实的穿插、对比，不但避免了大面积玻璃幕墙的能源浪费，同时增强了建筑的现代感。裙房以上外立面的竖向遮阳百叶设计，不但使建筑显得高雅挺拔，同时也起到了低碳节能的效果。顶部坡屋面造型吸取了广西民居建筑精华，通过现代设计手法加以诠释，充分体现出广西民族地域建筑特色。南、北两侧的屋顶可以布置太阳能光伏板，达到可再生能源利用和建筑节能的效果（图10-4-27）。

市民活动游览流线、办事人员流线与工作人员流线相对独立。市民活动主要集中在西侧地面广场，工作人员流线及出入口主要集中在东面和南面。机动车出入口分设在广场南北两端，机动车道环绕建筑与广场，达到人车分流的目的。机动车道未来与东北侧的青少年活动中心统筹考虑，拟将两地块道路联通，形成一个完整的环路，实现两块用地停车场的共享，同时形成多方向的地面机动车道，缓解高峰时段交通压力。同时，在地下车库的设计中也预留了未来可与青少年活动中心二期相连接的地下车库通道接口（图10-4-28）。

（十二）广西老年活动中心——集体记忆

老年活动中心是一个集体育、教学、娱乐、观演等多种功能的综合建筑。理念根源于建筑师对项目背后的人文内涵的思考：建筑师希望要创造一个适于退休人员的休闲空间，而这些退休者的青年时期大多是在“文革”中度过的。“文革”时期形成的“集体式生活”“农业生产”是父辈们共同的回忆。以农业生产所面对的自然地貌便是这一代人集体记忆的背景。建筑师通过对建筑空间在“地面”层面上的叠加，再现了自然地貌：在城市层面上，由于本项目地处城市扩张的边界，位于较低的洼地地形，面邻一个保留的绿化高地，建筑师在建筑手法上引入一系列上下错开的水平楼板来使这两种极端的地貌形成空间上的对话；

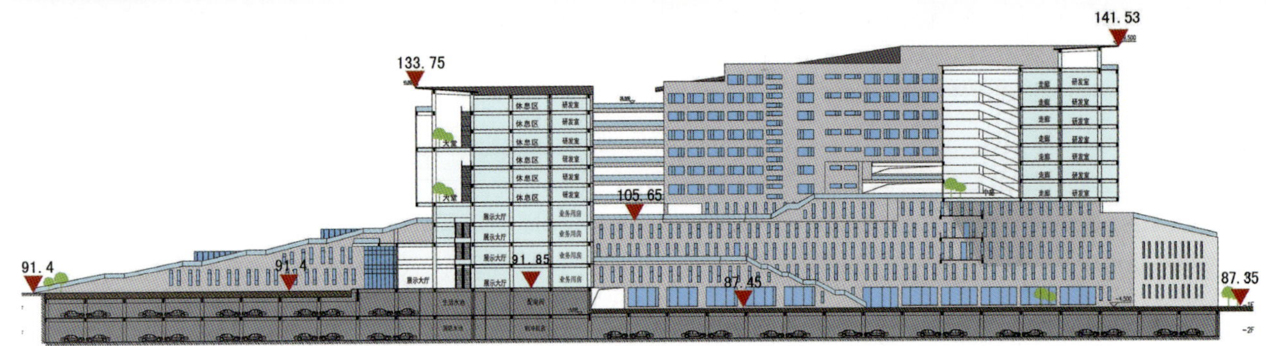

图10-4-27 南宁东盟产业研发大厦（来源：华蓝设计（集团）有限公司黄煌 提供）

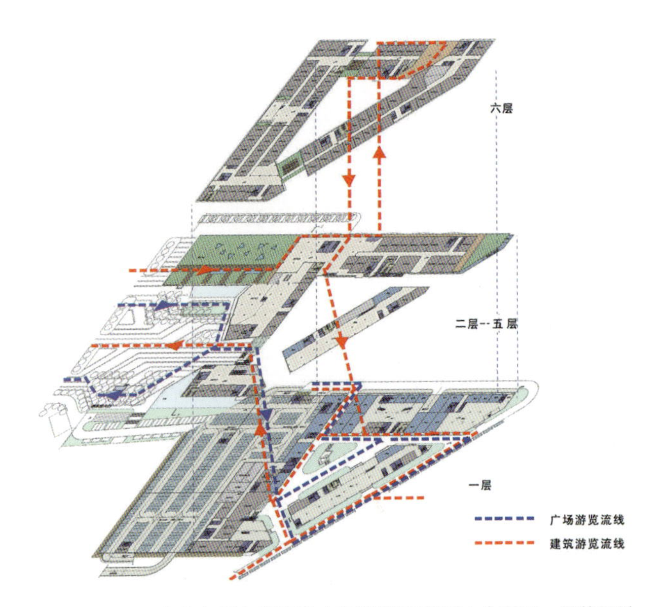

图10-4-28 南宁东盟产业研发大厦游览流线设计（来源：华蓝设计（集团）有限公司黄煌 提供）

在建筑尺度上，建筑师则转译了这种拓扑关系为一种多层楼板的空间类型，例如地下室空间转折到首层入口层，接着又垂直延伸到二层空间，并不断交错向上。建筑表皮给予建筑很强的识别性，密闭在外立面的木纹铝方通遮阳格栅是对本土竹木建筑的回应。格栅断面尺寸均为 80 毫米 ×200 毫米，有 3 种不同间距，在建筑表面也有 3 种浮动位置，给予建筑微妙的变化和遮阳保护（图 10-4-29、图 10-4-30）。

（十三）涠洲岛民宿——安静无争

民宿位于北海市涠洲岛滴水村，基地为长方形地块，西面朝海，东面为主要道路，村民的建筑平面约为 9 米 x12 米，共 4 层楼。建筑师希望能让人重新认识人与自然的关系。建筑首层为公共空间，融合接待、餐厅和酒吧等多重功能。该部分区域被设计成一个开放的空间。入口是落地的玻璃门，如遇好天气或是恰逢聚会活动，则可以完全打开，使庭院与室内空间连为一体。考虑到和海景的关系，二、三、四楼朝海的房间卫生间变成狭长形的布局，在使用时也可以看到室外风景；建筑侧面的房间加建了三角形的窗台，可以有更好的视野看海景；四楼的朝海房间设计了露天浴缸，可以享受独一无二的星空（图10-4-31、图10-4-32）。

图10-4-29　广西老年活动中心（来源：网络）

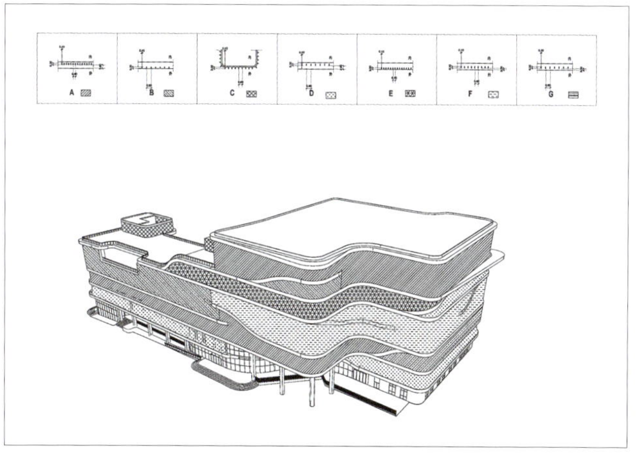

图10-4-30　涠洲岛民宿表皮格栅种类（来源：网络）

图10-4-31　涠洲岛民宿实景图（来源：网络）

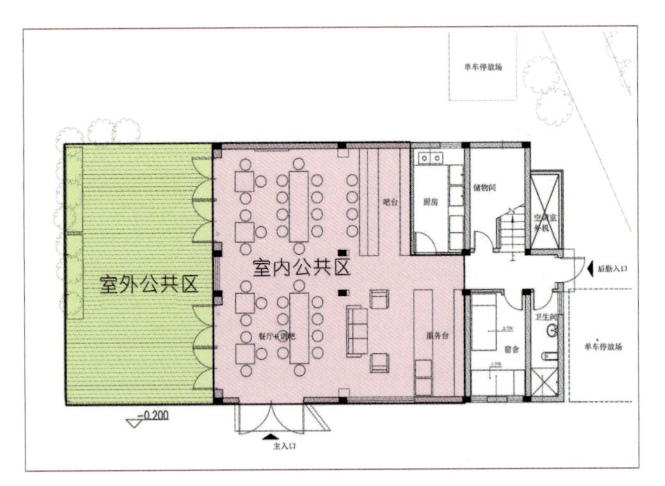

（a）一层平面图

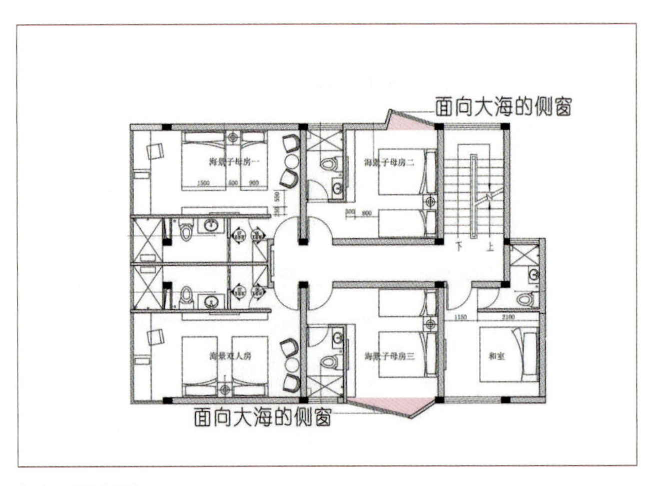

（b）二层平面图

图10-4-32　涠洲岛民宿平面图（来源：何晓丽 改绘）

第五节　传承实践：基于空间演化的建筑创作

一、概况

任何复杂的建筑空间形态，都是简单的基本形体空间通过一定规律和手法变化、组合而成的，建筑基本形体的视觉特征有形状、尺寸、位置、方位、重心、色彩、质感等方面，在这些方面进行处理，能够创造多变的建筑空间形态（图10-5-1）。

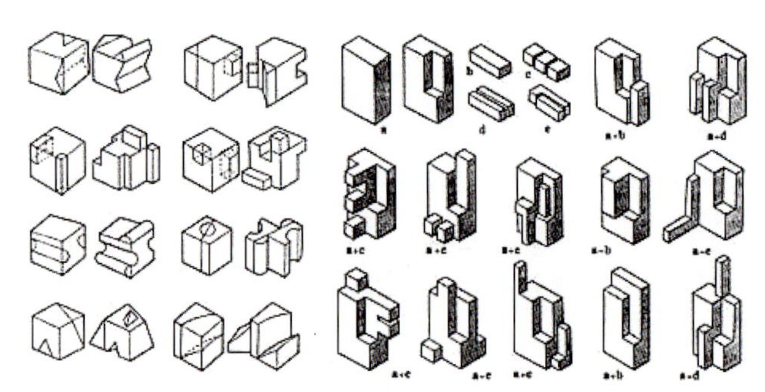

图10-5-1　建筑空间形态的基本演变示意图（许建和根据资料 改绘）

建筑空间形态的建构方式大体有三种，一是基本形体自身的变化，二是基本形体之间相对关系的变化，三是多元基本形体组合方式的变化。从宏观上看，后两种构成方式可以看成是两个或多个基本形态的积累。

针对广西传统建筑空间的演化策略主要有以下 3 种（图10-5-2）：

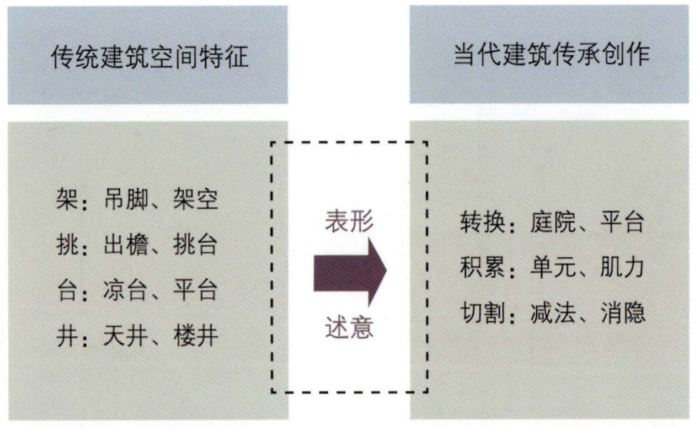

图10-5-2　基于空间演化的广西当代建筑创作传承与创新路线（来源：许建和 绘）

1. 转换

转换指在角度、方向、量度、虚实等方面对建筑空间形态进行转换，不是实质性的变化。以相同或相似的形或结构作为造型的基本单元，以一定的组织方式或自身的拼接来形成新的形态，基本单元空间是构建新的形态的“细胞”，具有重复的性质，其按照一定的转换逻辑所限定的结构方式组织起来，主要手段有：（1）角度转换，（2）方向转换，（3）量度转换，（4）虚实转换。

2. 积累

基本形的积累处理是在基本形体上增加某些附加形体，或多个形体进行堆积、组合而形成新的形体，使整体充实和丰富，是一种加法操作。形的基本单元之间没有明显的、确定的结构方式，基本单元空间之间通过聚集，以它们形式的相同或相似联系起来。基本形式有：（1）二元形体的积累：表现为空间张力与构件连接，主要手段有：接触、穿插与融合等；（2）多元形体的积累：主要手段有：群化、排列与节律等。

3. 切割

对基本几何空间进行分隔、消减与分裂来营造新的空间形式。随着现代建筑材料的多样化，尤其是抗拉的材料在当代建筑中的大量采用，通过巧妙的切割方式来营造极具地域特色的空间形式。

二、案例分析

（一）南宁市图书馆——变换的中庭绿平台

南宁市图书馆（1998 年），建筑内部植入中庭，各层平台错落叠加，平台栏板外设有花池，形成层次丰富、绿意盎然的阅读空间（图 10-5-3）。

（二）广西大学综合楼——大学的门庭

广西大学综合楼（2005 年），建筑位于广西大学主轴线的起点，形体中间做了掏空处理，形成大尺度的“门庭”空间，彰显了大学校园大气和宽容的气质（图 10-5-4）。

（三）南国弈园——竖向庭院

南国弈园（2012 年），虽受限于狭小的场地，设计师却仍努力地在方盒子的内部空间营造竖向立体园林，实现对中国传统建筑和庭院水平进深式空间结构的现代性演绎。建筑的底层架空，与外部的景观连成一体，每层设置半开敞的休息景观平台，平台布置景观及绿化上下呼应，形成垂直的园林（图 10-5-5、图 10-5-6）。

（四）桂林市秀峰区政府党校及办公等业务用房主楼——院的演绎

桂林市秀峰区政府党校及办公等业务用房主楼（2009

图10-5-3　南宁市图书馆（来源：华蓝设计（集团）有限公司档案室 提供）

图10-5-4 广西大学综合楼（来源：华蓝设计（集团）有限公司档案室 提供）

图10-5-5 南国弈园全貌（来源：徐洪涛 摄）

年），建筑群体高低错落，以2～3层为主，局部6层，结合地形横向展开。设计中对传统形式的“院”进行演绎。通过高低建筑的围合及内部大小不同的庭院形成丰富的空间体系，入口部分通过柱廊形成过渡空间。利用庭院景观营造宜人的内部工作环境，同时充分尊重自然环境，在靠桃花江一侧，自然景观被有机地引入基地当中（图10-5-7）。

（五）广西城市规划建设展示馆——累积城市

广西城市规划建设展示馆（2012年），设计从建筑的性质出发，寻找城市与城市建筑间的某种联系，探寻用建筑

图10-5-6 竖向庭院（来源：徐洪涛 摄）

表现城市，用建筑回忆城市的一种可能。方格网是城市纹理形成的常用模式。建筑师将城市肌理经过简化、抽象化，剥离出简单的基本组成元素——方盒子。从入口开始，在用地的左侧设计了一个主题广场，在保留了局部地形的情况下引入水体，自由散落的一块块领地则分散在坡地和水边，暗示着人类聚居的寻地原则。这个室外广场设计，也暗示了城市最初发展时和自然的一种关系。设计从创作手法开始，利用不同的体块组合，强调一个积累的过程，通过小体量建筑体块的不断自由累加，暗示了建筑的一个成长过程，也表达了建筑累积成为城市的含义（图 10-5-8）。建筑块体的分割、组合、虚实营造城市的街道、空间和建筑印象。不同的体块，高低错落，就像是组成城市的各类建筑，有高层，也有多层。建筑内部以公共共享空间，交通空间为核心空间，构筑室内“城市的一条街”，以“街”为核心并适当拓宽其空间尺度，使其具有休闲交通展示为一体的功能。各主题展示空间分布“街”两侧，实现全方位的展示。展示空间可以灵活布置，可开可合，在以“城市的一条街”为核心流动空间的基础上，展示空间沿“街”展开，相互贯通。使人在内部可以自由环游（图 10-5-9）。

图10-5-7　桂林市秀峰区政府党校及办公等业务用房主楼(来源:广西壮族自治区住房和城乡建设厅 提供)

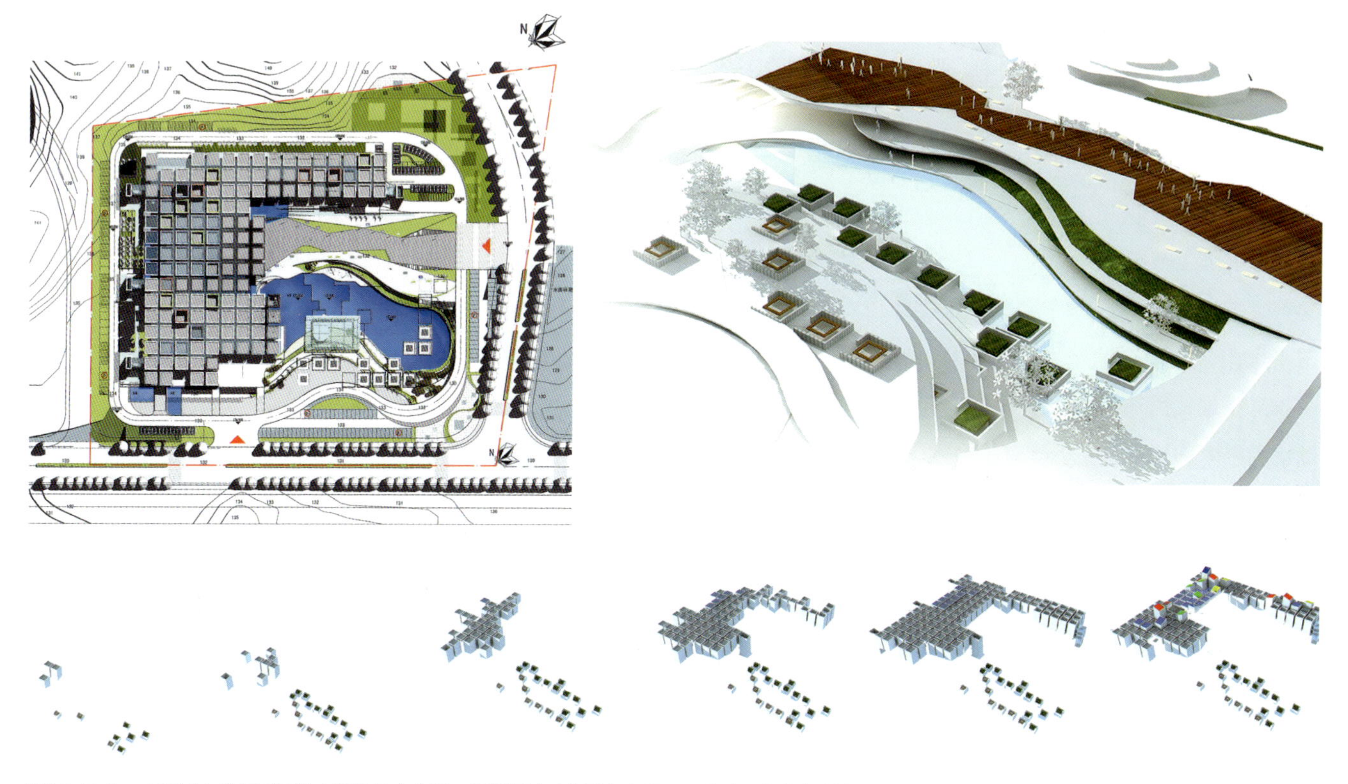

图10-5-8　广西城市规划展示馆方案构思（来源：华蓝设计（集团）有限公司庞波工作室 提供）

图10-5-9 广西城市规划建设展示馆（来源：华蓝设计（集团）有限公司庞波工作室 提供）

第六节 传承实践：基于地域材料的建筑创作

一、概况

地域建筑材料的创作实践，是指通过对地域材料的创新运用，展现其地域性与时代性共生的特征。具体的说就是在现代建筑技术手段的支持下，使其获得崭新的、现代的艺术表现形式。近年来，很多国内建筑师接受国外先进的建筑设计理念，不断对地域材料的设计表现形式进行着有益探索，为中国现代地域性建筑的创作找到新的设计方向。

（一）运用地域材料表达传统建筑文化

地域材料作为中华民族的一种文化印迹，它从一个侧面展示着我国几千年的历史文化精髓，与我们血脉相连，是中华文明进步与发展的物质表现形式和历史确证。人的怀旧心态促使我们对其带有一份特殊的情感。这种情感的形成是由地域材料所涵盖的历史讯息与人的精神心理要素共同作用的结果，而现代工业化新材料正因为缺少这种历史文化讯息，显得更为冷漠无情。所以对地域材料的运用有助于表达我们的人文情感，延续我们的历史记忆，更容易使人与建筑、场所之间产生心灵的交流，形成归属感与认同感。

在建筑中，归属感和认同感的产生是一个极其复杂的过程，建筑现象学强调人对于所生活的场所、空间以及环境的感知和经验。人的感知是人由于受到外界信息的刺激，所引起的心理反应。而人的经验是由过去所发生事情的记忆构成。过去的经历会浓缩成记忆的片段存在于人的脑海中，当人受到某种过去讯息的刺激，就会产生这种记忆。因此，要唤起公众对“传统”的记忆，就是要以根植于大众记忆中的意向为出发点，物化这种记忆，使他们获得情感上的认同和心理上的归属。

地域材料作为中国传统建筑文化的遗传基因，其本身所携带的大量历史文化讯息，就足以激起人们对“传统”的记忆。要实现这种历史记忆的延续，具体地说就是用地域材料中的某些历史讯息去唤起人们大脑中的共同记忆。地域材料的运用是一种比较容易与人的心理取得联系的方式，因而容易唤起人们对历史的记忆。当前在国内很多的现代地域性建筑创作中，建筑师喜欢将当地的地域材料加以重新运用，使其成为一种传统的符号出现在新的场所中，以延续对过去的记忆，形成对历史文化的尊重。

（二）现代建筑技术对地域材料表现力的挖掘

地域材料是我们最为了解和熟知的，对它进行新的探索与挖掘，就是要对其进行多个层面的加工创作，表达出地域材料新的特点，使其以一种“陌生”的面貌重新出现在我们面前。在新材料不断出现的今天，国内一些实验性建筑师开始回归到对地域材料的使用上来，通过现代建筑技术对其进行再加工、再挖掘，使其展现出真实、自然的一面，同时又具有符合现代审美的艺术效果。在熟悉与陌生之间去满足人们内心深处对传统文化的情感需求，不但使其具有强烈的地域识别特征，而且还具有鲜明的时代气息。

现阶段，中国经济的快速发展，使我们对建筑空间、功能、形式等的要求不断地朝着多元化的方向发展。地域材料曾因为其建造技术的落后和结构逻辑的束缚，一度无法满足现代化建筑的要求，而被我们所遗弃。但随着人们逐渐开始厌倦现代建筑的过分机械、理性和现代材料的过于标准化生产而带来的冷漠表情；以及现代建筑技术的高速发展，地域材料得以崭新的面貌出现在我们面前，并且获得了大众的广泛认同。

在现代建筑技术与工艺的支持下，地域材料已可完全摆脱结构作用力的束缚，打破传统的建造逻辑，而以建筑表皮的形式出现在我们面前。同时在现代建筑设计理念的指导下，地域材料潜在的设计表现力也得到不断挖掘，将其作为地域建筑文化的基因，渗透进现代的建筑之中，构成新的建筑表皮形态、肌理与色彩，使其不但符合现代人的审美要求，而且带给我们传统的氛围。

（三）运用地域材料与自然环境的融合

中国传统建筑历来讲求“天人合一”的自然生态观，从传统的“堪舆”理论中就可以看出其对自然条件的合理选择，以及与自然环境的和谐相处。并且就地取材的传统营造策略，使地域建筑材料本身就带着大自然的气息，很容易与自然环境水乳交融。在地域建筑材料中，石与木都是原生态的建筑材料，本身就直接取之于大自然，而砖、瓦是由黏土烧制而成，

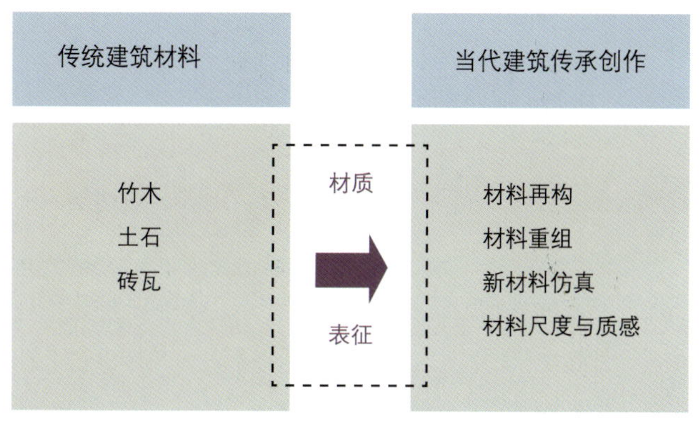

图10-6-1 基于广西地域材料的当代建筑创作传承与创新图解（来源：许建和 绘）

自然带着泥土的气息。因此地域材料建造的建筑更容易融于周围的自然环境之中。

地域辽阔的广西，多民族的文化，使各地域有着很多不同的地域材料，应该对这些材料也进行深入的挖掘，为当地的地域性建筑设计服务，使其成为现代地域建筑设计取之不尽的创作源泉（图 10-6-1）。

二、案例分析

（一）阳朔商业小街坊——砖裳竹衣

阳朔商业小街坊（2005 年），项目位于阳朔繁华、热闹、拥挤、充满乡土和异国情调的西街附近，其功能主要是商业活动场所，所在区域为一个老城区，街道的走向主要顺应当地的自然景观，宽度不大，但纵横曲折，在小街小巷之中，经常可以瞥见远处的山峰。在概念构思开始之前，一个囊括山水聚落的视觉连接特征被提炼出来，进而成为建筑总体布局的决定性因素之一。为了避免过于庞大的建筑体量，顺应当地的城市肌理，建筑师将街头广场、小街小巷的空间引入建筑，它们在视觉和空间走向上，对应着远处的山峰，通过对用地的切割，形成 3 个平行布置的建筑，依靠飞越街巷的廊桥相互联系在一起。

为了强调乡土性，基地左右两侧的建筑借鉴桂北民居风格：小青瓦、坡屋顶、浅色墙面，但墙体材料由白墙转换成了阳朔当地常见的青石墙。由于传统的青石垒砌承重墙在现代的钢筋混凝土框架结构中不再适用，然而石板贴面显然又过于轻薄，于是一种“外砌青石夹墙——内浇注钢筋混凝土”的承重柱、墙的构造形式被创造性地提出。按土法叠加砌筑厚薄不一的青石砖，形成粗糙质朴的表现力。窗户、平开百叶和外墙装饰大量使用了当地出产的杉木，并延续当地的做法，采用折叠或斜撑的开启方式。内部街巷铺以大小不一的青石板，通过石材的质感和线条，暗示街道走向的变化。建筑内部街道运用骑楼风格，简洁的钢木栏杆、木和石材装饰的柱子交错运用，形成建筑既熟悉又特殊的细部。用地中部的房子，外墙表皮从二楼到三楼全部包裹了作为遮阳构件的

毛竹片。建筑师重新诠释了这些当地的乡土材料：对半切割的竹子，简单加工后，通过金属构件固定在墙壁之外。竹子本身不同的表面肌理使建筑外观呈现出完全不同的视觉效果。从正面看，透过竹子侧翼可以隐约看到室内；从侧面看，是竹子内凹的竹子内表面，随着竹节自然生长的变化，竹节的阴影呈现音符般跳跃的效果；从另一个侧面看，则是光滑的竹子外表面，仿佛是一棵棵完整的竹子伫立眼前。建筑师赋予了竹子新的生命，成为既有美学特质又有遮阳功能的构件（图 10-6-2）。

（二）三江县东方竞技斗牛场——木构创新

三江县东方竞技斗牛场（俗称“侗乡鸟巢”），是一座集斗牛、民族歌舞表演、餐饮、住宿和文化娱乐于一体的综合性场馆。建筑占地 6400 平方米，平面呈圆形，直径 80 米，建筑高 27 米。看台及以下部分为钢筋混凝土结构，看台以上部分采用传统的穿斗木结构（图 10-6-3）。主持木结构建造的匠师是经过方案比选挑选出来的墨师。墨师韦定锦的方案由于柱网排布合理，相对节省材料而成为最佳方案（图 10-6-4）。由于该建筑在规模、高度、跨度方面远超传统的木楼建筑，且圆形的造型也导致传统的榫卯、梁柱交接方式发生变化。这些难题最终在主持匠师的努力下得以解决，使传统技艺得到了进一步发展。

（三）云庐精品度假酒店——老宅新生

云庐精品度假酒店（2014 年），位于桂林市阳朔县兴坪镇杨家村，是由散落在村庄中的 5 座既独立又相连的农房改造而成，老宅藏于漓江山水之间。

设计师持有对当地文化和周边村民的尊重和谨慎态度，对原有狭小凌乱的农宅与场地进行梳理改造。云庐老宅的几栋老房子与环境关系紧密，与当地村民的房屋也没有明显隔

图10-6-2 阳朔商业小街坊（来源：桂林市建筑设计研究院 提供）

图10-6-3 三江县东方竞技斗牛场（来源：《广西传统乡土建筑文化研究》）

绝，周围环境的自然共生和与当地村民的和谐共存是设计的出发点（图 10-6-5）。

项目是从老农宅的改造开始，逐步梳理宅与宅之间的空间，在不破坏原建筑外观的前提下，老的夯土建筑被改造为符合当代生活品质的客房，并将一栋老宅拆除扩建为餐厅和聚集场所。新建餐厅采用了更为低调的建筑语汇，以变截面钢结构和玻璃中轴门窗系统与毛石外墙、炭化木格栅、屋面陶土瓦形成材料的对比。为了不影响依山傍水的好风景及与老村落的协调，低调的新建餐厅为一层楼高的坡屋顶建筑并尽可能地降低了尺度，而室内空间在满足了空调等功能需求的前提下，尽可能地提升层高。新老建筑形成的空间对话和延续感则是维系外来旅舍与本土农村自然共生的基本法则。

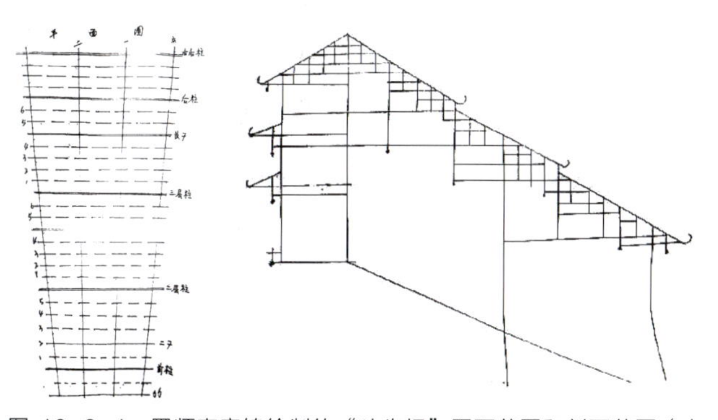

图 10-6-4　墨师韦定锦绘制的“斗牛场”平面草图和剖面草图（来源：《广西传统乡土建筑文化研究》）

在室内设计中，设计师依然遵循自然共生法则。原有农宅的室内虽然历经年代的风雨而显得破旧，但却不失空间上的趣味，典型的一栋青瓦黄土砖屋为三开间，中间为二层挑高的厅堂，两侧各有四小间房，二层为杂物储藏用。在空间改造中，侧重于现代人的生活方式与原生态空间的对话、空间本身与光影的对话、室内与室外空间的互动。在功能上一层的厅堂保留并设有吧台，沙发，是客人小聚的社交空间。客厅的两侧各有一间客房，厅堂中增加了通向二层两间客房的楼梯。对于东西方向的室内墙面，只是作了必要的清洁和修缮，南北方向的墙面在土砖墙以内增加了轻钢龙骨石膏板墙，新旧墙体中间的空隙满足了所有管线走向的需求。

在材料运用上，室内保留了原建筑的木结构，黄土墙，坡屋面及顶上透光的“亮瓦”，同时采用了再生老木、素面水泥、竹子、黑色钢板等材料，力求遵循朴实，自然，简单的原则。室外保留了纯朴厚重并与桂林山水浑然一体的夯土外墙和青

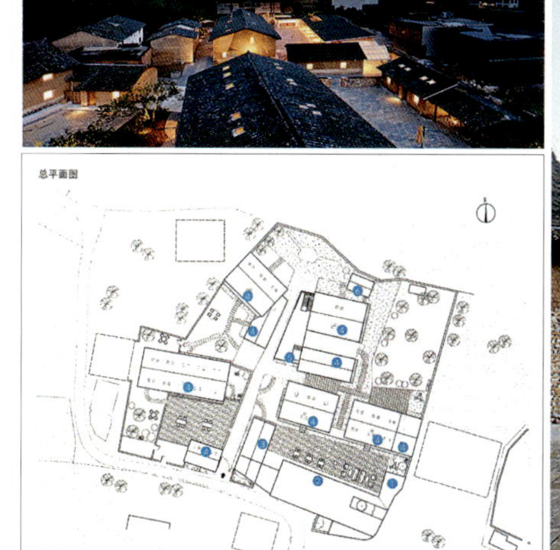

图 10-6-5　云庐精品度假酒店（来源：《民宿之美》）

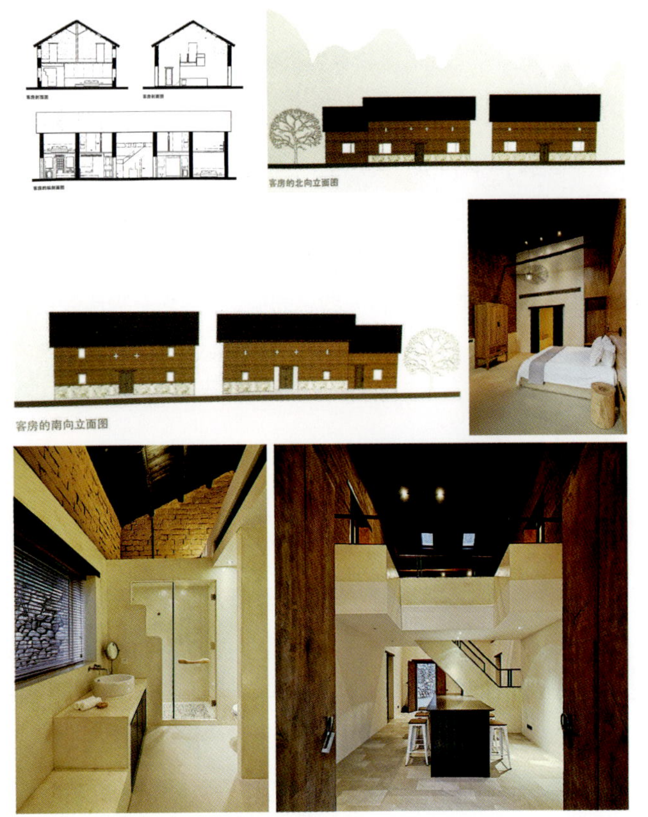

图 10-6-6　云庐精品度假酒店客房改造（来源：《民宿之美》）

瓦屋面，原来的旧木窗换作了现代铝合金窗框，新与旧的对比让老宅有了几分现代感和新老建筑的对话场景。这些现代材料与原始的土坯墙形成鲜明对比，但都有着一种厚重感，整体上有历史感（图 10-6-6）。

第七节　传承实践：基于文化符号的建筑创作

一、概况

王国维先生曾言："中西之学，盛则俱盛，衰则俱衰，风气既开，互相推动。且居今日之世，讲究今日之学，未有西不兴而中学能兴者，亦未有中学不兴而西学能兴者。"这对我们当前的建筑创作来说显得尤为重要。纵观建筑历史上各种风格莫不是在交流、互推中产生。再者，对现代建筑的地域性表达是一种对现代建筑的共性与地域性的调和，我们不是要如何使现代建筑向传统靠拢，而是要对现代建筑加以我们自己的新的诠释。现代建筑既然是这个时代的产物，我们就应对其作出应有的贡献，我们对全球化背景下建筑风格和城市空间的趋同的指责，问题不在于现代建筑，而是我们没有找到一条适合自己的提升与回归之路，而这条道路应该具有地域性与建筑师个性两个方面。

（一）象征

象征是人类自然地表现人、物或概念等复杂事物的意象并传达其信息的媒介。就是用具体事物表示某种抽象概念，在艺术上是一种表现手法，通过某一特定的具体形象，以表现与之相似或相近的概念、思想和感情。黑格尔《美学》第二卷对象征艺术的绪论中指出："象征应分出两个因素，第一是意义，其次是这个意义的表现。"寻求和体现意义与表现之间的关系是象征的实质所在。象征的普遍特征是"以具体可感知的形象来表现抽象的内涵"，象征即形象表征。

1. 建筑中的象征

建筑中的象征，是通过空间形式或外部形象的构成特征使人联想到另一事物，是"意"与"象"的统一。"意"指的是意向、意念、意愿、意趣等主体感受的情趣；"象"有两种状态：一是物象，是客观的物所展现的形象，是客观存在的物态化的东西；二是表象，是知觉感知事物所形成的印象，是存在于主体头脑中的观念性的东西。建筑的象征也可以分为两个层次：

一是物态化的凝结在建筑中的"建筑艺术形象"，是建筑师的审美情趣与建筑的物质形态的统一。

二是观赏或使用者在观赏、使用过程中所生成的"建筑内心图像"，建筑中的象征具有形象性、地域性、多义性、主体性、动态性、综合性等特点。

2. 象征的设计思想与表达

建筑象征的载体：平面、空间、实体、立面、材料、装饰等。

（1）数的象征，（2）平面的象征，（3）空间的象征，（4）样式的象征，（5）实体的象征，（6）色彩的象征，（7）装饰的象征。

（二）隐喻

亚里士多德在《诗学》中提到："隐喻是通过将属于另外一个事物的名称用于某一事物而构成的，这一转移可以是从种到属或从属到种，或从属到属，或根据类推。"《辞海》中有："用一个词或短语指出常见的一种物体或概念以代替另一种，从而暗示它们的相似之处。'本体'和'喻体'两个成分之间一般要用'是''也'等比喻词。"

1. 建筑中的隐喻

联系性：隐喻在创作中是通过建筑形式来表达其意义的，这一过程的关键是要求建筑语言形式与所要表达的意义之间形成内在联系，即建筑文化中的一种内在结构秩序。

再现性：再现形象与再现意义的关系。

2. 隐喻的设计思想与表达

隐喻手法的构思：主要有具象隐喻与抽象隐喻。后现代隐喻如建筑装饰符号的运用；装饰的隐喻如传统建筑元素；方位的隐喻等。

建筑隐喻中本喻体的选择重在解决关联性问题。

本体的选择：建筑构成元素的部分或者整体作为隐喻的基础，建筑的外部造型内部空间某些构件要素或单元。

喻体的选择：选择具体的事物作为喻体；选择抽象的事物作为喻体；选择历史事件或民间传说等作为喻体。

（三）符号

符号就是主体把这种对象与某种事物相联系，使得一定的对象代表一定的事物，当这种规定被人类集体所认同，从而成为这个集体的公共约定时，这个对象就成为代表这个事物的符号。20 世纪初瑞士语言学家索绪尔对"符号"的解释："符号是由能指和所指构成的统一体，也就是说，符号是一种二元关系：包括能指和所指，它们的结合便成了符号。"

建筑中的符号：图像性符号；指示性符号；象征性符号。

符号的设计方法：类比性设计：视觉的类比、结构类比、哲学类比。

几何性设计：抽象比例、几何原则；类型性设计。

二、案例分析

广西是一个以壮族为主，多民族共存的地区，其独特的建筑风貌和民俗风物给现代建筑的创作带来了丰富的灵感，使其具有不可复制的本土气息（图 10-7-1）。几十年来，基于文化符号进行创作的建筑作品出现了大量的优秀案例，大致分为以下三类：

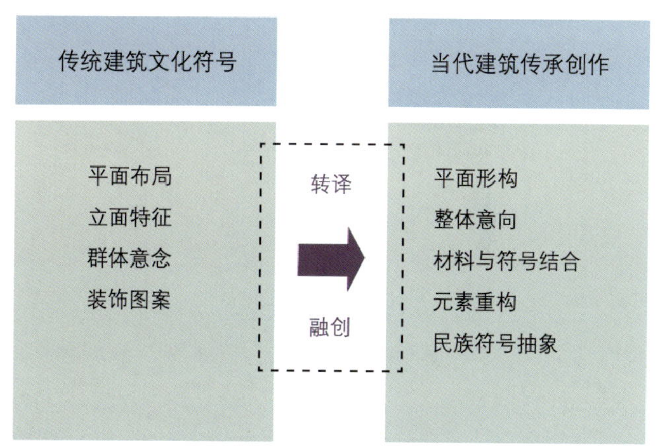

图10-7-1　基于文化符号的当代建筑创作传承与创新路线（来源：许建和 绘）

（一）以民族图案、传统纹饰作为外墙建筑装饰

（1）广西展览馆（1958 年），作为庆祝广西壮族自治区成立典礼的主会场，具有重大的政治和历史意义。建筑门头上的壮族铜鼓、壮锦等浮雕图案装饰，彰显了浓厚的民族风情，凸显了建筑的政治内涵与地域特色，开启了广西地域建筑的民族形式创作之路（图 10-7-2、图 10-7-3）。

（2）1978 年，南宁火车站改建完成，她的檐口及两侧外墙被饰以壮族图案，整个建筑雄伟壮观（图 10-7-4）。同年落成的广西壮族自治区博物馆，不仅在外墙上采用壮族

图10-7-2 广西展览馆主入口立面（来源：华蓝设计（集团）有限公司档案室 提供）

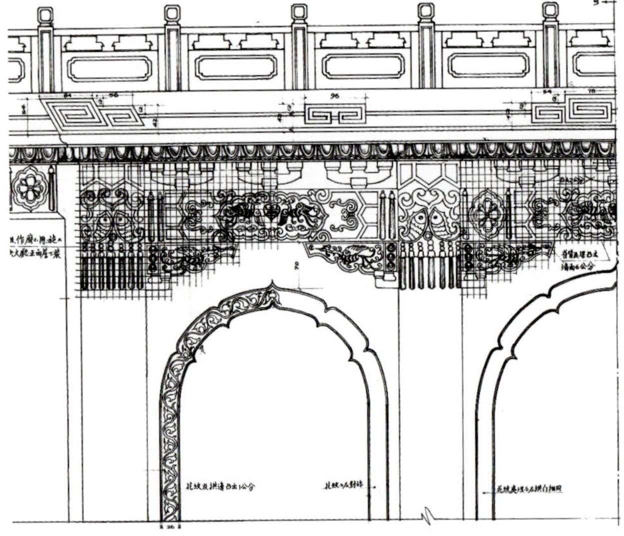
图10-7-3 广西展览馆立面纹饰设计（来源：华蓝设计（集团）有限公司档案室 提供）

图案，还在室内采用壮族岩画式的壁画和植物配置，特色鲜明，富有民族情趣（图 10-7-5、图 10-7-6）。

（3）南宁市人大代表活动中心（2004 年），挖掘了广西少数民族文化元素及构图形式，并将其运用于总平布局及造型的构成要素上，结合现代建筑的理念和政府建筑的特征，创造出具有地域性和标志性的建筑形象（图 10-7-7）。

近年来，出现了一些以现代建筑材料表达传统图案，以此作为外墙表皮的建筑作品，如崇左壮族博物馆、百色市文化科技中心、南国弈园（图 10-7-8）、广西美术馆（图 10-7-9）等，这些建筑将冲印或者雕刻成壮锦图案的铝板或铸钢板作为外墙的第二层表皮，犹如穿上了一层华贵的民族服饰。

（4）崇左壮族博物馆，建筑师选择了花山岩画、壮族壮锦、壮族干阑民居作为崇左壮族博物馆的文化元素。建筑通过一条市民文化长廊将外部的广场延伸到建筑内部，使内外空间融为一体。文化长廊南侧采用镂空抽象花山岩画造型，若隐若现的图案，为建筑平添几分神秘气质。幕墙外围的遮阳构架设计成可拆式的金属遮阳构件（图 10-7-10、图 10-7-11）。

（5）百色市文化科技中心，总平面布局上建筑师从“壮锦”中抽取了菱形、方形等图案元素，形成独具壮乡特色的建筑组合，而建筑周边的场地也使用了壮锦的传统图案来划

图10-7-4 南宁火车站（来源：华蓝设计（集团）有限公司档案室 提供）

图10-7-5　广西壮族自治区博物馆（来源：徐洪涛 摄）

图10-7-6　广西壮族自治区博物馆室内设计（来源：徐洪涛 摄）

图10-7-7　南宁市人大代表活动中心（来源：徐洪涛 摄）

图10-7-8　南国弈园壮锦图案表皮（来源：徐洪涛 摄）

图10-7-9　广西美术馆表皮（来源：徐洪涛 摄）

分地面铺装和草地。从周边的高层建筑上俯瞰，其第五立面仿若一幅美丽的壮锦。建筑形体富有雕塑感，层层叠叠步步高升，仿若梯田、山峦，中部形成的空间又如天坑、峡谷，建筑高低起伏，倒影水中，透射出百色秀美山水的神韵，与

图10-7-10 崇左壮族博物馆鸟瞰图（来源：《传统地域文化的现代演绎——广西崇左壮族博物馆设计》）

环绕龙景区的右江和迎龙山的自然景色相呼应。建筑采用新颖的外墙材料来体现地域文化，表现壮锦主题。石材墙面装饰表现了壮锦中独有的斜线交织的肌理特征，镂空铝板幕墙则采用了壮锦的民族图案，给建筑包裹了一层壮锦外皮。百色是革命红都，红色已经成为城市的标记。因此采用了红色的镂空铝板幕墙，在丰富城市色彩，活跃建筑空间的同时，也为被誉为“南国铝都”的百色提供了最佳的宣传素材（图10-7-12、图10-7-13）。

（二）将民族风物抽象成建筑形体

一些建筑将壮铜鼓、坡屋顶、鼓楼的特色抽象成建筑形体，在广西民族建筑创作的新形式上进行了有益的探索。广西民族宫（1999年）的文化艺术中心，以其厚重的体量，

图10-7-11 崇左壮族博物馆（来源：http://down.nipic.com/download?id=9839173）

图10-7-12　百色市文化科技中心鸟瞰图 (来源：徐洪涛 提供)

图10-7-13　百色市文化科技中心壮锦表皮(来源：徐洪涛 摄)

精心划分的体块交叉，体现我国南方少数民族深厚的文化底蕴和敦厚的民族性格。两侧倾斜的屋面直插地面，具有坡屋顶的意象。广西中医学院第一附属医院内科综合楼（2003年），主楼塔楼的顶部造型抽象并浓缩了广西鼓楼多重檐的构图。南宁国际会展中心（2003年），造型独特的膜结构穹顶雄踞在圆形多功能大厅之上，12片折板式白色膜结构宛如盛开的朱瑾花，犹如壮族少女的褶裙，在蓝天下格外耀眼。广西民族博物馆，将铜鼓加以提炼整合，形成入口大厅和建筑装饰。

（1）广西民族博物馆（2010年），建筑从自身的功能特点出发，力求用新型的建筑材料和技术表现古朴的民族元素，达到历史与现代的统一。在平面功能上，博物馆主楼分为A、B、C、D4个区，以参展流线为脉络组织各个功能体块，逻辑清晰。为了取得面对邕江的景观效果，整个建筑以一条面对邕江的主轴展开，一个鼓形的接待大厅，构成了建筑的中心。建筑造型吸取了广西民族最有代表性的铜鼓的造型特点，并加以提炼整合，在细部上运用了广西少数民族的传统纹饰，烘托了建筑的民族特色（图10-7-14）。

（2）来宾文化艺术中心（2014年），从壮族舞蹈的肢体语言取材，在正立面上部两个转角处设置成镂空装饰的“蛙人”构件，以便解决正面、侧面转折过渡过于生硬的问题。在室内设计中，双手举天，双腿半蹲的模仿青蛙的蛙人形象被用在各个不同场合的饰面，室内装修与建筑设计形成内外呼应的文化气场（图10-7-15）。

图10-7-14 广西民族博物馆（来源：华蓝设计（集团）有限公司档案室 提供）

图10-7-15 来宾文化艺术中心（来源：《2013年广西优秀工程勘察设计奖获奖项目图集》）

第八节　传承实践：基于传统风貌的建筑创作

一、概况

现代建筑由于巨大的体量、复杂的功能，再加上建筑材料及建造方式的变革，使得传统建筑的设计手法难以直接运用到现代建筑中来。而现代与传统设计手法的结合，则能使传统建筑的表现形式得到当代表达。

（一）传统风貌的创作实践：文化记忆提取

文化是一个民族的灵魂，而建筑是文化的载体，建筑离不开文化，尤其是本土文化。建筑处于一个连续不断的发展过程之中，而且将永不停息地继续发展下去。它不仅仅是人们生活的物质空间，还反映着当地的历史、文化、政治、经济、技术、人们的生活习惯等方面的状况。建筑具有记忆，建筑的记忆是生活在这里的人们的集体风貌记忆。正是这样的传统风貌，使得建筑变得有自己的性格、情感，也正是这个与众不同的地方。使得人们有归属感、认同感，感受到其独特的魅力。承载地域的历史记忆，也是在传承地域的文脉，表达地域风貌特征。对传统建筑风貌的研究，并非为了直接照搬至现代设计中，而是为了从中提炼出传统建筑的原型，以此为设计基础，对原型进行空间、功能、形态上的转化，对原型进行新的排列组合，既营造传统的空间氛围，又满足现代的功能需求、体现时代特征。同时要借鉴、保留传统建筑风貌中合理的和科学的地方，如对气候的适应性和中西结合、不拘一格的兼容态度等，让良好的传统风貌继续传承发扬下去。传统与现代之间一直存在着辩证转化的关系。“传统”是千百年流传下来的集体智慧和文化精髓，能够满足人们的怀旧情怀和文化认同，而“现代”则是新的技术和方式，符合现代人的生理和心理需求。通过材料、构造的新旧结合、传统风貌元素的现代抽象等来实现传统与现代的时空对话，两者碰撞、相融、互相转换、互补互利，让传统风貌迸发出新的生机与活力。

从传统建筑语汇原型中提取某种形态、概念、关系、特征等，将其加以整理和抽象、简化和升华，概括提炼出与传统形式具有相似视觉效果的，或者共同特性的新的语汇，有机地组织成现代建筑语言，是表达传统文化、营造传统氛围的一个有效方法。

（二）传统风貌的创作实践：材料的新旧结合

传统材料主要包括土、木、石、砖、瓦，其天然属性对人是最亲和、最舒适的。现代材料主要有混凝土、钢、玻璃、金属板材、塑料等。传统材料和现代材料结合使用可以互相弥补缺点，创造一个更舒适的环境。

在材料的新旧结合上通常采用同质异构和异质同构两种方式。

同质异构是指运用传统的材料，进行重新地编排组合、不同的使用方式来创造新的形式，形成新的建筑语汇，赋予传统材料新的作用和内涵。异质同构是指在形式上保持传统的建筑语汇不变，用现代的材料去模仿出传统形式或者传统材料的肌理与质感，是对传统进行新的演绎和阐释。

传统材料和现代材料的直接碰撞，也能产生新的火花。例如玻璃和钢就可以跟传统材料和谐地结合使用。玻璃具有透明性和反射性，营造出轻盈、可变性、适应性强的空间，以一种低调的姿态很好地与石材、砖块、金属等材料相融合。大面积玻璃的采用形成大范围的内外空间的视觉穿透，创造了各种开敞和通透的空间，弥补了传统民居空间过于封闭、不利于商业氛围营造的缺陷。而钢材则有着强度高，可塑性、

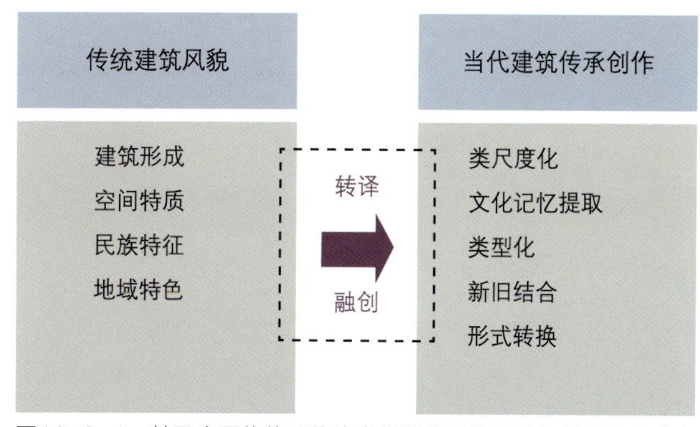

图10-8-1　基于广西传统风貌的当代建筑创作传承与创新路线（来源：许建和 绘）

装配性良好等优点，因此经常用于传统建筑加建改造的结构以及各类小品的塑造。被加工成黑色的钢材成为空间场景中的构图线条，与其他传统材料一起营造典雅的传统空间（图10-8-1）。

二、案例分析

（一）原态提取，现代组合

（1）霁霖阁（2004年），位于青秀山天池北岸，主建筑临湖而建，是一个高规格的富有特色的迎宾餐厅。整体风格采用了中国传统亭榭建筑的做法，建筑、庑廊、小桥与亲水平台相结合，营造了丰富有趣的空间效果。以中间的三层阁楼为中心，裙楼环绕左右，高低错落，主次分明。外形仿砖木结构，单檐歇山顶，配以白墙红柱、圆形门洞，中国古建的韵味得到了充分体现。在室内设计中，设计师巧妙地运用民族元素化解难题。原本立于室内的结构柱，被设计成灯笼式的花灯，弱化了柱子的存在感（图10-8-2~图10-8-4）。

（2）龙胜温泉中心酒店，建筑师充分利用了山地地形，使建筑随坡就势跌落而下，形成错落层叠的建筑群体，体现了桂北山地民居的建筑特色。现代建筑设计手法和当地建筑材料的结合使建筑与基地建立了良好的关系（图10-8-5、图10-8-6）。

（3）广西第二届园林园艺博览会主展馆（2012年），形体按照唐代古建制式设计，重檐歇山顶错落有致，并结合现代工艺，采用钢筋混凝土仿木建筑形式，同时在造型色彩上与周边建筑相互协调。建筑外墙下部主要选用浅暖黄色，上部主

图10-8-2 霁霖阁全景(来源:黄文宪 提供)

(a) 入口

(b) 花灯柱子

图10-8-3　霁霖阁细部 (来源:黄文宪 提供)

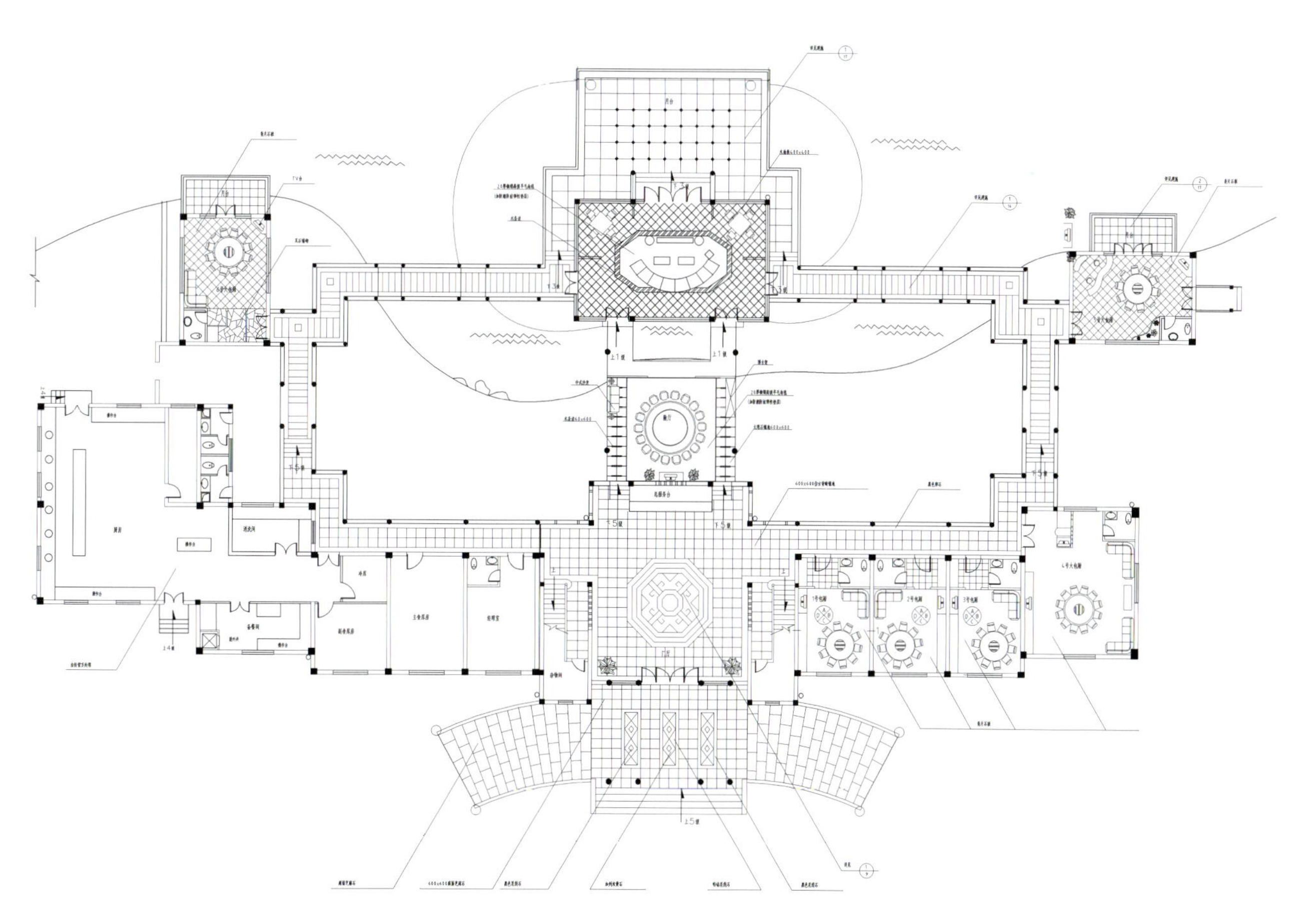

图10-8-4　霁霖阁一层平面图 (来源:黄文宪 提供)

图10-8-5 龙胜温泉中心酒店（来源:桂林市建筑设计研究院 提供）

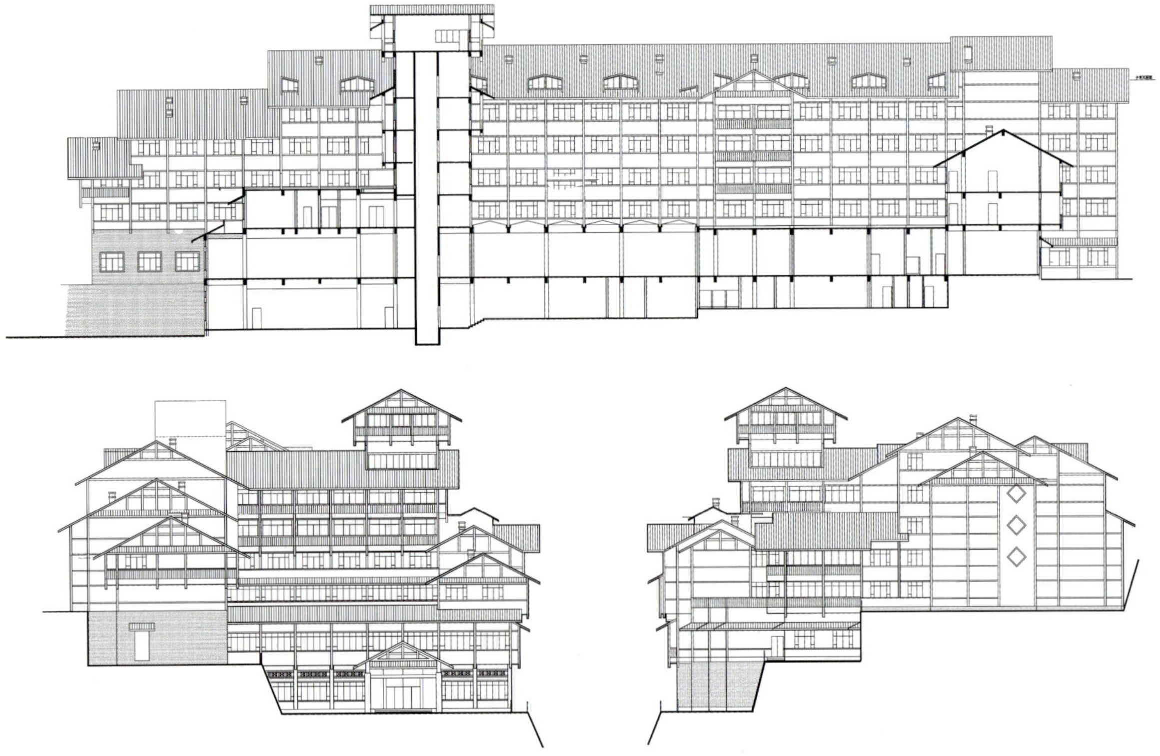

图10-8-6 龙胜温泉中心酒店剖面图（来源:桂林市建筑设计研究院 提供）

要选用朱红色，体现出唐代建筑的雄壮气势（图 10-8-7）。

（4）阳朔悦榕庄（2014 年）是桂林阳朔地区第一家国际度假酒店。度假村由一至二层的建筑围成庭院，借鉴了桂北民居小青瓦、坡屋面、白粉墙、木格窗、吊阳台、青石墙裙等经典元素，色彩淡雅朴实，园林与水体穿插布置于其中，和青山绿水的优美环境相得益彰。房间室内设计采用黑木、竹子，并选用大理石镶嵌工艺，配备大地色系，用现代手法演绎出中国式的传统典雅（图 10-8-8、图 10-8-9）。

图10-8-7　广西第二届园林园艺博览会主展馆（来源:广西壮族自治区住房和城乡建设厅 提供）

图10-8-8　阳朔悦榕庄与山水环境（来源:http://home.163.com/15/0316/10/AKQSNG4E00104MKL.html）

图10-8-9 阳朔悦榕庄的建筑、园林与室内设计(来源:http://home.163.com/15/0316/10/AKQSNG4E00104MKL.html)

（二）意象设计，内涵引申

（1）广西人民大会堂（1998年），深蓝色玻璃幕墙与浅色柱子形成立面的主要构图元素，取意干阑建筑的特征。中间塔楼部分的形象是对民族传统公共建筑的提炼和简化，成为广场制高点和视觉中心（图10-8-10）。

（2）南宁华侨补习学校图书馆（2003年），建筑围绕庭院展开，通过精心布局，每个房间都能享受园林景观。建筑顶部采用四坡屋顶，坡顶顶部做了镂空处理，将屋脊与屋面剥离，形成新颖的屋顶形式。同时，传统建筑窗檐的夸大运用，较好地呼应了屋顶的处理手法（图10-8-11）。

（3）南宁学院行政楼（2010年），充分利用原地形高差，将行政楼主入口放在二层，通过大台阶与广场过渡。建筑四周一层架空，形成类似吊脚骑楼的灰空间，主入口通过两层通高的柱廊形成半围合的内庭院，不仅有利于组织通风，同时将建筑内部空间与校园环境融为一体。运用现代材料，对传统坡屋顶构架进行改良，钢制仿木窗棂表达了对传统文化的理解与尊重（图10-8-12）。

（4）金秀盘王谷度假酒店（2011），位于金秀瑶族自治县的大山中。金秀大瑶山拥有500多平方公里的类丹霞式地貌景观，有浩瀚苍茫的原始森林和秀丽壮观的溪瀑，有形态万千的奇松怪石，也有更为丰富的森林旅游资源和野生珍贵动植物观赏资源。在得天独厚的自然环境和民族风情熏陶下，建筑依照瑶族传统建筑格调依山就势而建，融合现代建筑风格，处处充满瑶族风情。酒店建筑面积27200平方米，由4栋独立建筑和户外园林泡浴区组成。其室内设计诸多灵感均来自设计师对瑶族民居生活态度的理解，并结合对大自然的尊重，运用天然素材以当代风格进行新的设计演绎，对传统文化的有机传承和再创造是本案设计始终思考的命题。以山、水、鼓、火、图腾犬5大元素为主线贯穿于室内设计中。山水表现“瑶美”，鼓火表现“瑶情”，图腾犬则表现“瑶魂”。以盛大的篝火晚会为蓝本，融入舞台和展示空间的概念，以此增加戏剧化效果，提升入住宾客对酒店空间的精神感知。

图10-8-10　广西人民大会堂（来源：徐洪涛 摄）

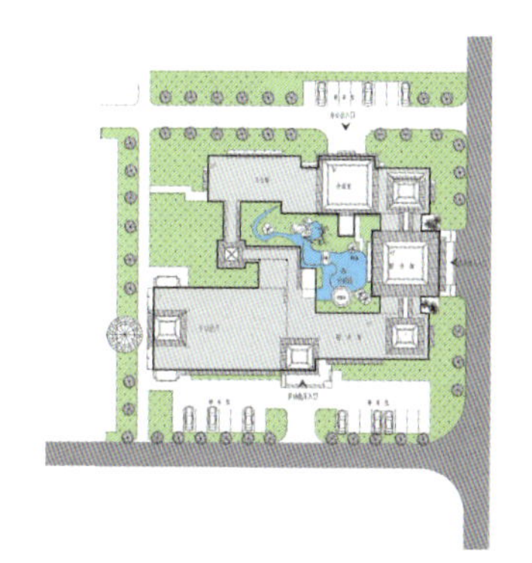

图10-8-11　南宁华侨补习学校图书馆（来源：南宁市建筑设计院 提供）

图10-8-12　南宁学院行政楼（来源：广西壮族自治区住房和城乡建设厅 提供）

火塘是瑶族人们日常生活活动的中心，大堂的中心位置是极具民族特点的火塘，上面雕刻着反映瑶族人们生活、娱乐中的一些场景，观赏它，就像观赏瑶族人生活发展的历史年轮。大堂四周上空的“看台”，以瑶家传统吊脚楼形式，用现代的手法进行演绎，加强了舞台戏剧化效果，再加之设计了投影技术和鼓天幕而结合营造的休闲氛围，让此空间又呈现出现代而时尚的一面（图 10-8-13）。

（5）南宁火车东站（2014 年），是为应对新的区域和交通发展形势而建设的大型综合交通枢纽。东站以“南国大门、崛起绿城”为设计创意，在造型设计上，采用高低不同的三重檐屋顶组合方式，利于雨水排放，适应当地气候。屋顶层层抬起，中央高耸，结合屋面板肌理构成，充分体现了新时期南宁乃至整个广西壮族自治区，乘势崛起的意向。南、北入口两侧巨柱饱满敦实，支撑中央屋顶，主入口幕墙通透完整，展现出“中国南大门”的恢宏气势。水平檐口饱满圆润，两翼柱廊轻巧通透，12 根立柱象征着广西的壮族、汉族、苗族、瑶族、侗族、仫佬族等 12 个世居民族，立柱顶部枝桠伸展、相互搭接，连成整体。建筑的基座采用廊桥造型，在与上部柱廊造型呼应的同时还体现了当地建筑的骑楼特色。屋顶菱形纹理网状交织，形如大树冠，枝繁叶茂的整体姿态既寓意多民族团结互助、众木成林，又充分体现了南宁“绿城”的生态特色（图 10-8-14）。

（6）南宁市国家档案馆（含南宁市方志馆）（2016 年）属于市级档案馆，其设计理念来源于“金滕之匮、石室藏之”。石室金匮是中国历史上皇家档案收藏的经典形制。最早的“石室金匮”是一座坐落在高石台上的砖石结构宫殿建筑，门窗也是石材雕琢而成，内部主要存放皇帝的实录、圣训等重要档案。建筑师希望将金匮的形制引申到建筑形态中。整个建筑根据使用功能的不同分为“外盒”和“内核”2 部分：浅灰色“外盒”由对外服务区、内部办公区、技术用房区、库房区等组成，采用传统中国建筑中的基本元素如比例、模块和重复。通过分配不同功能的特定模块，制造出“石室”的体量效果。外墙的遮阳百叶取材于竹筒的抽象形式，通过对建筑细部纹样做出较大的简化、变形和重组，营造出书卷气息浓郁的建筑形象。建筑底部采用竖向玻璃窗，以虚化的形式契合传统民居吊脚楼的意象。玻璃体“内核”为中庭、花园等公共空间，采用玻璃材质影射多重意味的珍宝，闪现内在的“金匮”。一层服务大厅设计了两处通高两层的庭院绿

（a）依山就势的建筑处理

（b）瑶族特色浓郁的大堂

（c）独栋入口的民族装饰

（d）酒店分区矮门装饰

图10-8-13 金秀盘王谷度假酒店(来源:全峰梅 摄)

化空间。通过绿化空间的收放，勾画出视线的多层次感。三至五层均设置绿化平台，部分为2层挑空，给人提供了可以远眺的休息场所。从整体设计构思来看，位于同一基地的档案馆和方志馆，若分为两个单独的体块分别设计，则体量差异性较大，难以均衡。因此设计遵循统一规划、统一设计、相对独立的原则，将档案馆和方志馆分为相邻的体块，采用统一的设计元素、手法，树立有机的整体形象。（图10-8-15、图10-8-16）

（三）元素重构，风格延续

（1）李明瑞、韦拔群纪念馆（1984年），建筑形式采用单层硬山顶砖混结构，采用祠堂样式。外墙饰白色干黏石，蓝色琉璃筒瓦屋盖，山墙屋脊作彩云浮雕装饰（图10-8-17）。

（2）南宁民族商场（1989年）将传统建筑的斗栱、雀替、斜撑等建筑构件创造性地抽象成立面装饰元素，顶部采用八角形攒尖顶，适当夸大了屋脊的尺度，形成了鲜明的民族风格（图10-8-18）。

（3）斯壮南湖聚宝苑（2002年），在用地有限的条件下，建筑主体沿滨湖路展开，形成半围合式的“U”字形平面组合形式，开口面向南湖，每个单元住户都能观赏到南湖公园的景色。沿滨湖路建筑体量向民族大道方向层层叠落，层数由6～18层不等，形成较大的落差，增加了建筑群的景观层次，丰富了建筑群体轮廓的整体形象。主体造型采用了坡顶、欧式凸窗、挑檐等手法，既表现出一种浪漫的异国文化情调，又充满民族特色。深海蓝色的坡屋顶及浅灰色的墙面，与蓝天碧波交相辉映（图10-8-19）。

（4）阳朔碧莲江景大酒店（2010年），场地西面靠山，东面临江，地理位置非常独特。建筑体量面向江景呈“E”字形，使庭院向江边完全打开，同时围合着庭院的客房开窗以锯齿形面向漓江，最大化地利用漓江美景。建筑风格采用桂北地域传统风格，体量得当，很好地与山体、环境融为一体，沿江建筑体量逐层退台，减小对江面的体量感（图10-8-20、图10-8-21）。

图10-8-14　南宁火车东站（来源:http://www.nncjda.com/Htmls/product/201505/9.html）

图10-8-15　南宁市国家档案馆（含南宁市方志馆）(来源:华蓝设计（集团）有限公司档案室 提供)

（5）三江苏城国际大酒店（2011年），将侗族建筑特有的建筑元素，如风雨廊、鼓楼、干阑式建筑构件、重檐坡屋顶、灰瓦、白墙、青砖等特征元素有机融合于一身，露台及楼顶的鼓楼顶部采用玻璃材质演绎，利用现代的建筑设计手法表达独有的地方民族特色（图10-8-22）。

（a）不同角度的竖向百叶

（b）玻璃“内核”　（c）绿化庭院

图10-8-16　建筑局部(来源:华蓝设计（集团）有限公司档案室 提供）

图10-8-17　李明瑞、韦拔群纪念馆（来源：华蓝设计（集团）有限公司档案室 提供）

图10-8-18　南宁民族商场 (来源: 徐洪涛 摄)

图10-8-19　斯壮南湖聚宝苑（来源:徐洪涛 摄）

图10-8-20　阳朔碧莲江景大酒店（来源：桂林市建筑设计研究院 提供）

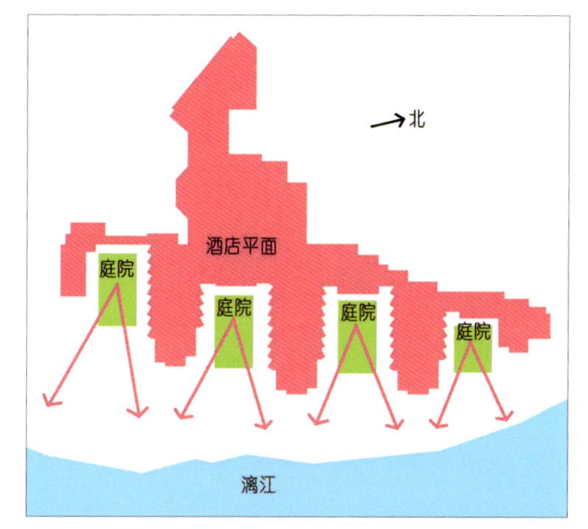

图10-8-21　阳朔碧莲江景大酒店平面布局分析（来源：何晓丽 绘）

图10-8-22　三江苏城国际大酒店（来源：南宁市建筑设计院 提供）

（6）龙胜县人民检察院办案专业技术大楼（2013年），立面突出了吊脚楼的建筑意向，并把传统民居的木柱构件剥离出来，成为套在建筑外墙的廊柱框架，进一步抽象强化了吊脚楼的意象，造型设计颇具新意（图10-8-23）。

图 10-8-23 龙胜县人民检察院办案专业技术大楼（来源：广西壮族自治区住房和城乡建设厅 提供）

第九节 探索广西地域性现代建筑的创新发展之路

一、广西地域性现代建筑创作存在的问题

随着经济的快速增长，广西产生了大量的建筑创作机遇，但总体质量不高。究其原因，主要有以下3点：

（一）缺乏大量的建筑设计精品

以国家工程勘察设计奖（优秀工程设计公建类）项目为例，2013年度全国获奖项目共305项，广西仅有5项，占比1.6%，而相邻的广东省为22项，占比7.2%；2015年度全国获奖项目共357项，广西仅有6项，占比1.68%，广东省为32项，占比8.96%。

（二）建筑作品普遍缺乏民族地域特色

广西是少数民族地区，具有优秀的民族传统建筑文化，但现代建筑设计中却以现代主义风格为主，具有民族性、地域性、文化性的、公共性的建筑较少。以首府南宁市民族大道为例，民族大道沿线两侧汇集着区市党政机关、文化、商业、金融等重要建筑（群）92处，而具有民族地域特色的现代建筑仅8处，仅占总量的8.7%。而在具有民族特色的建筑作品中，也存在着重文化符号，轻肌理文脉、环境应对和地域材料的现象。

（三）建筑话语权不高

缺乏系统的、长期的理论研究和学术交流平台建设，与全国其他省区相比存在较大差距。如全国出版的132种建筑科学类杂志，广西仅有2种，仅占全国的1.5%。另外，广西建筑设计科研学者编著的书籍、发表的论文数量也不多，全区最近几年在《建筑学报》发表的文章总数不到全国的1%。

二、广西地域性现代建筑创作现状的原因分析

（一）本土设计人才匮乏

国家一级注册建筑师广西仅有411人，广东有1652人，广西仅有广东的1/4不到；全国100多位建筑设计大师中，新疆、云南等西部省份都有若干位，而广西为0人。全区建筑专业的教授级高级工程师和博士不到20人。另外，从设计人员的地区分布情况来看，大部分建筑设计人员集中在南宁、桂林、柳州等主要城市，乡镇一级的有关专业人才极其缺乏。这既与广西是经济欠发达地区有关，也与区内的专业人才培养力量薄弱、人才体制不合理等有很大关系。

（二）价格竞争带来恶性循环

快速增长的经济一方面带来了大量的建设需求，同时也催生了大批的设计企业。低价竞争，重量轻质成为当今建筑设计市场最让人揪心的弊病。面对屡降不升的设计费和年年增长的产值任务，设计企业从企业生存的层面上，为了维护客户关系而不断降低设计费，甚至在项目前期做大量的义务设计。在这样的环境下，建筑师难以有充分的时间和精力去考量建筑创作的质量，更谈不上设计精品。与此同时，在投标项目中，建筑设计往往是低价中标而非优秀方案中标的现象严重打击了建筑师的积极性。这也导致了设计机构对优秀建筑创作的投入越来越少，不利于优秀建筑方案的创作。

（三）民族文化自信不足

不少政府官员、开发商和群众对民族优秀建筑存在认识上的不足和价值判断上的偏差，如：认为“矮、小、老、土、实”就是丑的、落后的，认为“高、大、新、洋、奇”就是美的、现代的。一些政府部门和业主，将境（区）外设计机构等同于先进代表，盲目推崇境（区）外设计机构，以致有地域优势的本土设计机构失去优秀建筑创作的机会。

（四）决策机制不完善

规划设计审批过程中科学和民主的程序不完善，缺乏有效程序吸纳专家意见，如：建筑形象的选择通常是由领导意志或投资者意图决定而未充分听取专家意见。同时，在建筑管理方面精细化不够，如对设计实施的效果缺乏评估，以致难以发现建筑实施方面的问题。

三、广西地域性现代建筑创作的发展之路

（一）技术层面

综合广西近现代的建筑作品创作的现状特点和问题，广西地域性现代建筑创作的发展需要建筑设计人员在适应气候、注重文脉、演化空间、运用材料、发掘文化 5 个方面做出相应的思考。

1. 适应气候

广西地处低纬度地区，夏热冬暖，潮湿多雨。在适应气候方面，可以有高技派的舞台，如南国弈园立面的通风遮阳百叶设施，也可以有低技派的天地。在大多数的实际项目中，有限的投资使低技派的被动式措施发挥的天地更为广阔。建筑设计的每个层面都有可以考虑被动式适应气候的地方，大到建筑布局，如滨湖路小学为迎合主导风向而产生的“X”形布置；中到建筑形式，如柳州医学高等专科学校多样性的遮阳设计；小到建筑构造，如广西壮族自治区体育馆观众席座位下设置的可开闭的通风口，等等。

2. 注重文脉

将建筑与其所处的地形、环境、历史、文化、周边建筑等视作一个整体，就其中的某一个或几个方面对整体与局部的关系做出解答。如芦笛岩接待室与水榭强调的是建筑与自然山水的协调共生；明园饭店五号楼的新建部分以陪衬的姿态，最大限度地保留了历史建筑与广场的完整性，延续了场地的记忆；南宁东盟产业研发大厦将自身视作五象湖公园的一部分，模糊了与公园的界限，而在临城市道路的界面，却仍保持着大型公共建筑原本的属性。

3. 演化空间

传统建筑中的空间或产生于形制——门不是一个面，而是带有进深和屋顶的通过空间；或来源于生活——庭院作为家庭生活起居的中心，所有的房间都通过其得到光与风；或得益于组合——街道两边即使每栋房屋的立面都差不多，也一样趣味横生。院落、门庭、街道、天井这些传统的空间在现代建筑中可以重塑，如南国弈园将庭院水平进深式空间结构演绎成垂直园林；可以放大，如广西大学综合楼的大尺度“门庭”；可以内外转换，如广西城市规划建设展示馆内置的“街道”。

4. 运用材料

在广西不同的地方，地形地貌的差异导致了用于房屋建造的材料与建筑样式的差异。如在桂北、柱西北、桂东北地区以山地丘陵为主，为保留少量平坦耕地，人们多利用坡地建房，再则森林覆盖率很高，林木资源丰富，常年气温较低，人们因此建造和发展了与之相适应的干阑建筑；而桂中、桂南、桂东南地区，大小相杂的盆地较多，平地面积较广，河流交错，人们也就多居住在平地、河边，建筑材料不及山地的木材丰富，人们便因地制宜，采用泥、土、石料、木料相结合的方式来建造不同于干阑的房屋。传统的建造工艺与当地材料息息相关，采用地域性材料，不仅关乎经济性的问题，还关乎传统的建造工艺的传承与创新。如三江县东方竞技斗牛场的看台以上部分要用木结构实现大跨度的圆形体量，要求匠师不拘常规做出合理的木结构设计，使传统技艺得到创新。

5. 发掘文化

对文化的发掘不仅限于利用壮锦、铜鼓、花山岩画、鼓楼等民俗文化产物作为地域风情特征的标签，更要以空间、材料、形式的语言表达深层的文化内涵。如金秀盘王谷度假酒店的室内设计则来自设计师对瑶族民居生活态度的理解；青秀山风景区大门经抽象简化后的鼓楼重檐体现了新时代的气息。

（二）管理层面

地域性现代建筑创作的持续健康发展不仅取决于建筑设计人员的专业素养和审美情趣，以及他们在设计过程中采取了何种策略，还取决于健康的创作环境。而培育健康的创作环境则需要在人才培养、学术氛围、机制建设和观念塑造等方面做出努力。

1. 人才培养

一是要积极引进和培养高端建筑专业技术与管理人才，鼓励政府有关部门和设计单位定期派送专业人员到先进地区或国外学习和业务培训；二是鼓励并扶持有实力的大型设计企业与高校联合办学，设立建筑设计与城市规划的硕士点、博士点与博士后流动站，缩小城市规划与建筑设计等重点学科专业与全国同类专业的差距，为广西壮族自治区培养更多优秀的城乡规划建设人才；三是要加强广西城乡规划与建筑设计人才小高地的建设，加大对高地单位的资金与项目扶持力度；四是要扶持本土设计，培养广西本土优秀设计团队和设计大师，建立培养本土设计大师的激励机制。

2. 氛围营造

一是要支持并依托本土有实力的设计单位、高等院校、研究机构，成立广西建筑发展研究会，对本土建筑的传承利用等进行系统研究，搭建学术研究和资源共享平台；二是要重视城市规划和建筑设计的科研工作，加大对建筑、规划等基础学科的基础研究投入；三是积极打造中国——东盟、桂港澳城市规划与建筑设计论坛，加强本土设计企业和设计大师的国际学术交流和国际合作。四是要进一步支持《广西城镇建设》、《规划师》等杂志的发展，提升广西壮族自治区设计行业的学术水平和全国影响力。

3. 机制建设

首先，要完善自治区与各城市重大公益性项目设计方案审查制度，尤其是要吸纳建筑、规划专家参与评审，形成更科学的决策和评估机制。其次，要打破以价格为主导的采购方式，建立面向“优质优价”的方案竞选定价采购制度。第三，建立广西民族地域特色建筑的奖励机制，鼓励首府和民族聚居区在政府办公建筑、学校建筑、文化建筑等公益性建筑中率先执行民族地域建筑特色设计和建设标准，鼓励对民族传统建筑文化的创新运用。

4. 观念塑造

一方面，要加大对各级领导的培训力度，由建设管理部门、行业协会牵头，以培训班、讲座等形式对市长、县长、城乡建设部门的领导、基层管理干部、建设业主等进行建筑、规划、美学、文化等培训，提高他们对建筑文化的认识和审美修养。另一方面，要加强对大众的宣传教育，通过电视、报纸、网络、课堂等形式向公众进行民族建筑文化、优秀现代建筑的宣传，树立公众的民族文化自信。

当今，社会环境与生活都发生极大的变化，最根本的是经济生活的变化和观念的变化。回望过去的40年，文化的发展滞后于经济的发展，社会自上而下的经济发展为先，文化学术靠边的现象逐步在改善。从中央到地方政府，科学的城市规划管理方式和地域文化的复兴都得到了空前的重视。这些都为建筑师话语权的提升创造了积极的环境。地域建筑文化是抗衡强势商业文化的重要力量，具备比商业文化更深层次的内涵。因为地域建筑创作不仅要立足于现在，为现代生活和生产方式服务，还要创作性地联系历史与未来，追求新的理念，实现超越自我。刘先觉先生在“当代世界建筑文化之走向”中指出：“我们不应当把全球化的科技与地域性的文化对立起来或孤立起来，而应当看到两者共生、互补、交融的过程，才是不断地再创造再前进的过程。”尊重历史文脉，融合现代元素，符合人们生活需求，创造具有特色的建筑与城市是未来人居环境发展的大趋势。

第十一章　结语

建筑的本质是文化。广西的文化是多元的、动态发展的。广西传统建筑的发展也是多元的、动态的。本书从广西传统建筑的现状作为切入口，考察广西传统建筑的两个特点。一是从多元的角度来考察广西传统建筑的地域性特征，这是一个文化拼贴的静态结果，是文化在当时当地凝固的结果，是广西传统建筑文化的基因。二是从动态的角度，基于广西地缘关系考察广西传统建筑发展历程和影响因素，提出广西传统建筑的地缘性现象。前者重在建筑解析，后者意在文化传承。

对于建筑而言，建筑的表达总是具有一定的时代性，总是会随着人们生活观念的变化和生活水平的变化而变化，那么，对传统建筑的研究，必然是与时俱进的，在传统建筑文化的传统再造和现代创新两个方面实现突破。就广西传统建筑研究而言，也要适应广西的当代发展，创造出符合广西发展的新的“建筑表达”。

（一）广西传统建筑的地域性特征

因多民族而具有多元性。广西是一个独特的地理、文化区域，自古以来，汉族、壮族、侗族、苗族、瑶族等12个聚居民族和睦相处，共同创造了独具特色的建筑文化。

因地形多样而具有多元性。广西多山，山脉多分布于边缘地带，围合成“广西盆地”，山脉多呈弧形结构，自南向北，一弧套一弧，各弧之间又形成广西盆地中的“小盆地”，人们往往优先选择盆地居住，在盆地建立城市。但盆地的居住是分层次的，这在当时的地理学者眼中“异于中州”。早于徐霞客的明代地理学家王士性在其《广志译》中“广右”即今百色一带，“广右异于中州，而柳、庆、思三府又独异。盖通省如桂、平、梧、浔、邕等处，皆民夷杂居，如错棋然。民村则民居民种，僮村则僮居僮耕，州邑乡村所治犹半民也。右江三府则纯乎夷，仅城市所居者民耳。”广西临水靠海，最突出的是广西的疍民和京族。疍民依江而生，靠岸是家，在历史上流动性较大，虽然现在还有部分疍民上岸生活，但这一部分居民在历史上所形成的一道居住风景，却只能以族群来分述。如京族，仅在防城港市境内分布较多，是一个独特的临海而居的民族，创造了独特的民居形式。

（二）广西传统建筑的地缘性现象

广西传统建筑的现状是广西地缘文化在大历史情境、大空间环境中的一个体现。在历史发展进程中，形成广西独特的历史地理和地缘结构，因而形成独特的传统建筑地理分布。

第一，历史上行政区划带来的地区性开发，带来地缘结构的不断变化，影响广西传统建筑的形成和分布。

据《史记》记载，虞舜晚年出巡南方，崩于苍梧之野。这是史籍记载的广西与中原文化交流的一个开端。秦始皇三十三年（公元前214年），设置桂林、象郡、南海三郡，开凿灵渠，广西与中原文化交往密切。汉武帝平定南越后，在秦三郡的基础上设置九郡，逐步奠定了岭南的行政区划格局。唐贞观元年（公元627年），因山川形胜分全国为十道，今广西属岭南道经略使节制，设桂州、容州、邕州三州分管，邕州即今天南宁市，逐渐成为岭南西部的一个行政中心。宋代广西南路治桂州（今桂林），开始成为广西地区的行政中心。明清时代是广西传统建筑和村镇得到快速发展、并奠定当今格局的时期。主要的标志是明代早期靖江王府的建设和明代末期广西梧州总督府（含总兵府、总镇府）的建设，使得广西官式建筑的规格提高，所以桂林经历了比较完整的明代王朝历史，梧州成为中国第一个总督府的诞生地。另外，宋元时代，广西已经有了较为完善的土司制度，明朝则将土司制度从桂西扩大到桂东地区，到雍正时期“改土归流”，一些土官被废，一些地方土官官式建筑也得以留存。

第二，广西的地理交通条件，改变地缘关系条件，促进了广西传统建筑形成和分布。

水路是古代的交通要道。广西西江连通五省、总汇三江。以梧州为出口的西江呈叶脉状发散水系，支流众多，其中最重要的是：桂江、邕江（郁江）、柳江（黔江）和红水河，除红水河的上游峡谷窄险，未能构成古代交通孔道外，其他三支上游分别与湖湘、滇东和湘西辰沅地区有水陆交通联系，出现了控扼全域的中心城市，形成桂林控桂江、南宁控邕江、柳州控柳江、梧州控西江的局面。河流的分布，决定了广西传统建筑和村落的选址以及现在的布局。目前，分布在广西东北部（如桂林）、南部（如南宁）的传统建筑和村落数量较多，这都与水有很大关系。例如在东北部，湘江、漓江通过灵渠将桂林北形成与湖广联系的天然通道，使这一带的发展与长江流域联系在一起，受到中原文化影响较深，带有中原文化影响的传统建筑和村落较多。再如南宁，明清时期，人们沿西江上溯经商做生意，在西江上游沿岸有繁盛的圩镇，而当地的“白话”，也是在这一时期，从广东沿西江而上留传下来的，甚至现在的南宁江南区有亭子村，就是当年做生意者“停留”之地，故有先有亭子后有南宁之说。

第三，民族迁徙流动（包括近代殖民者的入侵），加深了广西地缘结构的复杂性，强化了广西传统建筑分布的影响作用。

在明朝，政治地缘结构中，由于广西壮族、黎族、瑶族等民族反明，朱元璋采取分而治之的办法，把黎族聚于海南岛，把广西的钦廉地区和雷州半岛一半划入广东，而钦州、北海、防城港三市直到1965年才正式划入广西管辖。在明朝后期，在王阳明的平叛奏表中，广西的政治地缘格局以及对民族择居的情况也有记录。在《征剿捻恶瑶贼疏》中，王阳明写道："盖缘此贼有众数万，盘踞山谷，凭寺险阻，南通交趾等夷，西接云贵诸蛮，东北与断滕、牛肠、仙台、花相、风门、佛子及柳、庆、府江、古田诸处瑶贼回旋连络，延袤周遭二千余里。"此文也点出了这一带的地缘关系，同时也看到当时这一带瑶族分布较广。据记载，在大藤峡（即王阳明所说的断滕）一带，所设的武靖州，人口为6.4万，瑶族居半。在王阳明平叛后，人口剧减。当地实行"分散迁居"办法，将大藤峡瑶民迁移至今桂平市金田镇一带平原居住，形成"九罗十古"（9个以"罗"字头，10个以"古"字头命名的村）共19个瑶族村落，然而，瑶民并不习惯居住于此，逐渐向其他地方迁移，比较集中的是今来宾市金秀瑶族自治县一带。

广西与邻近省份（如湖南、贵州、云南、广东）以及与其他国家（如越南）的地缘关系，决定广西传统村镇分布广泛的特点。如湘黔桂的侗族之间，并不能以行政区划而截然分开，侗族村落在三省之间斑点式分布。瑶族的分布情况与侗族相似，传说湖南千家峒是广西东北部瑶族迁出的"祖地"，至今广西灌阳县与湖南几个县就"瑶都"称号仍有争论。而壮族，中国现居壮族与泰国一些民族是同一个祖族，目前有一些语言仍在共用，壮族在广西境内也分布较广，不易以东南西北片区来廓清。

当然，也有明显分片的建筑和村落的存在。例如桂东南的"客家"，2000多年来，中原移民在桂东南一带繁衍扎根，形成以客家文化为中心的客家村落，如今玉林市的高山村，是两广地区以宗祠文化为主要载体的建筑村落，其中的10座宗祠，六十多座名人故居以及众多客家围屋，基本保存了清代风貌。北海作为近代沿海被迫开放城市，有较为完整的西洋建筑遗存和中西合璧的建筑历史。而沿海的北海与沿江的梧州、南宁、龙州等作为今广西境内近代的通商口岸及较为典型的半殖民地性质城市，也成为西方建筑文化在广西传播的重要窗口。当时的梧州等城市拆城墙、修马路、扩宽主要街道，参照广州推行骑楼建筑的政策就是一例。广西的骑楼街区主要集中在西江流域，其中以梧州、南宁、柳州、北海、钦州、玉林、百色等城市及周边县镇居多。而梧州、北海的骑楼建筑保存规模较大、较为完整、较具特色，是广西近代骑楼建筑的代表。

在大空间结构和大历史格局的视野中，广西传统建筑的形成是建筑文化的流动和融合，是动态地在广西大地实现的过程。因此，广西传统建筑具有一定的动态性和规律性。我们把这种动态的规律性称之为：中国传统建筑历史上的"广西地缘性建筑现象"。

（三）广西传统建筑文化的现代建筑表达

广西和全国许多地方一样，经过改革开放30多年，城乡二元结构发生了很大变化。"十二五"期间，城镇化率将超过50%，城乡面貌发生巨大变化。曾经适应农业经济和商贸经济的村落、城镇也在这一过程中不断地式微，甚至消失，随着时代的发展，千城一面、千村一面的现象，促使人们在反思城市化过程中的一些理念和做法。

当代的广西，是一个多元重构的地区。全球化的发展使广西和时代潮流一起在前现代、现代、后现代的叠加中快速前进，新的地缘关系也使广西的发展面对众多挑战和机遇。在"十三五"规划中，广西的定位是"全面履行中央赋予我区'三大定位'新使命，基本建成国际通道、战略支点、重要门户"，同时，强调推进广西"美丽乡村"建设。

当代广西地缘性建筑现象研究是一种动态实践性复合研究。其主要特点：一是着眼于动态的，基于大历史观、大区域结构观展开广西地缘性建筑现象研究；二是着眼于建筑和规划设计理论的现状和发展特征，在传统建筑文化的传统再造和现代创新方面为当下的建筑和规划设计提供实践总结和创新方向。

广西传统建筑文化的传统再造，不是要大拆大建、建"假古董"，而是把握传统建筑文化精髓，正如梁思成先生在《为什么研究中国建筑》中说，"要能提炼旧建筑中所包含的中国质素，我们需增加对旧建筑结构系统及平面部署的认识。构架的纵横承托或联络，常是有机的组织，附带着才是轮廓的钝锐，彩画雕饰，及门窗细项的分配诸点。这些工程上及美术上措施常表现着中国的智慧及美感，值得我们研究。许多平面部署，大到一城一市，小到一宅一园，都是我们生活思想的答案，值得我们重新剖视。”

广西传统建筑文化的现代创新，是直面当代建筑发展的现实，基于“中国将大量采用西洋现代建筑材料与技术”，就“如何发扬光大我民族建筑技艺之特点，在以往都是无名匠师不自觉的贡献，今后却要成近代建筑师的责任了”。

例如，在广西发展的空间战略中，怎样通过地缘性建筑学研究视角，为广西的“国际通道、战略支点、重要门户”建设提供新的建筑表达方式；再如新型城镇化、新农村建设、特色小镇建设如何使传统建筑和村落得以复兴，城市面貌得以特色发展，等等。

十八大提出“美丽中国”的概念以来，对于传统建筑和村落，人们给予了较多的关注。习近平总书记在中央城镇化工作会议上指出，“望得见山，看得见水，记得住乡愁”，城镇建设要体现尊重自然、顺应自然、天人合一的理念。新的理念，无疑将使传统建筑和村落的重新发现、传承保护和创新发展有新的提升。从中央到地方政策的制定落实，“美丽中国”中的传统建筑和村落的变化更促使我们“回到事物本身”，认真考察研究传统建筑和村落的当代现状。

实践创新的基础是理论的创新和突破。本书以广西传统建筑地域性特征的建筑解析和文化传承的地缘性现象，以传统再造和现代创新为方向，着眼于广西空间战略，着手于传统建筑文化的再造和创新，通过强化基础研究，促进建设理论的突破，实现理论与实践相结合的协调推进、创新发展，为当代广西城乡建设找到具有广西特色和文化特点的“建筑表达”，为广西的城乡建设服务，为中国的城乡建设服务。

参考文献

Reference

[1] 雷翔. 广西民居[M]. 北京: 中国建筑工业出版社, 2009.

[2] 谢小英. 广西古建筑[M]. 北京: 中国建筑工业出版社, 2015.

[3] 梁志敏. 广西百年近代建筑[M]. 北京: 科学出版社, 2012.

[4] 广西壮族自治区住房和城乡建设厅. 广西特色民居风格研究[M]. 南宁: 广西人民出版社, 2015.

[5] 熊伟. 广西传统乡土建筑文化研究[M]. 北京: 中国建筑工业出版社, 2013.

[6] 覃彩銮, 黄恩厚, 李熙强, 李桐.壮侗民族建筑文化[M]. 南宁: 广西民族出版社, 2006.

[7] 陆元鼎, 陆琦. 中国民居建筑艺术[M]. 北京: 中国建筑工业出版社, 2010.

[8] 李延强, 邹妮妮. 唤醒老城: 北海老城修复一期工程实录[M]. 南宁: 广西人民出版社, 2006.

[9] 陆琦. 广东民居[M]. 北京: 中国建筑工业出版社, 2010.

[10] 吴良镛. 人居环境科学导论[M]. 北京: 中国建筑工业出版社, 2001.

[11] 陆元鼎主编. 中国民居建筑[M]. 广州: 华南理工大学出版社, 2003.

[12] 李先逵. 传统民居与文化[M]. 北京: 中国建筑工业出版社, 1997.

[13] 刘敦桢. 中国住宅概说[M]. 天津: 百花文艺出版社, 2003.

[14] 彭一刚. 传统村镇聚落景观分析[M]. 北京: 中国建筑工业出版社, 1992.

[15] 广西民族传统建筑实录编委会. 广西民族传统建筑实录[M]. 南宁: 广西科学技术出版社, 1991.

[16] 王其钧. 中国民间住宅建筑[M]. 北京: 机械工业出版社, 2003.

[17] [清]谢启昆修, 胡虔纂, 广西师范大学历史系、中国历史文献研究室点校. 广西通志[M]. 南宁: 广西人民出版社.

[18] 李长杰主编. 桂北民间建筑[M]. 北京: 中国建筑工业出版社, 1990.

[19] 覃彩銮. 壮族干栏文化[M]. 南宁: 广西人民出版社, 1998.

[20] 刘沛林. 古村落: 和谐的人聚空间[M]. 上海: 上海三联书店, 1998.

[21] 朱晓明. 历史环境生机[M]. 北京: 中国建材工业出版社, 2002.

[22] 罗哲文. 中国古代建筑[M]. 上海: 上海古籍出版社, 1990.

[23]《古镇书》编辑部. 广西古镇书[M]. 石家庄: 花山文艺出版社. 2004.

[24] [俄]O · И. 普鲁金. 建筑与历史环境[M]. 北京: 社会科学文献出版社, 1997.

[25] [法]阿尔贝 · 德芒戎著, 葛以德译. 人文地理学问题[M]. 北京: 商务印书馆, 1993.

[26] 彭一刚. 建筑空间组合论[M].北京: 中国建筑工业出版社, 1998.

[27] 莫家仁, 陆群和著. 广西少数民族[M]. 南宁: 广西人民出版社, 1996.

[28] 顾朝林. 中国城镇体系[M]. 北京: 商务印书馆, 1996.

[29] 钟文典主编. 广西近代圩镇研究[M]. 桂林: 广西师范大学出版社, 1998.

[30]《壮族简史》编写组.壮族简史[M]. 南宁: 广西人民出版社, 1980.

[31]《瑶族简史》编写组.瑶族简史[M]. 南宁: 广西人民出版社, 1983.

[32] [美]塞缪尔亨廷顿、劳伦斯哈里森主编, 程克雄译.文化的重要作用[M].北京: 新华出版社, 2002.

[33] [英]马凌诺斯基著, 费孝通译. 文化论[M]. 北京: 华夏出版社, 2001.

[34] 黄体荣编著. 广西历史地理[M]. 南宁: 广西民族出版社, 1985.

[35] 何成轩. 儒学南传史[M]. 北京: 北京大学出版社, 2000.

[36] 唐正柱主编. 红水河文化研究[M]. 南宁: 广西人民出版社, 2001.

[37] 丁俊清. 中国居住文化[M]. 上海: 同济大学出版社, 1997.

[38] 余达忠. 侗族民居[M]. 贵阳: 华夏文化艺术出版社, 2001.

[39] 中南民族大学、民族学与社会学学院编. 族群与族际交流[M]. 北京: 民族出版社, 2003.

[40] 梁庭望. 壮族文化概论[M]. 南宁: 广西教育出版社, 2000.

[41] 陈志华.说说乡土建筑研究[J].建筑师, 1997, (75).

[42] 阮仪三.历史街区保护的误解与误区[J]. 规划师, 1999, (4).

[43] 刘汉忠. 旧志文献利用与实地踏勘——丹洲古城考察记略[J]. 广西地方志, 2014, 01: 38-42.

[44]《中国少数民族社会历史调查资料丛刊》修订编辑委员会. 广西苗族社会历史调查[M]. 北京: 民族出版社, 2009.

[45] 陆琦. 广东民居[M]. 北京: 中国建筑工业出版社, 2010.

[46] 柳肃. 湘西民居[M]. 北京: 中国建筑工业出版社, 2008.

[47] 李俊清, 彭建. (苗族) 坡脚村调查[M]. 北京: 中国经济出版社, 2010.

[48] 唐千武. 雷山苗族文化与旅游丛谈[M]. 北京: 中国民族大学出版社, 2010.

[49] 韦茂繁, 秦红增等. 苗族文化的变迁
图像——广西融水雨卜村调查研究[M]. 北京: 民族出版社, 2007.

[50] 王炎松, 陈牧, 邵星. 巴拉河流域苗寨的聚落格局特征初探[J]. 华中建筑, 2010(01).

[51] 吴玉贵. 走进雷山苗族古村落[M]. 北京: 中央民族大学出版, 2010.

[52] 吴正光. 西南民居[M]. 北京: 清华大学出版社, 2010.

[53] 徐强. 苗族建筑——延承民族文化的载体[M]. 北京: 中国文史出版社, 2006.

[54] 杨大禹, 朱良文. 云南民居[M]. 北京: 中国建筑工业出版社, 2010.

[55] 伊红. 广西融水苗族服饰的文化生态研究[M]. 杭州: 中国美术学院出版社, 2012.

[56] 张欣. 苗族吊脚楼传统营造技艺[M]. 合肥: 安徽科学技术出版社, 2013.

[57] 赵静, 薛德升, 闫小培. 国外非正规聚落的改造模式与借鉴[J]. 规划师, 2009(01).

广西壮族自治区传统建筑解析与传承分析表

传统建筑解析

生成背景

自然环境
地形地貌
水文
气候

人文环境
骆越先民
民族迁徙
经济活动
儒学南传
西方文化

本体要素

选址
依山就水
耕居两宜
因地纳风
因地形态

布局
中心场所
水街同形
低层高密
因适布局

空间
宽街窄巷
层级空间
防御空间
井院空间
挑空间
凹纳空间
连廊空间
檐廊空间

材料
竹木
土石
砖瓦

细部
屋顶
墙体

建筑类型

汉族传统建筑
湘赣式
广府式
客家式

壮族传统建筑

侗族传统建筑

瑶族传统建筑

苗族传统建筑

其他民族建筑

特征呈现
地域建筑空间语言丰富多样
地方建筑材料与建造技艺多元
因地建筑的生态技术
建筑装饰艺术简洁而富有特色

传承观念与策略

观念一 整体创作观
思路：环境现状、群体格局、空间肌理

观念二 可持续发展观
思路：气候适应性、地域生活形态、地方材料续用

策略一 地域本土
手法：传统风貌延续、本土技艺、尊重气候环境特征

策略二 时代创新
手法：空间新演变、从形到意、地方材料再造

策略三 文化多元
手法：尊重地方文脉特征、文化符号与隐喻、文化交融与新形式

近代建筑传承

分期

兴起阶段：20世纪以前
主要类型：教会建筑

发展阶段：20世纪初—20世纪30年代
主要类型：骑楼商住建筑

成熟阶段：20世纪30年代—40年代
主要类型：政府建筑

形式与特征

西风东渐"外廊式"公共建筑

外廊式与传统结合的商住建筑

中西合璧的新民族建筑

注重形式的折中主义基调建筑

现代建筑传承

创作类型

园林

景观

乡村规划

公共建筑
办公建筑
体育建筑
文化建筑
教育建筑
康体建筑
商业建筑
交通建筑
旅馆建筑

居住建筑
集合住宅
乡村住宅
城市别墅

历史建筑的保护与修复

传承要素

选址
依山傍山
道法自然

布局
因地制宜
有机生长

空间
簇群
单元
层次
虚实
渗透
交融
节奏
序列

材料
本土材料
回收材料
改性材料
组合材料
再利用材料
生态材料

细部
肌理
符号
风貌
色彩

驱动约束

驱动力
社会演变
经济发展
文化观念
制度设计

约束力
土地资源
气候条件
水文条件
文化多样

后　记

Postscript

广西壮族自治区民族文化丰富，传统建筑形式多样，特色鲜明，是中国建筑文化遗产中不可或缺的一部分，其历史价值、文化价值、科学价值、艺术价值也逐渐被人们所发现和重视，同时启发着人们对新建筑的创造。

15年前，我们承担了广西科学与技术开发项目——《广西民居研究》，并出版了《广西民居》一书，引起了当时广西各级城市政府、相关研究学者和建筑设计人员的关注。十多年来，自治区及各地政府对传统建筑、村落的研究和保护工作也越来越重视，相继研究和制定了一系列政策法规和建筑图集，推进广西建筑民族特色的挖掘与再现工作。高校、研究机构更多的专家学者也自觉地投入到广西传统建筑的研究中去，相关研究成果也越来越丰富。如广西住建厅编写的《广西特色民居风格研究》，广西民族博物馆梁志敏老师编写的《广西百年近代建筑》、广西大学谢小英老师主编的《广西古建筑》，等等。2014年，我们又有幸参与了住房和城乡建设部主编的《中国传统民居类型全集　广西卷》的编写，对广西民居建筑有了新的认识。2015年，我们在进行自治区参事室课题《广西建筑民族特色挖掘与再现》研究中，对传统特色进行进一步挖掘和分析的同时，对广西建筑民族特色的“再现”也进行了深入思考。本次《中国传统建筑解析与传承　广西卷》的编写，均基于以上基础研究，也感谢自治区住建厅对我们的大力支持与信赖。

本书是集体智慧的结晶。

首先，参与课题研究和图书编写的人员主要来自华蓝设计（集团）有限公司的一线建筑师、规划师和研究人员，其中：

全峰梅，主要负责前言、绪论、第八章（广西传统建筑特征总结）、结语等研究和编写,其他章节研究和指导；

杨斌，主要负责第二章、第三章汉族传统建筑、壮族传统建筑的研究和编写；

尚秋铭，主要负责第四章侗族传统建筑的研究和编写；

孙永萍、杨玉迪、陆如兰，主要负责第五章、第六章、第七章瑶族、苗族和其他少数民族传统建筑的研究和编写；

梁志敏、黄晓晓，主要负责第九章广西近代建筑的研究和编写；

何晓丽、全峰梅，主要负责第十章现代建筑传承发展的研究和编写。

其次，本课题研究是在广西住建厅村镇处、住房和城乡建设部课题专家组直接领导下开展的。广西住建厅相关领导给予了厅里现有研究成果、相关电子数据库、区内优秀规划（建筑）成果等信息共享和大力支持，他们是吴伟权副厅长，彭新唐处长、刘哲副处长、宋献生调研员，村镇处韦柳芝也在课题的资料收集、调研联系等工作中给予了无私帮助。住房和城乡建设部专家组赵海翔老师、翟辉老师等在课题研究的各阶段给予了我们悉心的指导，李星露在本书题相关文件的上传下达方面也付出了辛勤的劳动。在此，特别感谢。

第三，本研究与过往传统建筑研究最大的区别在于“研以致用”，即不仅对传统要进行解析，还要对传统进行现代传承利用。因此，我们在对广西地域性现代建筑的创作分析中还得到了华蓝集团多个设计部门的支持和帮助，他们是：庞波工作室庞波总建筑师、研究院建筑创作中心徐欢澜主任、公司总师室禤晓林总建筑师以及广西艺术学院黄文宪教授，他们无私贡献和分享了他们的建筑作品和创作历程。在此衷心感谢。

第四，衷心感谢长沙理工大学许建和副教授在本书最后的书稿修改和总结提升阶段给予课题组的大力支持和智力帮助，他的研究为我们提供了一个相邻省区建筑文化的比较视角。

此外，课题调研、资料搜集中还得到了桂林市住房和城乡建设委员会、柳州市住房和城乡建设委员会、来宾市住房和城乡建设委员会以及龙胜、三江、融水、金秀等县住房和城乡建设局的大力支持。在课题的专家咨询中得到了原广西城乡院朱涛院长，广西民族博物馆梁志敏书记，广西大学罗汉军教授、韦玉娇教授、谢小英教授等指导，他们的意见和建议对我们的成果完善起到了很大的帮助。华蓝集团顾问丁小中教授不辞辛劳，利用休假时间为本书的最后校对做出了贡献，在此一并致谢！